KB151110

질병과 의약품

SCIENCE IS BEAUTIFUL

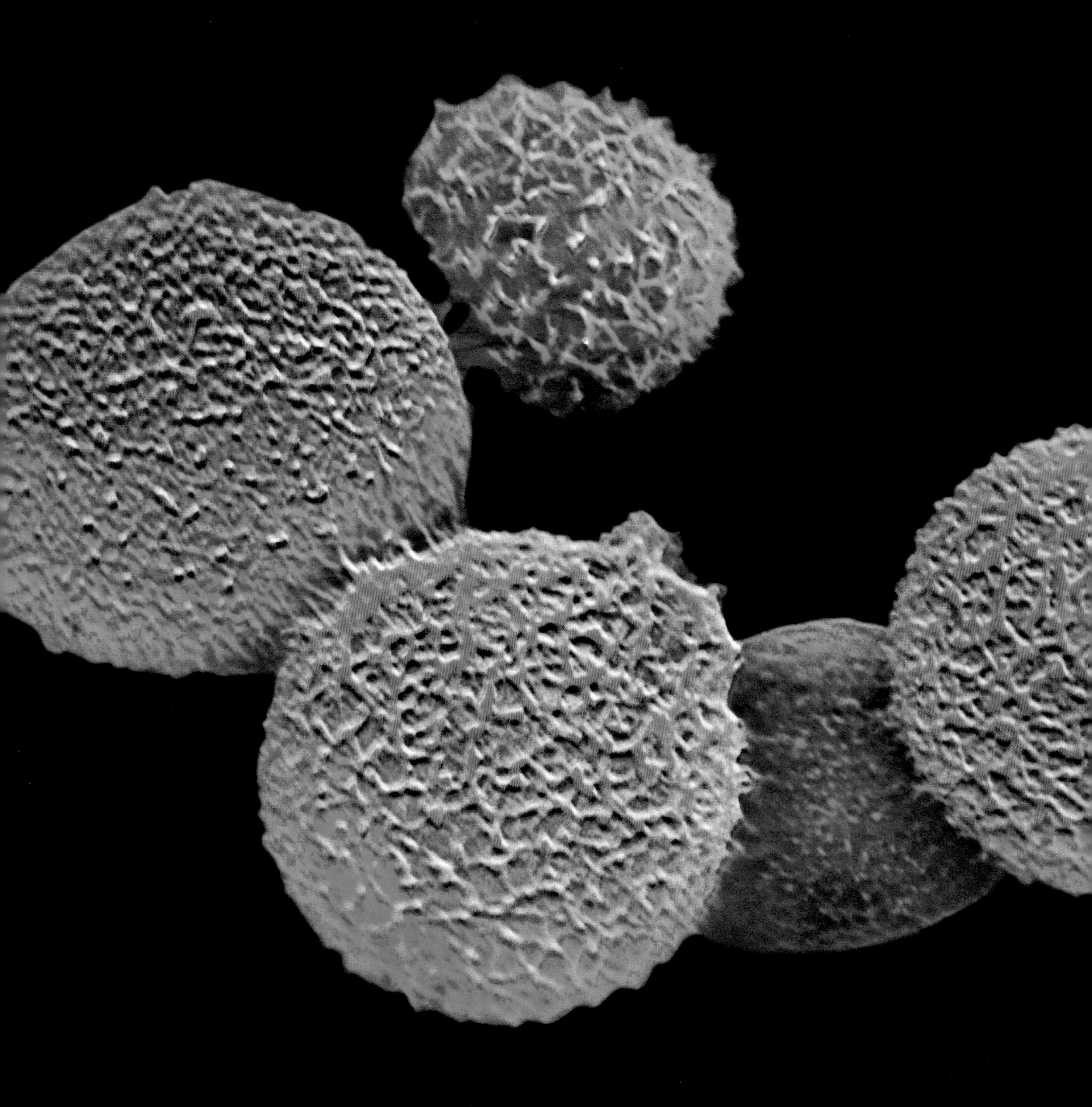

SCIENCE IS BEAUTIFUL

질병과 의약품

현미경으로 들여다본
우리 몸속 질병과 의학의 역사

과학은 아름답다 2
질병과 의약품

초판 1쇄 인쇄 2018년 11월 12일
초판 1쇄 발행 2018년 11월 20일

지은이 콜린 살터
옮긴이 정희경

펴낸이 김영철
펴낸곳 국민출판사
등록 제6-0515호
주소 서울시 마포구 동교로 12길 41-13 (서교동)
전화 02)322-2434 (대표)
팩스 02)322-2083
블로그 blog.naver.com/kmpub6845
이메일 kukminpub@hanmail.net

편집 고은정, 최주영, 박주신
디자인 블루
경영지원 한정숙
종이 신승 지류 유통 | 인쇄 예림 | 코팅 수도 라미네이팅 | 제본 은정 제책사

©콜린 살터, 2018
ISBN 978-89-8165-613-3 (04400)
978-89-8165-611-9 (세트)

지은이 **콜린 살터**Colin Salter
다양한 것의 기능에 관심이 많은 역사와 과학 분야의 작가이다.
그는 다수의 과학 참고 도서들을 집필하였으며, 《누구나 알아야 할 모든 것 : 발명품Everything You Need to Know About Inventions》 (지브레인, 2014)의 공동 저자이기도 하다.

옮긴이 **정희경**
10여 년간 출판사에서 일하며 다양한 책을 만들었다.
현재는 첫 장을 넘길 때의 설렘과 마지막 책장을 덮을 때 뿌듯함을 선물할 수 있는 책을 만들고자 노력하고 있다.
저서로는 《교과서에 나오는 동물 60》, 《교과서에 나오는 식물 60》 등이 있으며
역서로는 INFOGRAPHICS - 《동물》, 《인체》, 《우주》, 《4차 산업혁명》, 《Mind Melt 익스트림 아트 미로찾기》 등이 있다.

표지 사진 : 결정화된 에페드린Ephedrine 기포 © Science Photo Library

이전 페이지: 크립토코커스 곰팡이Cryptococcus fungi (주사전자현미경 사진)
이 위색(*판독 효과를 높이기 위하여 특정 사물의 색채를 본래의 색과 달리 강조 또는 과장해 기록한 사진) 사진은 효모 유사 곰팡이yeast-like fungus인 크립토코커스 네오포르만스Cryptococcus neoformans 세포이다. 이 세포는 활성 상태가 될 때까지 보존해 주는 보호막protective casing(사진 속 초록색)으로 덮여 있다. 이 곰팡이는 비둘기 배설물을 통해 토양에 저장되고, 포자spore가 공기 중으로 날아가 인간이 숨 쉴 때 호흡기 안으로 들어오게 된다. 이로 인해 크립토코커스증cryptococcosis(효모균증)이 발생할 수 있으며, 손상된 면역기관에는 치명적이다. 또한, 종종 에이즈AIDS 발병의 징후가 되기도 한다.
(배율: 6cm 너비에서 4,800배)

오른쪽: 코카인Cocaine 결정체 (주사전자현미경 사진)
남아메리카 원주민들은 1855년 독일 실험실에서 코카인을 추출하기 전부터 천여 년간 통증을 감소시키거나 쾌락을 즐기기 위해 코카coca 식물의 잎을 이용했다. 이제 코카인은 대마cannabis 다음으로 세계에서 가장 많이 사용되는 불법 마약이다. 요즘은 독성이 적은 약물로 대체되는 때도 있지만, 눈, 코, 입을 다루는 외과 수술의 국소 마취를 위한 의료용 약물로 이용된다.
(배율: 알 수 없음)

차례

이 시리즈의 첫 번째 책인 ≪과학은 아름답다: 인체의 신비≫에서는 확대한 사진을 통해 인체에서 일어나는 여러 현상을 자세하게 살펴보았다. 우리는 상호작용이 가능한 네트워크가 형성되어 있으며 잘 조율된 시스템을 갖춘 복잡한 기계의 정수인 인체 안에서 살아간다. 우리의 몸은 정상적인 환경에서는 아무런 문제 없이 작동하기 때문에 우리는 그 작동방법에 대해 굳이 생각할 필요가 없다. 폐는 호흡하고, 심장은 뛰고, 얼굴은 슬픔이나 기쁨으로 인해 주름이 생긴다. 이러한 일들은 기계의 소유자이자 정복자인 우리의 의식과 상관없이 일어나는 작용들이다.

이 책에서는 우리 몸이 뭔가 잘못되었을 때 벌어지는 일들에 주의를 기울인다. 특히, 우리 몸에서 박테리아, 바이러스처럼 파괴적인 세력들이 어떻게 면역기관의 정교한 방어기제를 무너뜨리는지 관찰한다. 또한, 병을 치료하거나 예방하는 데 쓰이는 약품들이 어떻게 병에 대항하여 반격하고 맞서는지도 자세히 살펴본다. 놀라운 사실 중 하나는 질병이 우리 몸을 더욱 건강하게 만들어 줄 수 있다는 것이다.
의사들은 세포를 파괴하는 트로이 바이러스trojan virus를 사용하여 치료할 수도 있다. 왜냐하면, 이 바이러스는 세포의 파괴보다 더욱 치명적인 감염의 확산을 막아 주기 때문이다. 예를 들어, 수포성 구내염 바이러스Vesicular stomatitis virus는 인간 면역 결핍 바이러스HIV, 암cancer, 에볼라ebola 환자들을 치료하는 데 사용된다. 백신 접종도 사실상 병원균을 이용하여 방어능력을 높이는 것이다. 즉, 소량의 균이 침투했을 때 그것을 방어할 수 있는 면역력을 키워서 이후에 진짜 병원균이 침투했을 때 적극적으로 방어하여 질병에 걸리지 않도록 해 주는 것이다. 최초의 백신은 1796년에 개발된 천연두smallpox 백신으로, 이 덕분에 인간은 더는 천연두에 걸리지 않았고, 이후 천연두는 지구상에서 완전히 사라지게 되었다.

치료법을 찾아서

의약품medicine은 대규모의 사업 분야이다. 신약이 공식적으로 승인을 얻기 위해서는 오랜 시간 동안 여러 과정을 거쳐야 한다. 따라서 의약품 개발을 위해서는 먼저 투자가 이루어져야 한다. 수익은 그다음의 일이다. 우선, 병을 치료하기 위해서는 그 질병에 대해 과학적으로 이해해야만 한다. 병이 어떠한 영향을 미치는지, 어디서 얻게 된 건지, 어떻게 전염되는 건지 등에 대한 모든 이해를 마치고 나서야 치료법에 관한 연구를 시작할 수 있다. 그리고 치료법에 대한 아이디어를 떠올리면, 실험실에서는 감염된 세포를 배양하면서 테스트를 시작한다. 테스트를 통한 데이터가 유효할 때만 실제 환자에게 임상실험clinic trials을 진행할 수 있다.

이러한 과정을 거치고 나서 해당 의약품이 의학적 유익과 비교해 부작용이 아주 미미하다는 결과가 나오면, 이 약은 효과적이라고 판단하고 그 시점부터 약품 생산과 광고를 시작할 수 있다. 물론, 약품 생산을 어떻게 시작하는지, 포장은 얼마나 안정한지, 그리고 약품 이용에 관한 설명서는 제대로 갖추어졌는지 등에 대한 검사를 받아야 한다. 이러한 모든 단계는 미국식품의약국(FDA), 영국국립임상보건연구원(National Institute or Health and Care Excellence)과 같은 국가 의료당국의 규제 하에 이루어진다.

이 모든 과정에는 막대한 비용이 들어간다. 따라서 의약품을 개발한 제약회사는 신약을 제조하고 판매할 수 있는 독점권을 갖기 위해 약품에 관한 특허를 출원하여 투자금을 지키려 한다. 또한, 수년간 연구개발에 들어간 비용까지 충당해야 하기 때문에 약값도 비싸게 책정된다. 그러나 약이 절실하지만 소득 수준이 낮은 사람이나 개발도상국에는 차별을 두어 약값을 낮게 책정하기도 한다.

치료법과의 싸움

의약품 개발에 성공했더라도 장애물은 존재한다. 1950년대 이후 항생제antibiotics에 점점 높은 내성을 가진 박테리아가 문제로 대두됐다. 박테리아는 내성을 발달시키기 위해 진화하지만, 때로는 약 자체가 문제가 된다. 항생제는 박테리아의 약한 균주strain를 죽여서 더 강하고 내성이 있는 세균을 번식시킬 수 있기 때문이다. 또한, 무차별적으로 항생제를 사용하면 나쁜 박테리아뿐만 아니라, 소화기관에 도움을 줄 수 있는 좋은 박테리아까지 파괴할 수 있다. 보통 항생제를 거의 기적의 치료제로 생각하고, 어떤 질병이든 항생제를 이용해서 치료하고자 한다. 그러나 아무리 많은 항생제라도 바이러스로 유발한 질병을 성공적으로 치료하지는 못하고, 항생제를 잘못 사용할 경우 감염 치료의 효율성을 떨어뜨리는 또 다른 원인이 된다.

때때로 우리 몸의 면역기관은 우리 자신을 공격한다. 류머티즘 관절염rheumatoid arthritis, 다발성 경화증multiple sclerosis, 크론병Crohn's disease, 궤양성 대장염ulcerative colitis 같은 자가면역질환autoimmune diseases은 인체의 방어작용이 건강한 세포에 잘못 작용할 때 발생하는 것이다. 또한, 우리 몸의 면역기관이 이식된 기관에 거부 반응을 일으키기도 한다. 이 같은 원치 않은 면역 반응이 일어나는 것을 막기 위해 면역억제제immunosuppressant drug를 사용한다. 하지만 약물을 사용해 면역기관의 작용을 억제할 경우, 일반적으로 이겨 낼 수 있는 질병에 쉽게 걸리는 부작용이 있다.

후천성면역결핍증(에이즈AIDS)이 바로 이와 같은 결과로 나타나는 것이다. 이 자체가 질병이 아니라, 인간 면역 결핍 바이러스에 의한 장기간의 감염으로 인해 발생한다. 에이즈 환자는 건강한 면역기관이라면 간단하게 방어할 수 있는 감염에 쉽게 걸려버린다. 이전에 항생제에 내성이 있는 세균MRSA과 같은

질병이 퍼져 인구수조차 유지할 수 없었던 것처럼, 실제로 에이즈의 발병률과 면역억제제 사용의 증가는 몇몇 지역에서 비난받고 있다.

쫓고 쫓기는 사이

과학과 자연 사이에는 쫓고 쫓기는 게임이 끊임없이 벌어진다. 바이러스는 우리보다 단순하고 지능 또한 낮지만, 살아남을 수 있도록 프로그램되어 있을 뿐 아니라 계속해서 적응해 가는 능력이 있다. 독감infuenza 예방 접종과 질병의 싸움이 계속되는 이유는, 병균이 기존의 백신으로는 효과를 발휘할 수 없도록 계속해서 균주strain로의 변이를 진행하기 때문이다. 숙주를 죽이면 번식 수단과 종으로서의 지속성을 제거할 수 있지만 바이러스는 그것에 큰 관심이 없다는 사실에 그나마 우리는 작은 위안을 얻을 수 있다.

하지만 많은 바이러스는 공기나 하수구를 통해 기침이나 설사 같은 단순한 질병을 퍼뜨린다. 과학이 백신이나 의약품을 통해 바이러스를 없애 버릴 방법을 찾는다면, 바이러스는 진화할 것이다. 그러면 또다시 과학은 새로운 백신을 발견할 것이고, 바이러스는 다시금 진화할 것이고, 이러한 과정은 계속해서 반복될 것이다.

몇몇 질병은 더욱 심각하다. 질병 중에는 과학이 치료법을 찾지 못하면 치명적인 상태에 이를 수밖에 없는 것도 있다. 그러나 의료 분야의 끊임없는 발전 덕분에 치료법이 없는 질병에 걸린 환자들도 죽지 않고 생명을 유지할 수 있게 되었다. 에이즈가 바로 그 예이다.

속담에도 있듯이 예방은 치료보다 낫다. 예방의학은 예방 접종에서부터 비타민 보충제에 이르기까지 다양하다. 그리고 인체의 저항력을 유지하기 위해 건강한

식이요법, 규칙적인 운동, 무엇보다 몸이 회복되는 시간을 허락해 주는 수면이 필수적이다. 손을 씻는 것 역시 단순한 행동일 뿐이지만 굉장히 중요한 예방 조치이다. 기침과 재채기만 질병을 전염시키는 것은 아니다. 감염은 호흡, 혈액, 땀, 여러 배출물 등 모든 종류의 체액을 통해 전달되어 일어난다. 개인위생이나 배설물 처리에서 불량한 위생 상태는 질병을 발생시키는 주요한 원인이 된다. 성관계를 맺지 않거나 피임을 한 안전한 성관계는 질병 예방에 도움이 된다. 그뿐만 아니라 깨끗한 물을 마시는 것도 중요하다. 우리 몸의 50% 이상이 물이기 때문에 적절한 수분을 유지하는 것이 효과적이다.

이 책은 건강염려증이 있는 사람들에게는 부담스러운 책이 될 것이다. 그들은 여러 증상에 대해 읽으면서 자신이 이러한 병에 걸린 건 아닌지 의심할 수 있기 때문이다. 하지만 우리는 이와 같은 사진을 본다고 해서 질병을 진단할 수는 없다. 그러나 이 책은 질병과 의약품에 대해 쉽게 알아볼 수 있는 기회를 제공할 것이다. 과학자들이 다양한 사진들을 마련해 두었으니 우리는 그저 보기만 하면 된다. 또한, 이 사진들이 어떻게 만들어졌는지에 관한 간단한 기록도 많은 도움이 될 것이다. 그뿐만 아니라 각 사진이 어떤 종류의 현미경을 사용해 얻은 것인지에 대한 정보도 함께 적었다. 현미경 사진은 매우 세세한 이미지를 표현하는 그래픽 사진인데, 촬영 방법에 따라 다양한 종류의 사진들이 나온다. 이 책의 사진 대부분은 다음 두 가지 기술에 의해서 촬영되었다.

광학현미경 사진Light Micrograph

광학현미경 사진은 광학현미경을 이용해 찍은 것이다. 16세기에 발명된 전통적인 현미경인 광학현미경은 자연광이나 인공광을 이용해서 렌즈를 통해 표본을 확대한다. 빛이 물체에 부딪치면 색상, 질감, 표면의 각도에 따라 그 빛은 반사된다. 이렇게 물체의 표면에 반사된 빛은 직접 또는 광학현미경의 렌즈를 통해서 눈에 도달한다. 빛은 안구 내부에 있는 민감한 세포cell에 모이고, 뇌는 이러한 세포들이 수집한 색상과 질감, 형태와 크기에 관한 정보를 시각적으로 처리한다. 광학현미경은 인간이 눈으로 사물을 보는 것처럼 표본을 확인할 수 있을 뿐 아니라 그것을 쉽게 확대할 수 있다.

17세기 후반이 되어 이 광학현미경은 과학적 연구를 돕는 도구로 자리 잡았고, 현재까지 간단한 기술과 저렴한 가격으로 작은 물체를 자세히 살펴보는 데 사용할 수 있는 기기가 되었다. 동시에 빛 종류의 변화를 통해 표본을 관찰하는 데 커다란 혁신을 가져오기도 했다. 예를 들어, 편광된 빛을 표본에 비추면 편광 선글라스polarized sunglass와 같은 방식으로 특정한 패턴의 색상과 구조를 볼 수 있다. 여러분은 이 책에서 보여 주는 의약품 사진에서 이러한 놀라운 효과를 확인할 수 있을 것이다.

전자현미경 사진Electron micrographs

20세기 초, 과학자들은 광학현미경을 대체할 만한 첨단기술을 개발하기 시작했다. 빛 대신에 전자총electron gun에서 발사된 전자의 흐름을 사용한 최초의 전자현미경은 1930년대에 개발되었다. 광학현미경에서 유리 렌즈가 빛을 굴절시키듯, 전자현미경에서는 렌즈lens 대신 전자석electromagnets을 이용해 전자빔을 구부린다. 전자빔이 충분히 밀도 있게 쏘아지면, 단순한 빛을 통해 사물을 자세히 보는 것 이상의 결과를 선사해 준다. 다시 말해서, 맨눈으로 볼 수 없는 것을 볼 수 있게 된다.

전자현미경은 두 가지 종류가 있다. 하나는 투과전자현미경(TEM: transmission electron microscope)이고, 다른 하나는 주사전자현미경(SEM: scanning electron microscope)이다. 투과전자현미경은 그 이름에서 알 수 있듯이

전자가 연구대상인 표본을 바로 통과한다. 마치 스테인드글라스를 통과하는 빛이 스테인드글라스 창문의 영향을 받듯이, 이 과정에서 전자는 통과하는 표본의 영향을 받는다. 그리고 스테인드글라스 창문에서 빛이 통과될 때 형형색색의 작품이 드러나듯이, 투과전자현미경의 전자는 표본을 통과하면서 표본의 이미지를 만들어 낸다. 이 현미경에서는 사진판이나 형광 스크린을 통해 상이 맺히는 것을 관찰할 수 있다.

대조적으로 주사전자현미경의 전자는 표본을 통과하지 못한다.
주사전자현미경은 격자 패턴으로 표본을 스캔하는 전자를 발사한다.
전자는 표본에 있는 원자와 상호작용하며 이에 대응하는 다른 전자를 방출한다.
이러한 2차 전자는 모양과 구성요소에 따라 모든 방향으로 방출될 수 있다.
그 결과, 이 전자들은 검출되고, 2차 전자에게서 나온 정보와 본래의 전자 주사의 세부 사항들과 결합해 주사전자현미경 이미지가 완성되는 것이다.

한편, 투과전자현미경은 전자가 표본을 통과해야 하므로 매우 얇은 표본만 샘플로 사용할 수 있다. 반면, 주사전자현미경은 부피가 더 큰 표본들을 처리할 수 있으며, 결과 이미지는 피사계의 심도depth of field(*관찰 대상물의 확대 영상에서 초점이 맞는 깊이의 범위)를 전달할 수 있다. 한편, 투과전자현미경은 더 높은 해상도를 구현할 수 있고, 확대도 가능하다. 숫자만으로 가늠하기 어렵겠지만 투과전자현미경은 폭 50피코미터picametre(50조 분의 1미터) 미만의 미세한 부분까지 보여 줄 수 있고, 5천만 배 이상 확대할 수 있다. 그리고 주사전자현미경은 크기가 1나노미터nanometre(1,000피코미터)인 세세한 부분을 '볼' 수 있고 50만 배까지 확대할 수 있다. 이에 비해 일반적으로 사용되는 광학현미경은 약 200나노미터 정도의 아주 작은 부분을 보여 주고, 2,000배 정도의 배율을 제공한다.

이 책에서 보게 되는 대부분의 현미경 사진은 인공적으로 색을 덧입힌 것으로

이를 위색false color이라고 한다. 위색은 모양을 더욱 확실하고 쉽게 볼 수 있게 도와준다. 우리의 인체는 이 책에서 제공하고 있는 사진처럼 여러 가지 색을 가지고 있지는 않다. 그러나 우리의 몸은 놀라운 저항력과 생물학적 구조를 갖추고 있으며 그 복잡성에 대해서는 감히 상상할 수조차 없다. 우리 몸의 방어 체계가 새로운 감염 인자에 의해 무너지는 때가 온다면, 의학은 위험요소를 물리치기 위해 계속 연구를 해나갈 것이다. 이렇게나 과학은 아름답다.

이제 책장을 넘겨서 함께 알아 가 보자.

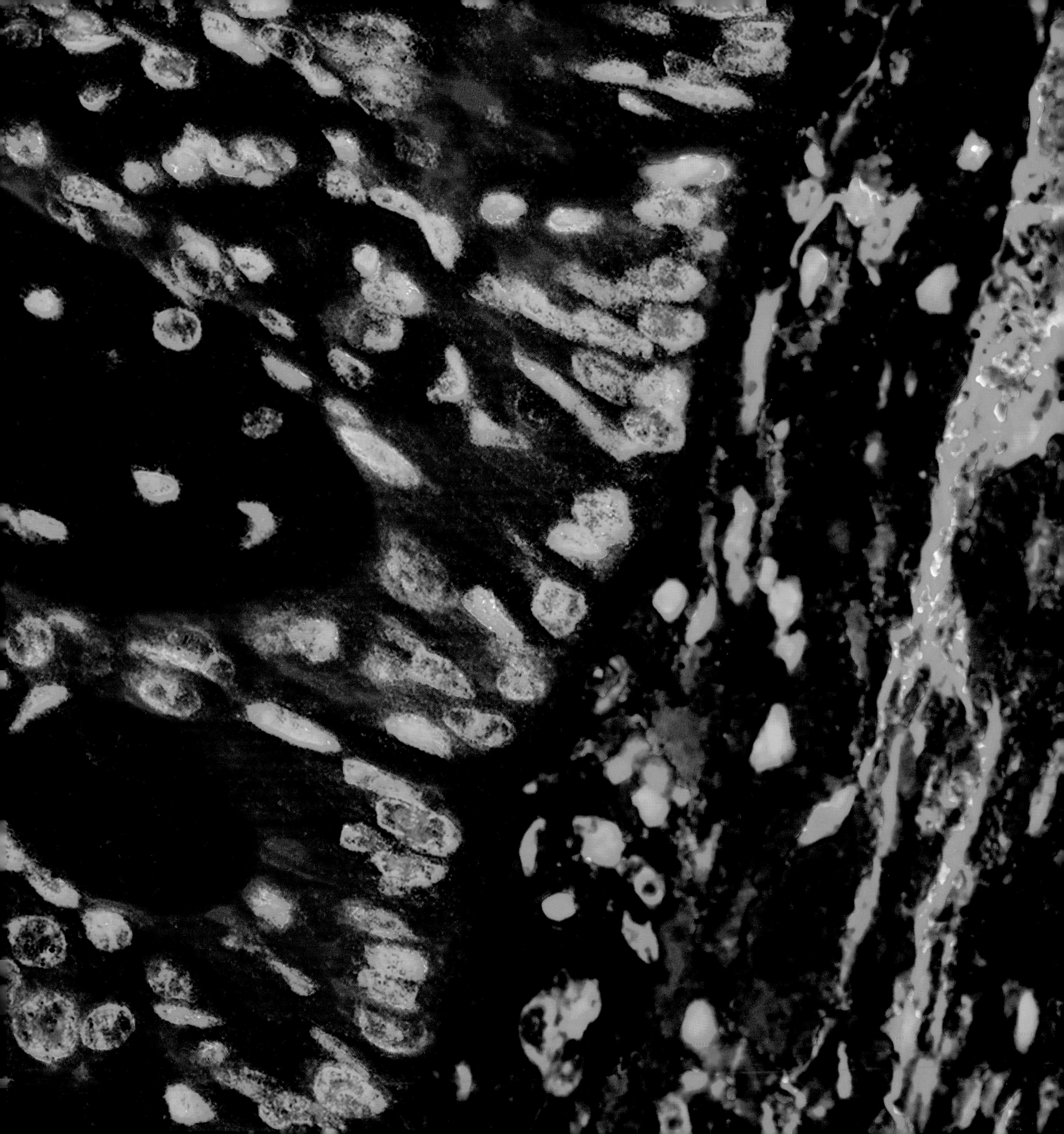

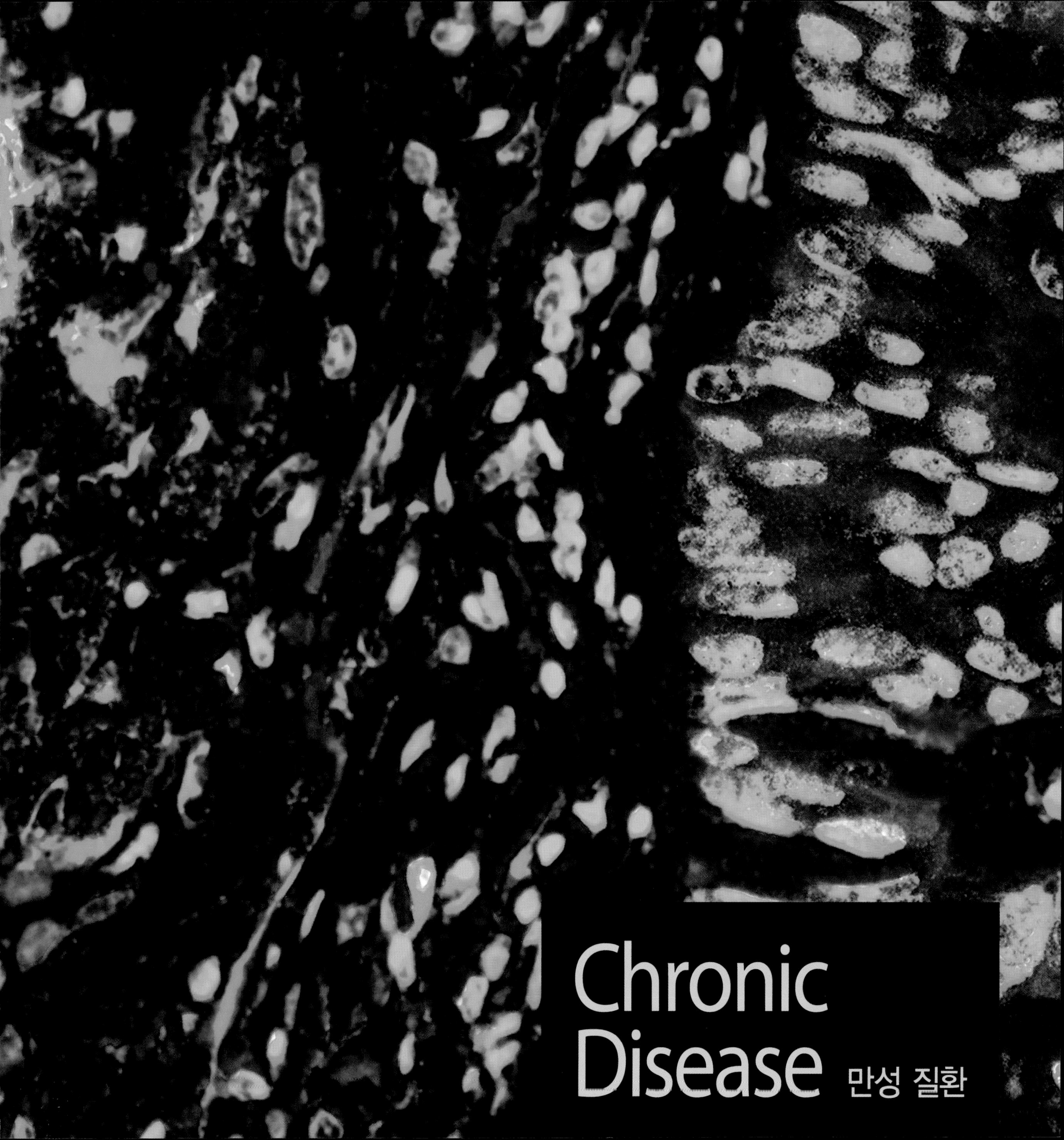

Chronic Disease 만성 질환

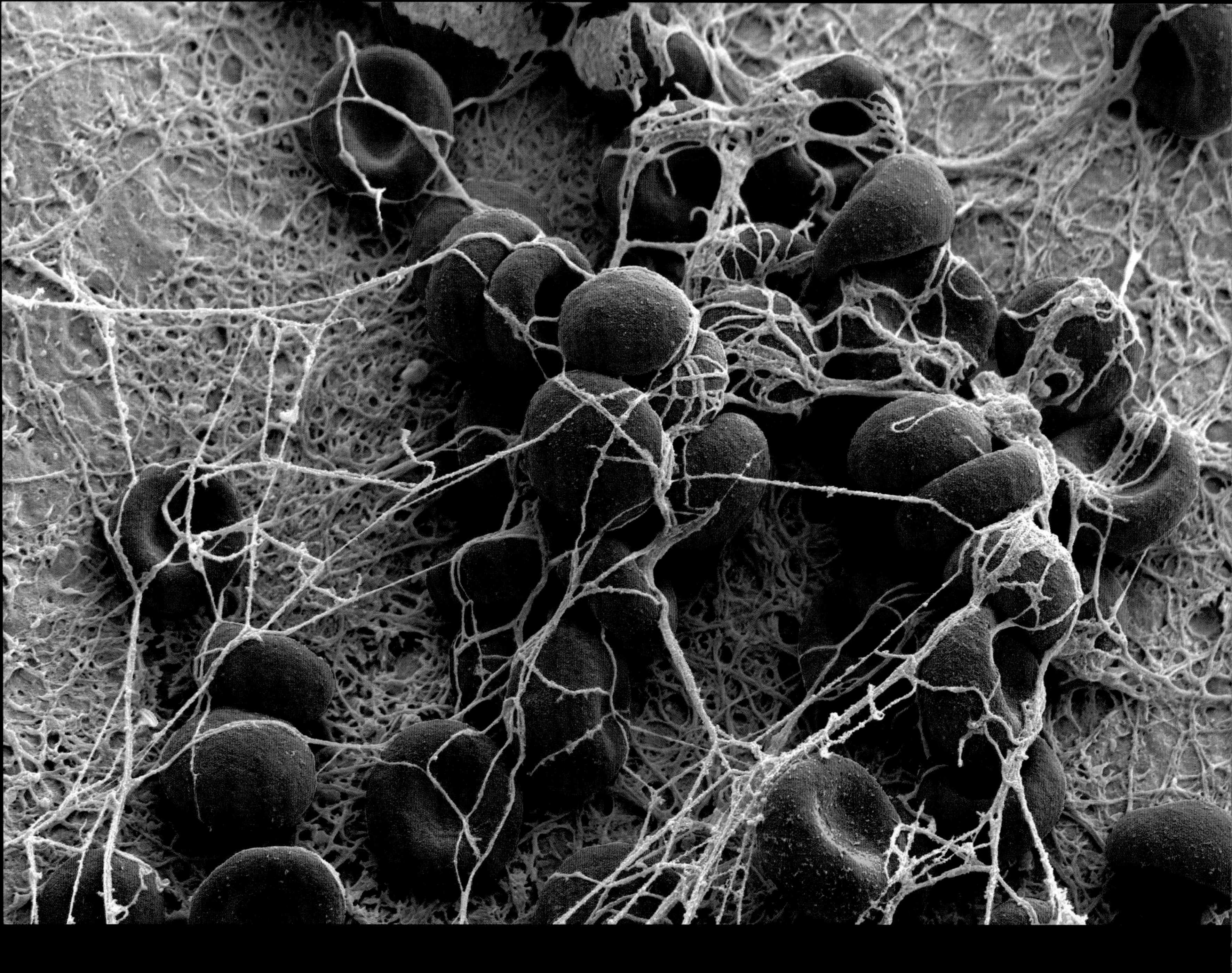

이전 페이지: 폐암lung cancer으로 인한 결체직증식desmoplasia (형광현미경 사진)
암이 있는 폐세포lung cell(파란색 핵이 있는 빨간색)는 흉터조직(반흔조직)scar tissue과 유사한 폐lung 내 간질stroma(결합조직connective tissue, 여기서 녹색)에서 섬유 모세포fibrous가 자라는 결체직증식(결합조직의 증식)을 유발하기도 한다. 보라색 자국은 현광현미경 사진에서 사용한 염료 때문에 나타나는 것인데 간질에만 반응한다. 결체직증식은 호흡 곤란을 초래하고 환자의 활동을 심각하게 제한하는 만성 폐질환인 폐섬유증pulmonary fibrosis을 유발한다.
(배율: 알 수 없음)

위쪽: 폐 조직lung tissue 내의 응고 (주사전자현미경)
혈병blood clot 또는 혈전thrombus은 피브리노겐fibrinogen(섬유모세포)이라는 당단백질gycoprotein로 인해 발생하고, 이 가닥들은 그물망을 형성해 혈액세포(적혈구)의 유출을 막는다. 한편, 혈병은 폐 조직에서 형성될 수 있고(사진처럼), 다리 또는 다른 곳에서 만들어져서 이동할 수도 있다. 만약 혈병이 폐동맥lung artery의 흐름을 막게 되면, 폐 색전증pulmonary embolism을 일으키게 되는데, 이 경우 가슴 통증이나 호흡곤란이 일어날 수 있으며, 피를 토하게 될 수도 있다.
(배율: 알 수 없음)

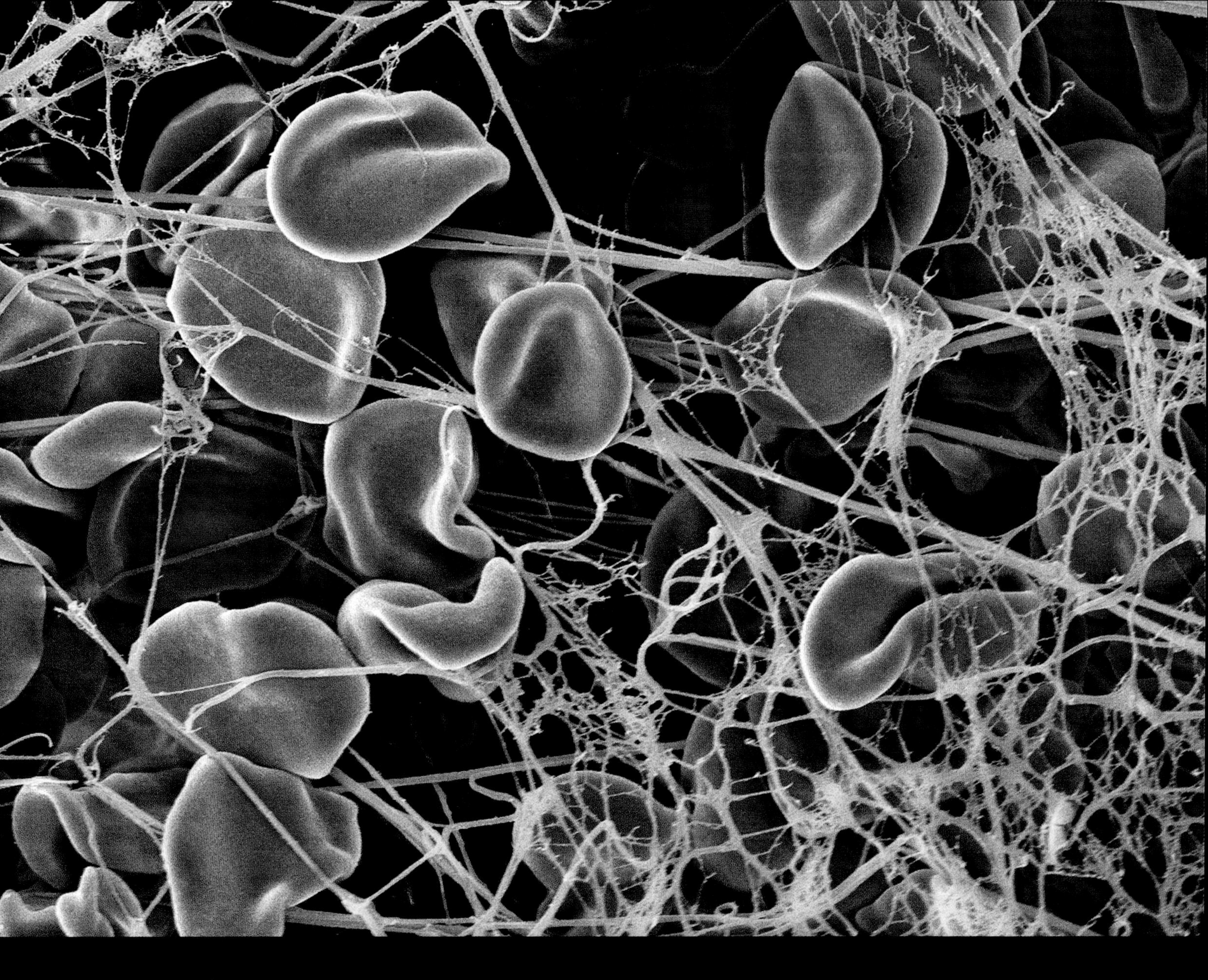

혈병Blood clot (주사전자현미경)
주사전자현미경을 통해 얻은 이 사진은 혈액세포blood cell에 갇혀 혈액 응고를 유발하는
피브리노겐fibrinogen(피브린fibrin이라고도 함) 덩어리이다. 피브린 방출은 혈액 내
혈소판platelet에 의해 유발되며, 일반적으로 혈액 손실을 막아 준다. 그러나 내부적으로
혈병이 떨어져 나가 혈관blood vessel을 막아서 뇌졸중stroke과 심근경색heart attack의
원인으로 작용할 수 있다. 헤파린heparin이나 와파린wafarin과 같은 혈액 희석제 blood-
thinning drug를 사용해 위험을 줄일 수 있다.
(배율: 알 수 없음)

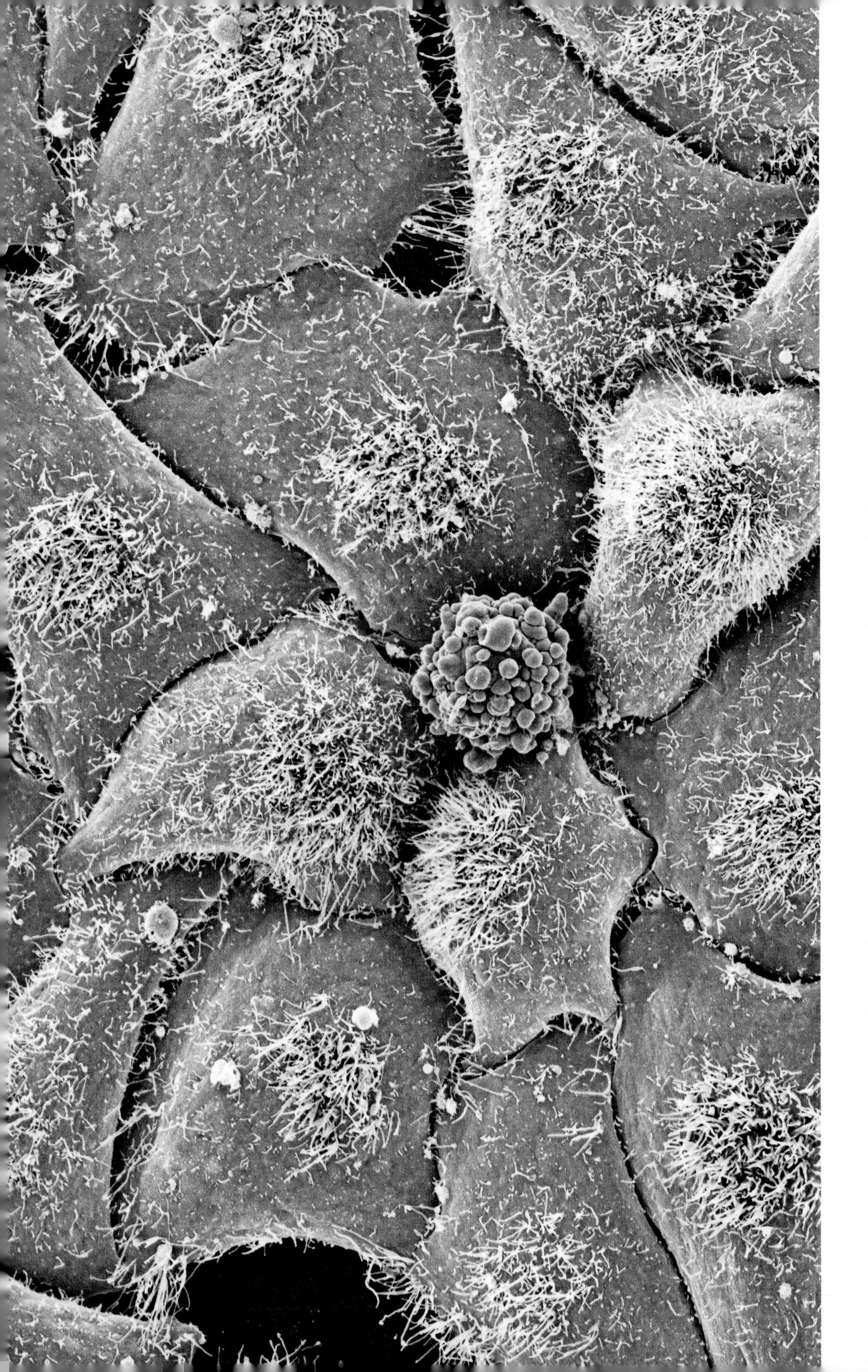

왼쪽: 헬라 세포HeLa cells (주사전자현미경 사진)
헨리에타 랙스Henrientta Lacks가 자궁경부암으로 사망했을 때, 의사들은 그녀의 종양 샘플을 폐기하지 않고 보관했다. 헬라 세포라 불리는 종양 세포는 실험실 환경에서 계속해서 분열하고 재생했기 때문에, 연구원들은 암과 다른 많은 병의 치료법을 실험할 수 있는 무한하고 지속적인 재료를 얻을 수 있었다. 사진 중앙에 있는 구형 세포는 죽어 가고 있는 세포이며, 이웃한 물질이 오염되지 않도록 세포자멸체apoptotic body가 독성물질toxic substance을 덮는 모습이다.
(배율: 알 수 없음)

오른쪽; 헬라 세포HeLa cells (다광자 형광현미경 사진)
헨리에타 랙스는 1951년에 사망했지만, 그녀의 암세포는 1954년까지 소아마비 백신 개발에 사용되었다. 종양 샘플이 그녀의 허락 없이 채취된 점 때문에 논쟁은 이어졌으나 헬라 세포는 이후 에이즈AIDS와 방사선radiation연구, 다른 많은 질병에 관한 연구에 도움을 주었다. 또한, 접착제glue, 화장품cosmetics 같은 인체에 민감한 일상용품 개발에도 크게 이바지했다. 사진에서는 파란색으로 나타난 DNA의 핵core과 함께 있는 분홍색 미세소관microtuble을 볼 수 있다.
(배율: 10cm 너비에서 500배)

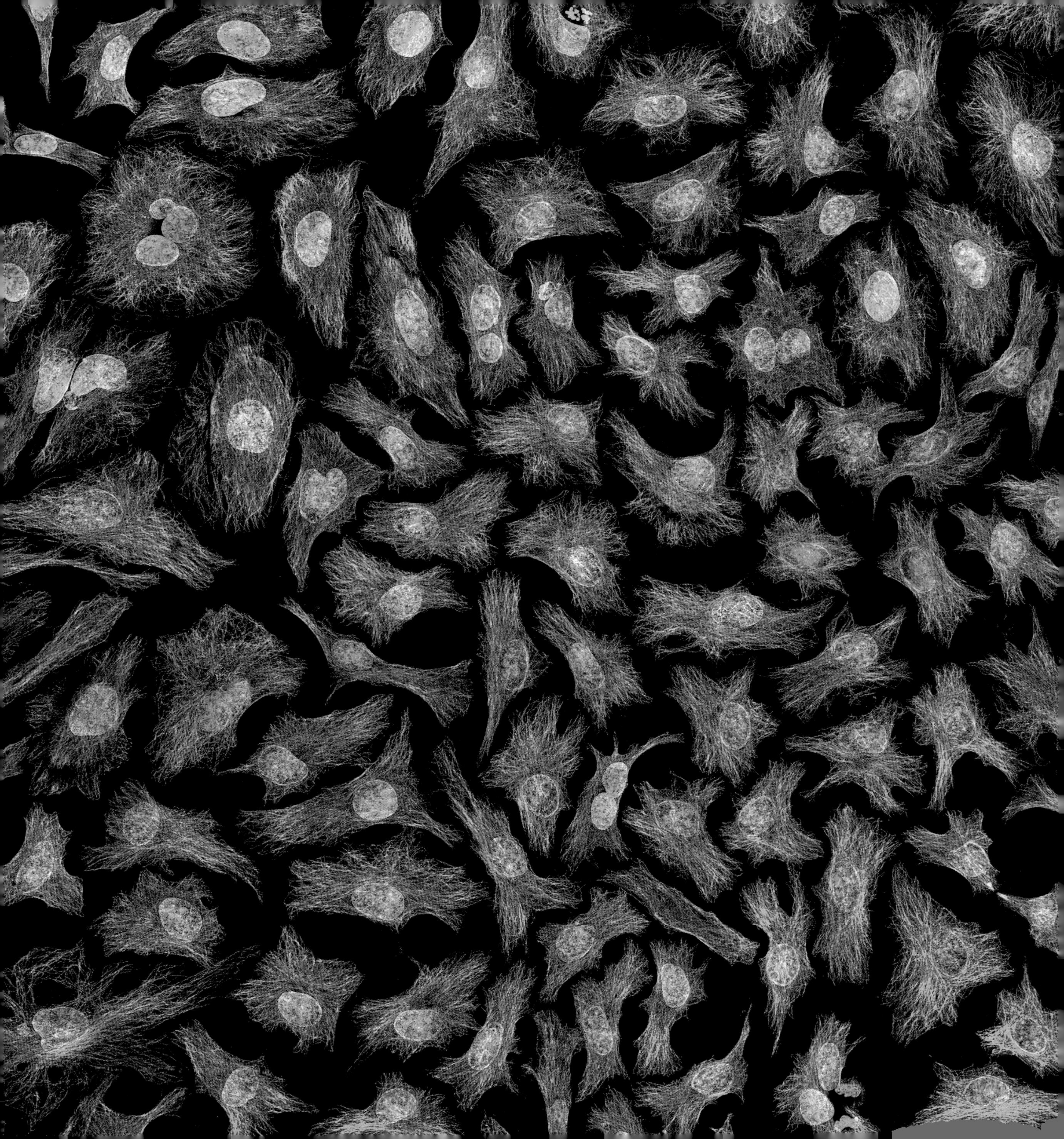

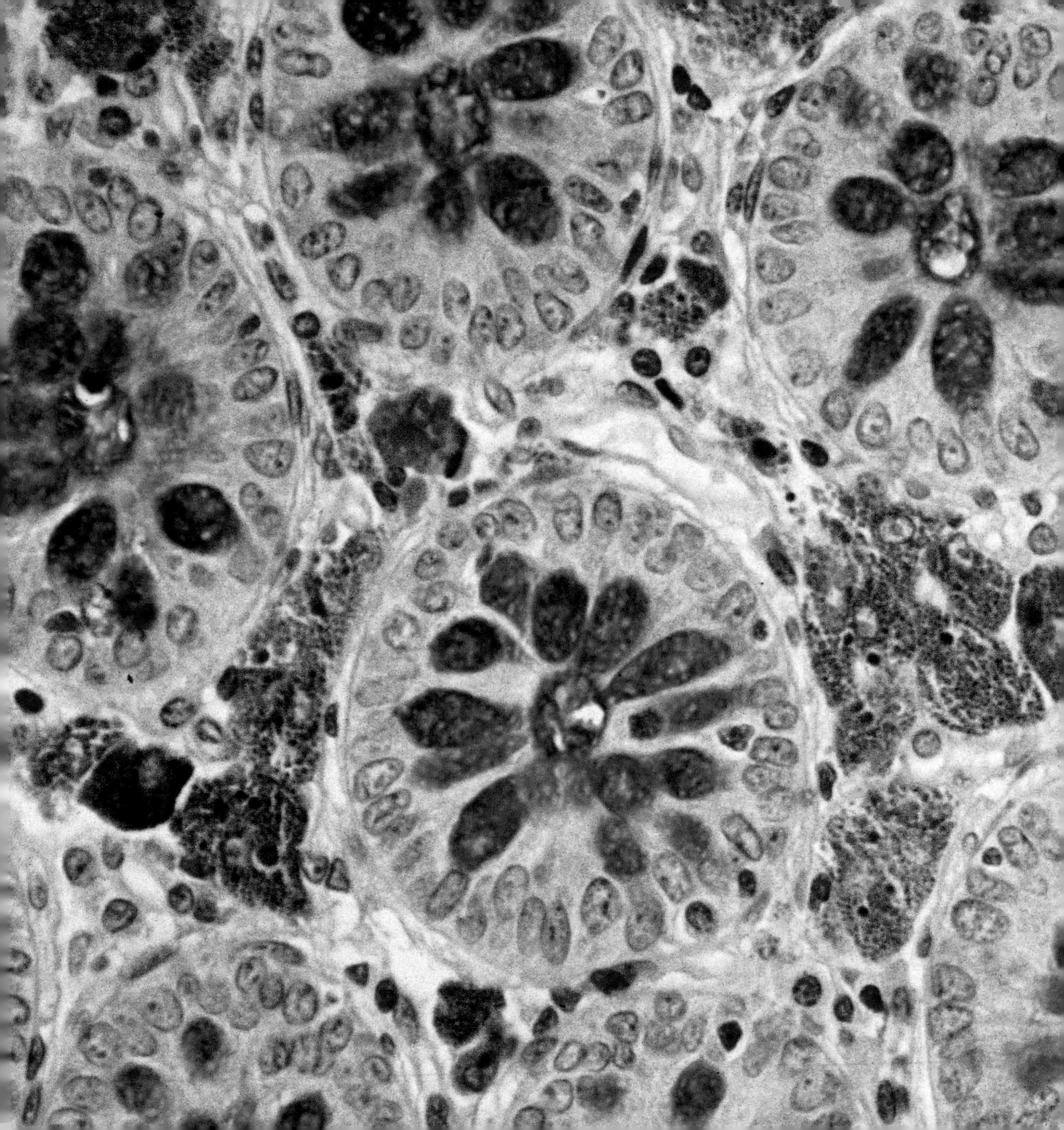

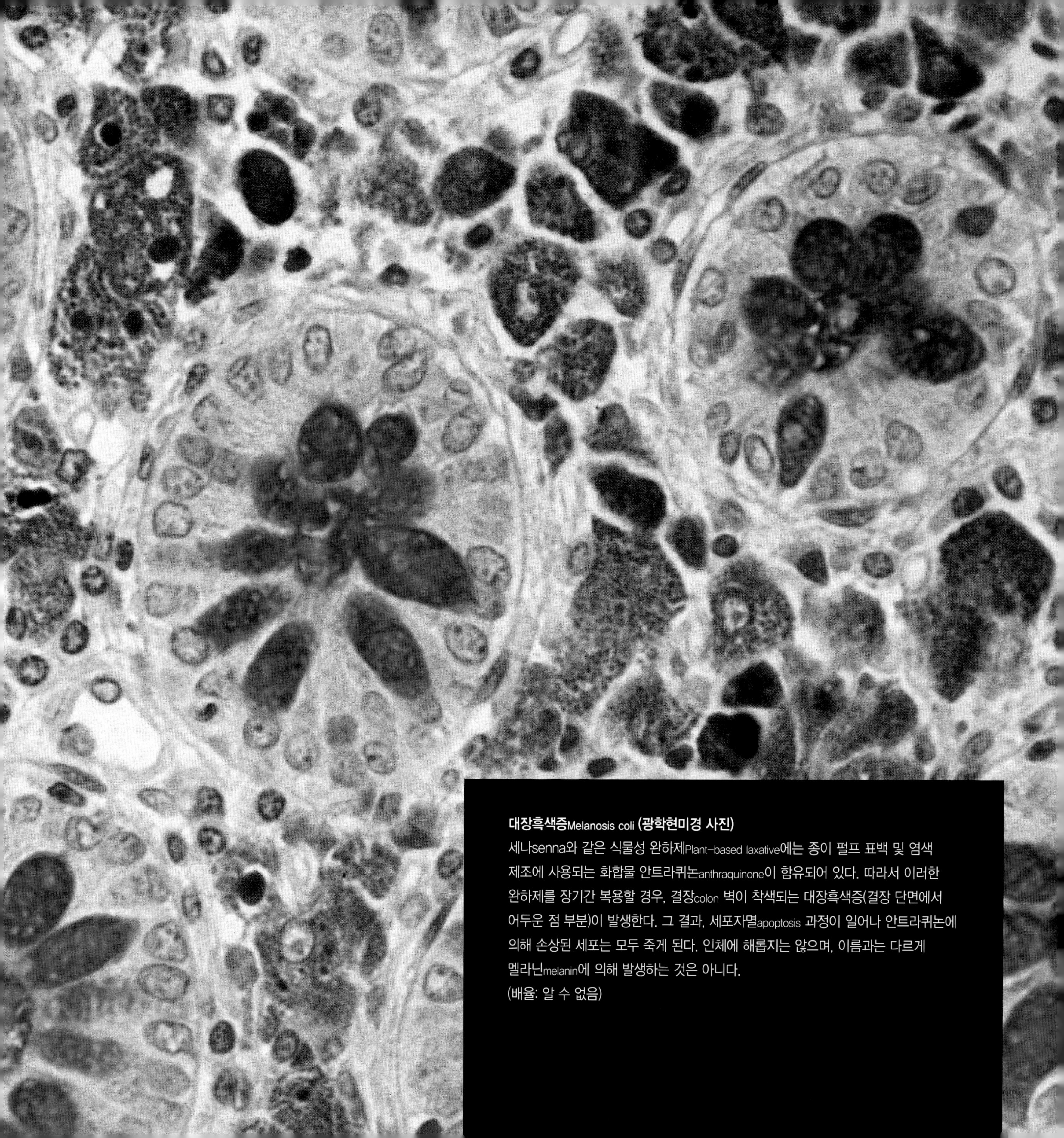

대장흑색증Melanosis coli (광학현미경 사진)

세나senna와 같은 식물성 완하제Plant-based laxative에는 종이 펄프 표백 및 염색 제조에 사용되는 화합물 안트라퀴논anthraquinone이 함유되어 있다. 따라서 이러한 완하제를 장기간 복용할 경우, 결장colon 벽이 착색되는 대장흑색증(결장 단면에서 어두운 점 부분)이 발생한다. 그 결과, 세포자멸apoptosis 과정이 일어나 안트라퀴논에 의해 손상된 세포는 모두 죽게 된다. 인체에 해롭지는 않으며, 이름과는 다르게 멜라닌melanin에 의해 발생하는 것은 아니다.

(배율: 알 수 없음)

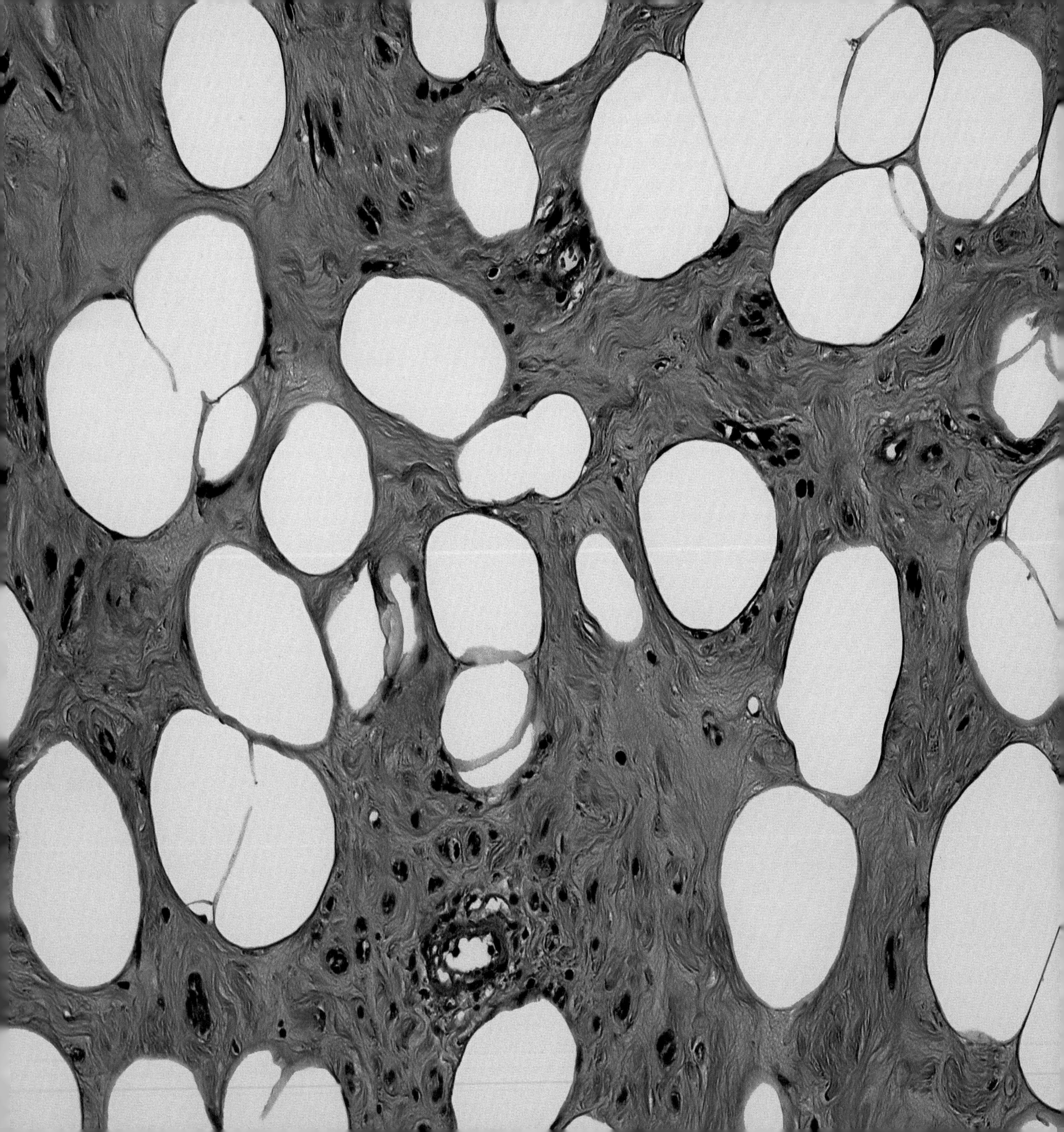

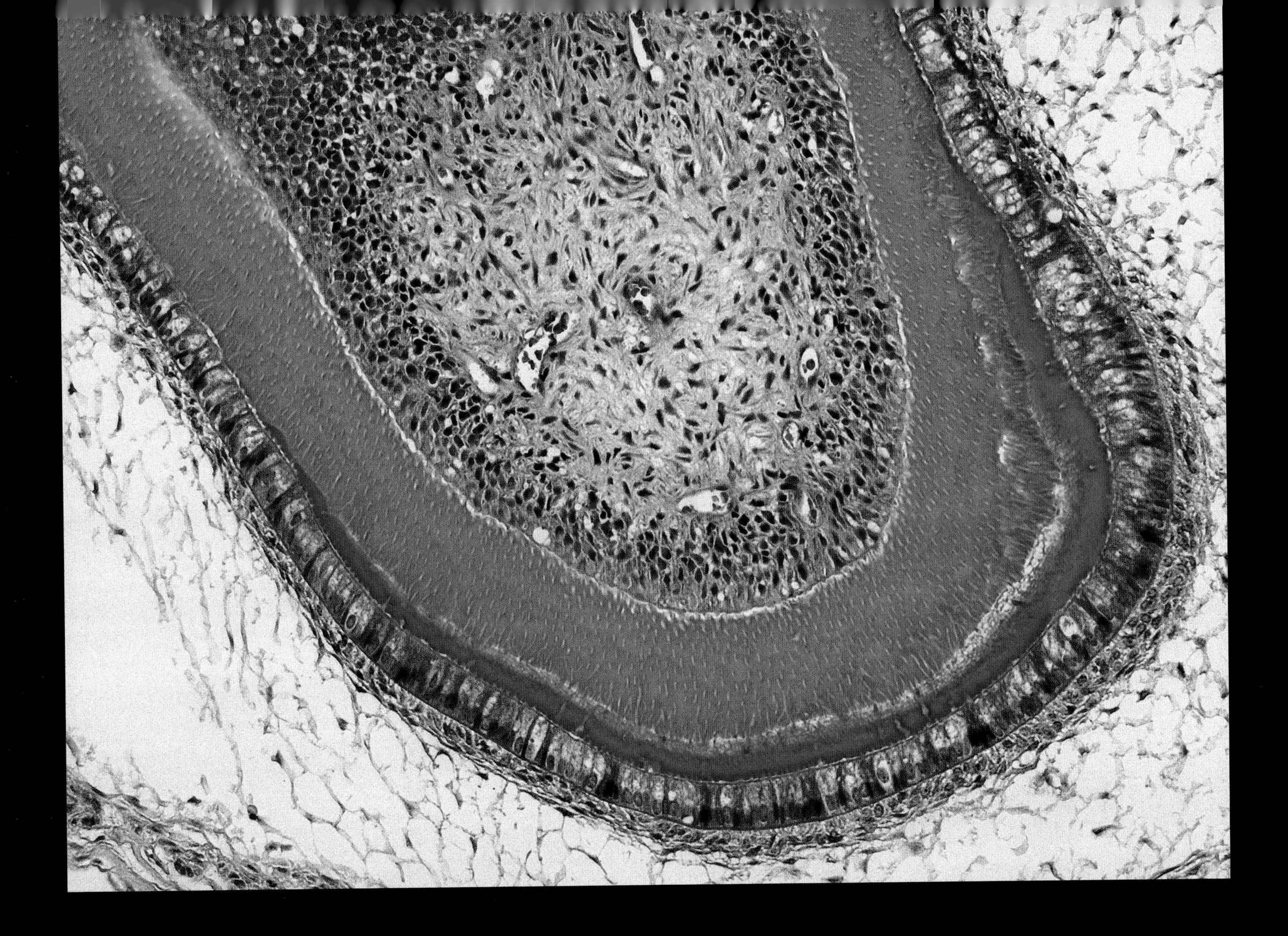

왼쪽: 자궁섬유종Uterine fibroids (광학현미경 사진)
자궁섬유종은 지방세포fat cell(adipocyte, 옅은 초록색)와 평활근smooth muscle 조직(가운데 파란색)으로 이루어진 자궁womb 내 종양이다. 양성benign이지만 등 아랫부분lower back이 불편한 느낌을 받을 수 있고, 월경 기간이나 성관계 시 불쾌감을 줄 수 있으며, 방광bladder을 압박할 수 있다. 자궁섬유종은 호르몬 수치hormone level와 관련 있을 수 있고, 가족력으로 인해 발생할 수 있다. 그러나 암을 일으키는 자궁 종양과는 아무런 인과관계가 없다.
(배율: 10cm 너비에서 60배)

위쪽: 난소 유피 낭종Dermoid ovarian cyst (광학현미경 사진)
사진은 난소 낭종ovarian cyst에 있는 피부 같은 유비 낭종의 단면인데 마치 치아처럼 생겼다. 난소ovary에는 신체의 모든 세포를 구성하는 요소(building block)가 들어 있기에, 낭종이 발생하면 뼈bone, 모낭hair follicles, 땀샘sweat glands, 치아teeth 등의 조직을 그 안에 포함하게 된다. 검사 결과로는 양성benign이지만, 유피 낭종은 꽤 길게 자라나서 비틀어지기 때문에 복통을 유발할 수도 있다. 난소 유피 낭종은 일반적으로 간단한 외과수술을 통해 제거할 수 있다.
(배율: 10cm 너비에서 150배)

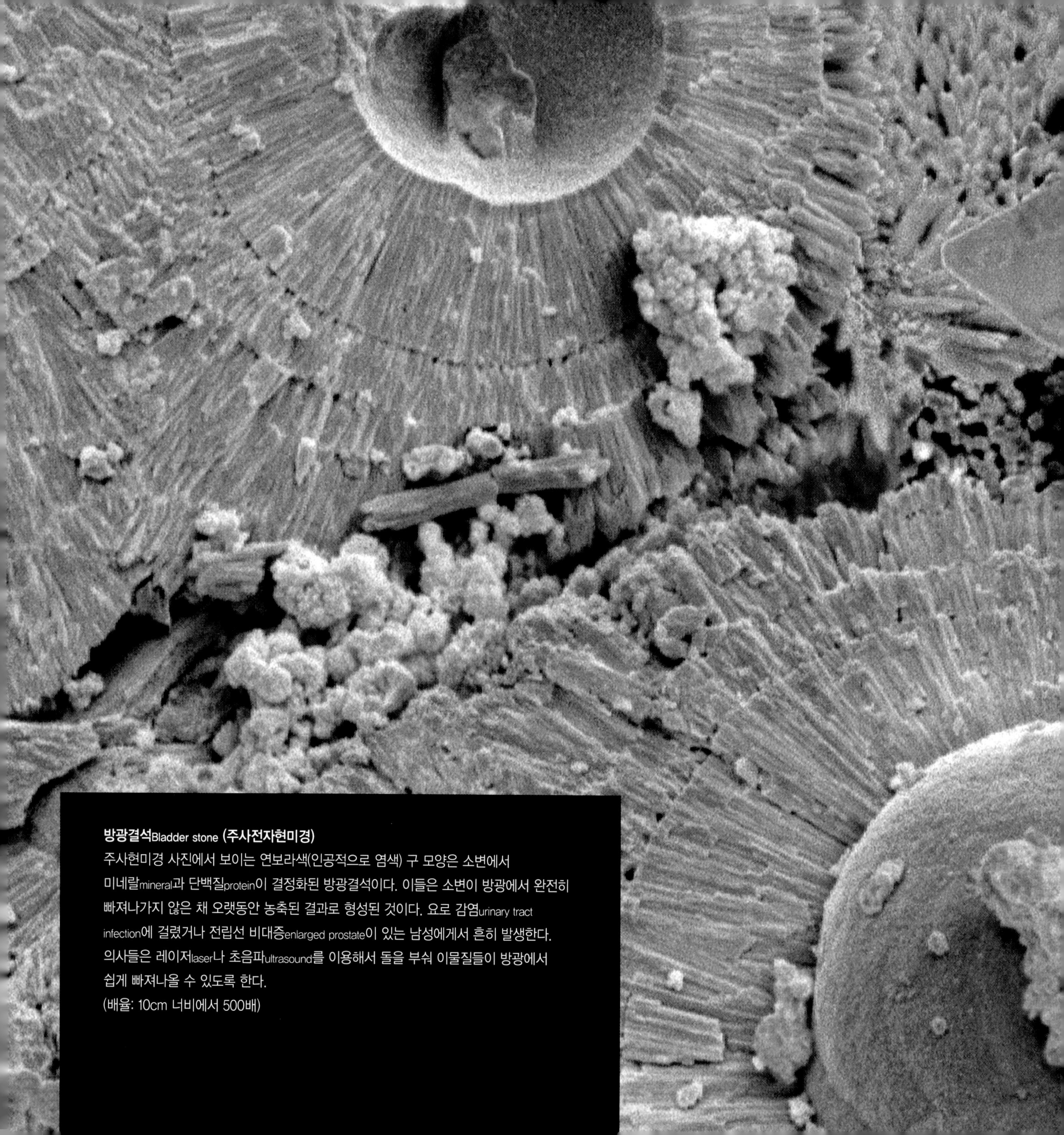

방광결석Bladder stone (주사전자현미경)
주사현미경 사진에서 보이는 연보라색(인공적으로 염색) 구 모양은 소변에서 미네랄mineral과 단백질protein이 결정화된 방광결석이다. 이들은 소변이 방광에서 완전히 빠져나가지 않은 채 오랫동안 농축된 결과로 형성된 것이다. 요로 감염urinary tract infection에 걸렸거나 전립선 비대증enlarged prostate이 있는 남성에게서 흔히 발생한다. 의사들은 레이저laser나 초음파ultrasound를 이용해서 돌을 부숴 이물질들이 방광에서 쉽게 빠져나올 수 있도록 한다.
(배율: 10cm 너비에서 500배)

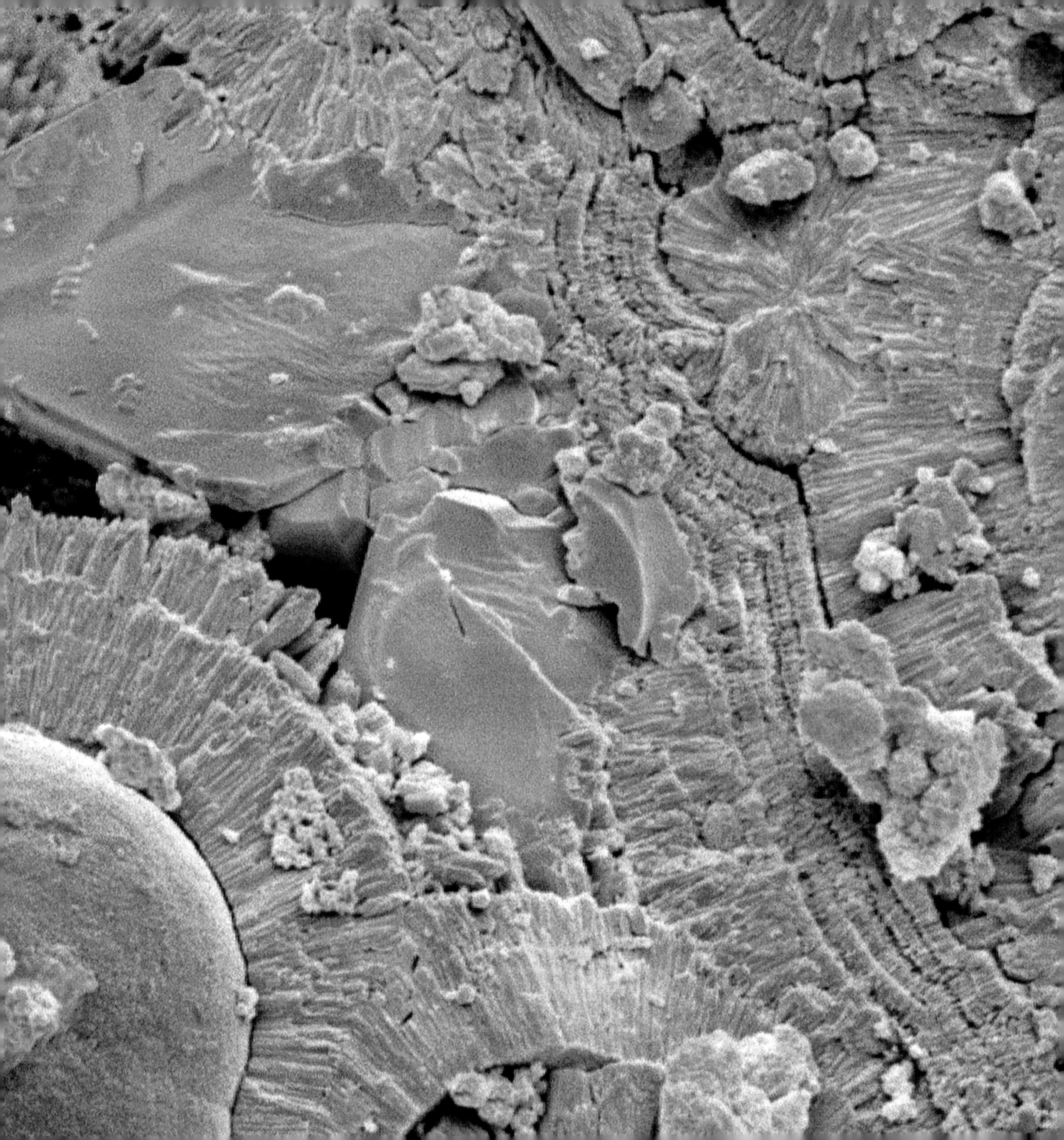

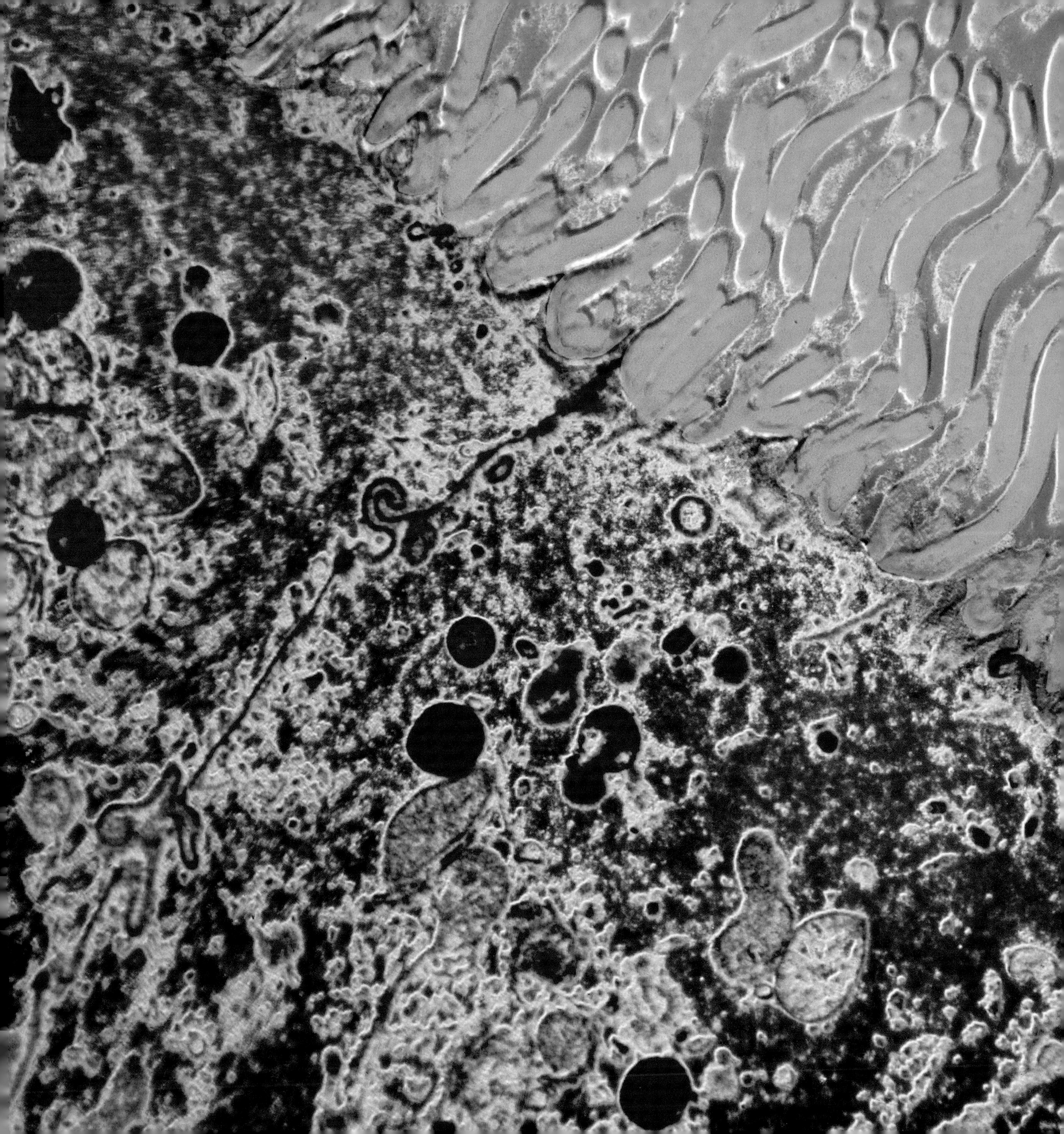

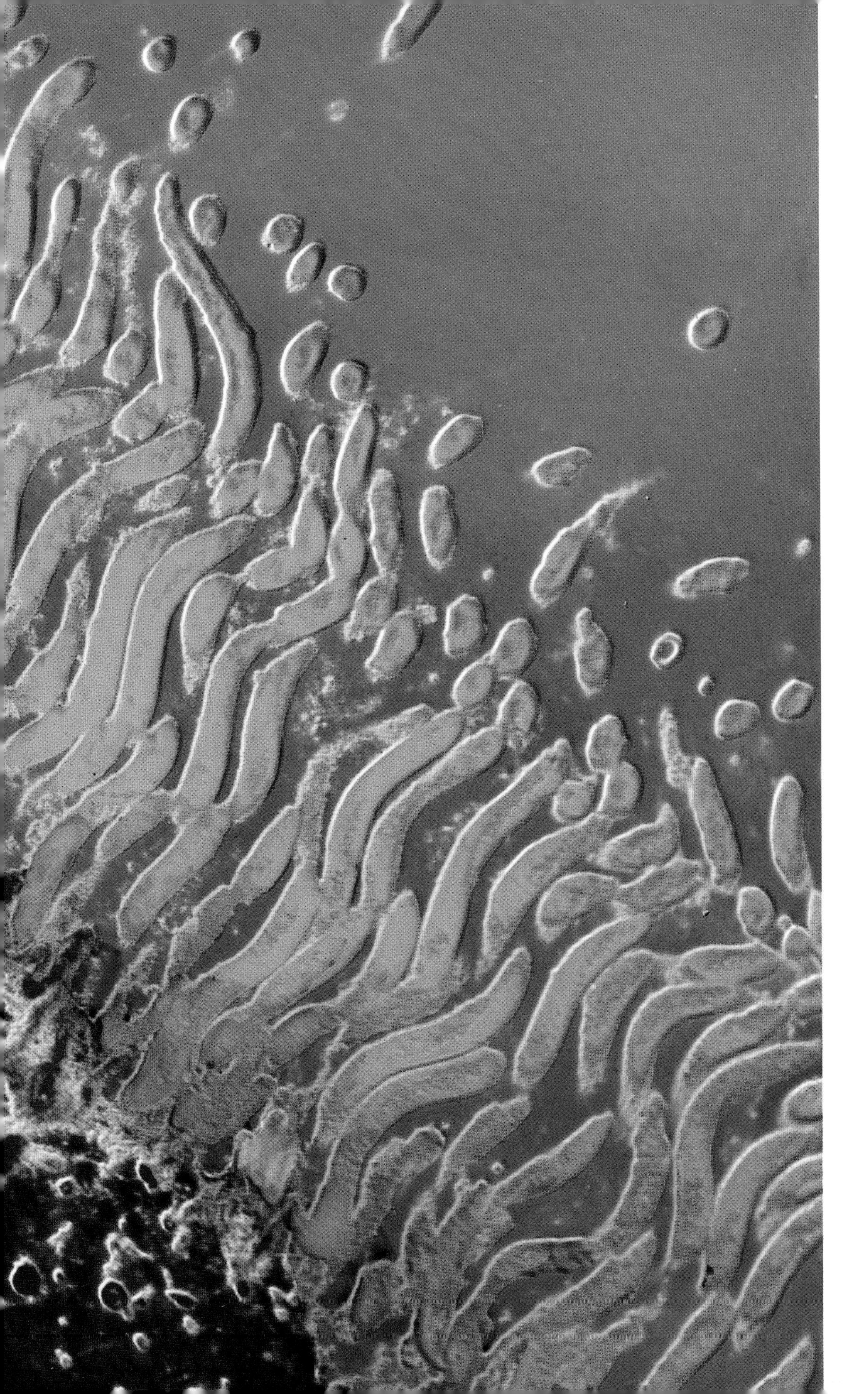

십이지장duodenum에 있는 트레포네마균Treponema bacteria (컬러를 입힌 투과전자현미경 사진)
사진에서 보이는 분홍색과 오렌지색 덩어리는 작은창자small intestine의 첫 번째 부분인 십이지장의 내막이다. 그리고 벌레처럼 붙어 있는 노란색 가닥이 트레포네마균이다. 이들은 나선형 모양으로, 핀타pinta, 요오스yaws, 매독syphilis을 포함한 여러 가지 피부 질환 중 하나에 해당하는 트리포네마균의 아종subspecies이다. 전염 경로는 각각 다르지만, 항생제antibiotics, 특히 페니실린penicillin으로 치료할 수 있다.
(배율: 6x4.5cm 크기에서 4,500배)

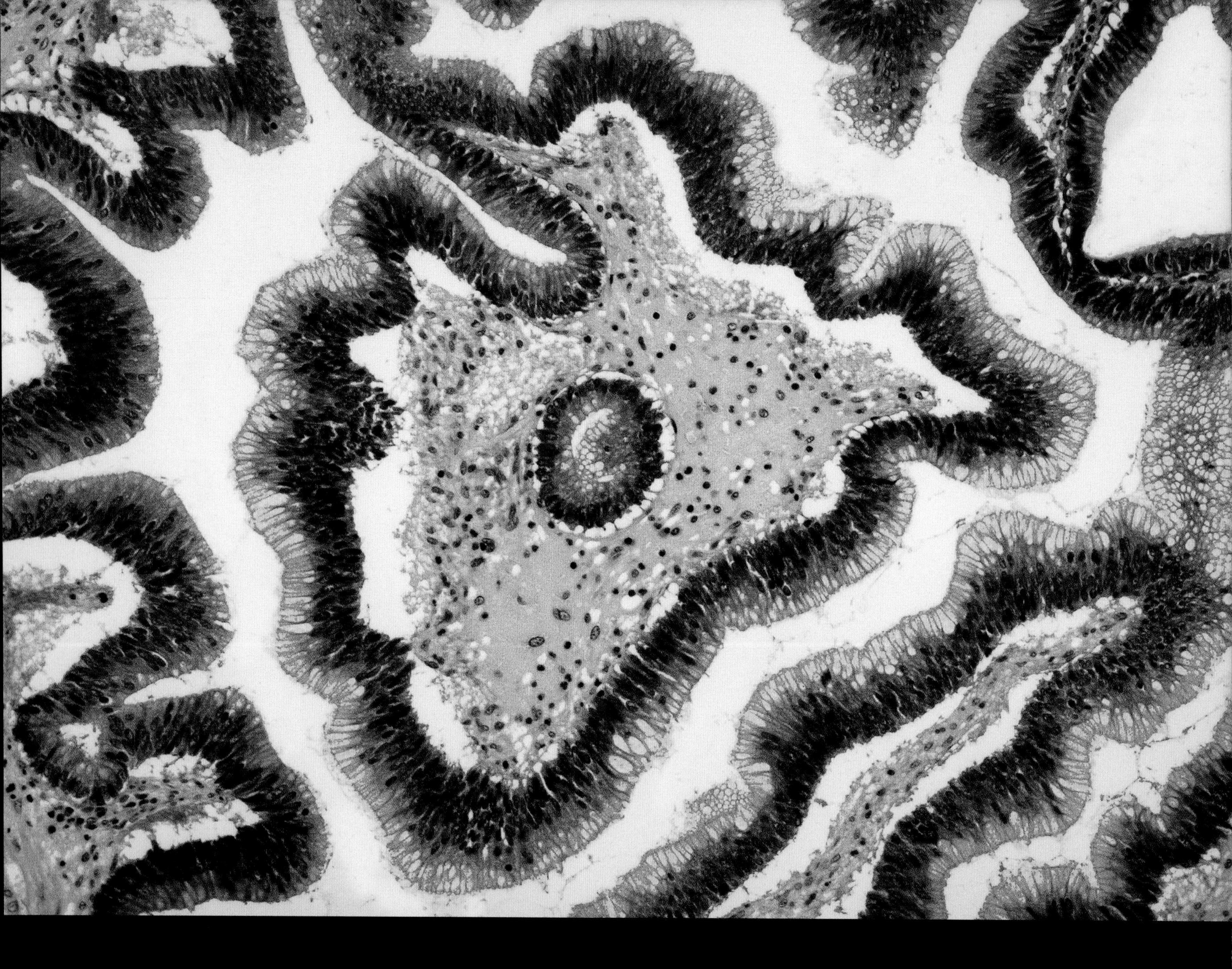

결장용종Colon polyp (광학현미경 사진)

결장에서 나타난 장형 선종성 용종villous adenomatous polyp의 횡단면이다. 이는 장의 안쪽에서 자라는 세포 집단인데, 이러한 용종은 증상이 거의 나타나지 않기 때문에 알아차리지 못한다. 하지만 처음에는 양성benign이었다가 치명적인 암성 용종cancerous polyp인 악성malignant으로 발전하는 예도 있다. 결장용종은 보통 50대 이상에서 발생하는데, 정기적인 검진으로 확인할 수 있고 조기에 충분히 안전하게

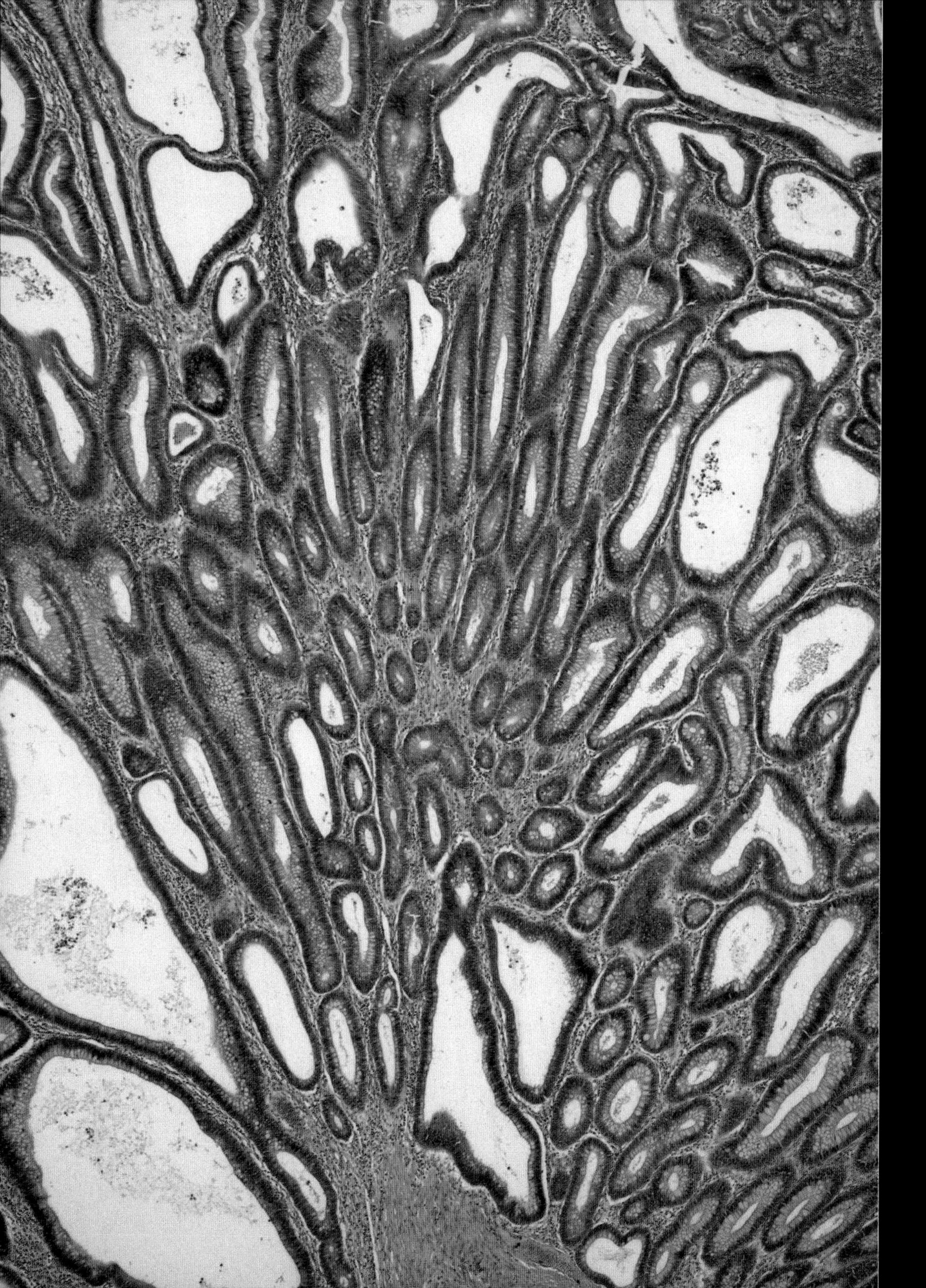

결장의 선종adenoma (광학현미경 사진)

선종성 용종adenomatous polyp은 결장colon 내막의 선 세포glandular cell(*분비를 주된 기능으로 하는 세포 분비세포라고도 함)에서 시작된다. 이들은 관상tubualr이나 융모villous(사진 속 나뭇잎 모양) 형태이며, 종종 이 두 가지가 혼합된 모습을 보이기도 한다. DNA의 변화로 인해 성장이 촉진되며, 이는 암으로 이어질 수 있다. 부적절한 식습관과 운동 부족이 원인이 될 수 있으며, 50세 이상일 경우에는 특히 더욱 그러하다. 이에 의사들은 악성malignant으로 발전하기 전에 용종polyp을 제거할 수 있도록 정기적인 대장내시경 검사colonoscopy를 추천한다. (배율: 10cm 너비에서 80배)

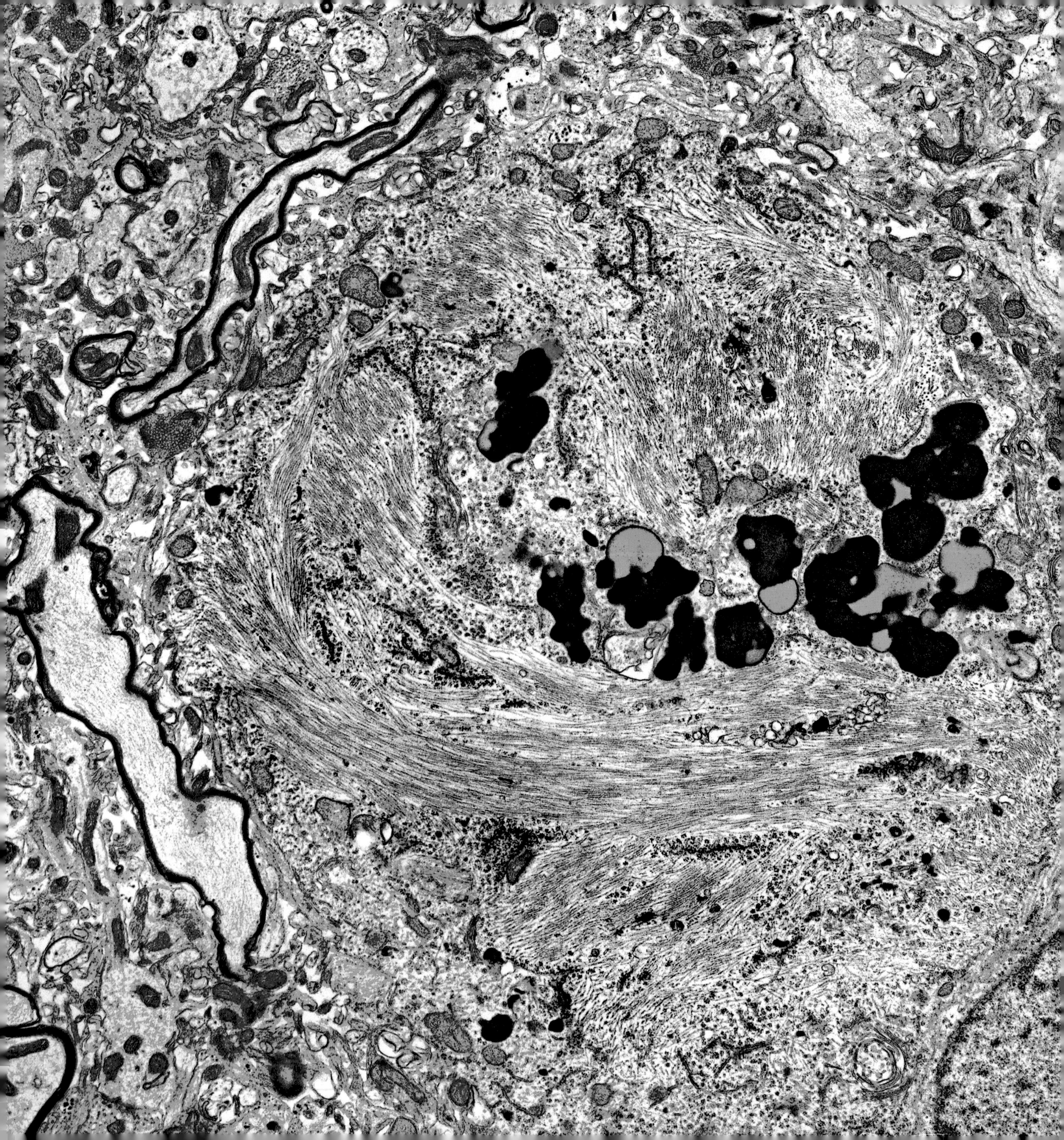

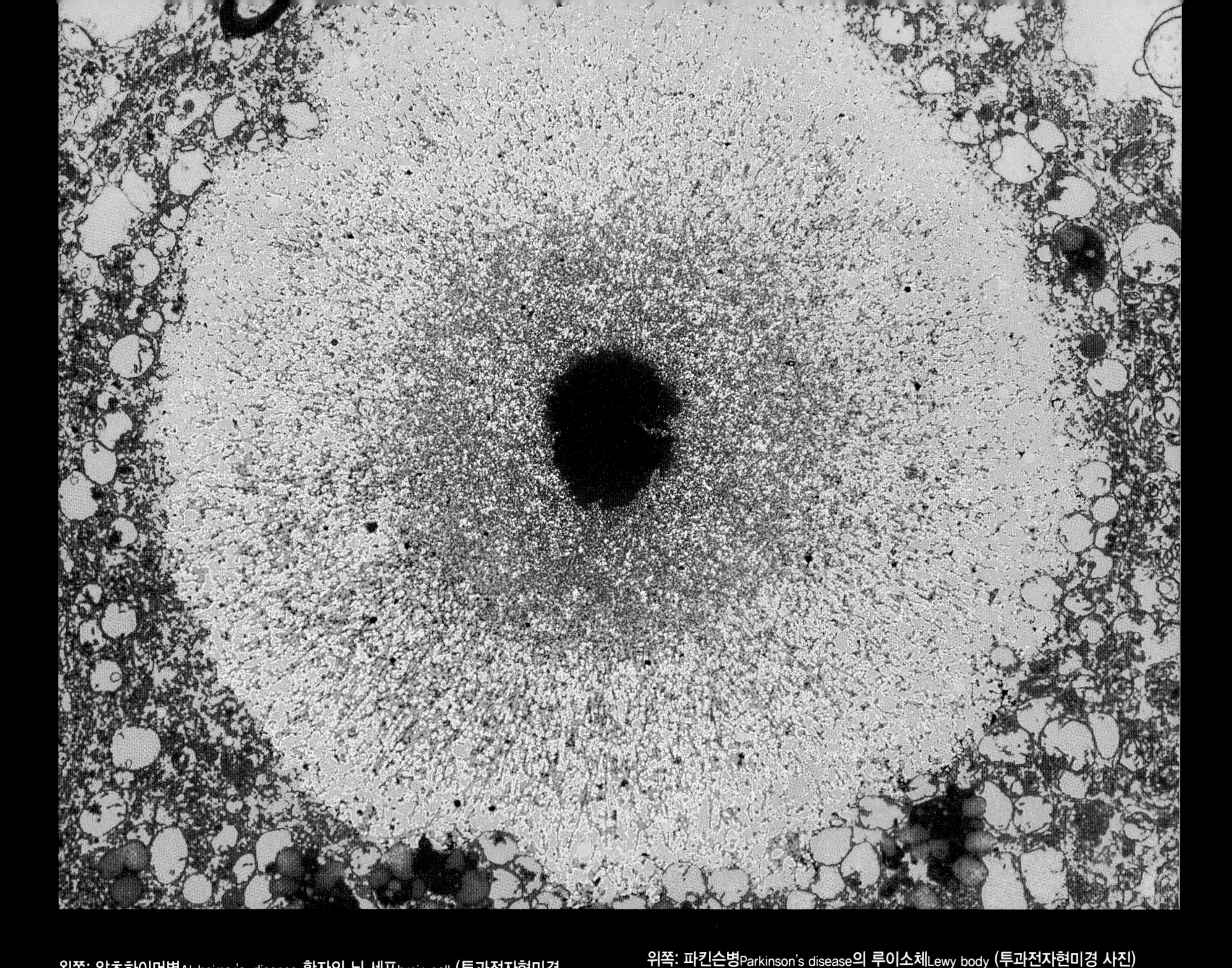

왼쪽: 알츠하이머병Alzheimer's-disease 환자의 뇌 세포brain cell (투과전자현미경 사진)

사진에서 알츠하이머병으로 인해 뇌세포의 세포질cytoplasm(골격을 지지하고 세포를 채우고 있는 유체)은 파란색으로 보인다. 녹색의 소용돌이치는 듯한 모양은 단백질 섬유들이 엉킨 부분인데, 이러한 증상은 크로이츠펠트-야콥병Creutzfeldt-Jakob disease과 다른 신경장애neural disorder에서도 나타난다. 이처럼 얽혀 있는 이유는 건강한 세포에서 미세소관microtuble의 세포골격을 안정화하기 위해 작용하는 타우tau라는 단백질이 과다분비되기 때문이다.
(배율: 10cm 너비에서 2,000배)

위쪽: 파킨슨병Parkinson's disease의 루이소체Lewy body (투과전자현미경 사진)

파킨슨병을 진단하는 주요한 열쇠는 운동을 조절하는 뇌의 흑질substantia nigra 안에 있는 신경세포neuron의 루이소체에 있다. 루이소체Lewy bodies(파란색)는 신경세포 사이에서 신호를 전달하는 기능을 가진 알파시누클레인alpha-synuclein이라는 단백질 섬유의 복합체이다. 루이소체가 생성되면 신경세포 사이의 통신 능력이 떨어지고, 파킨슨병의 대표적인 증상인 운동 둔화와 떨림을 유발하게 된다.
(배율: 6x7cm 크기에서 2,750배)

휘플씨병Whipple's disease **(광학현미경 사진)**
휘플씨병은 심장heart과 폐lung를 포함한 인체의 여러 장기에 영향을 미칠 수 있다. 그러나 대개 작은창자small intestine를 공격한다. 그 결과, 작은창자에서 영양분이 흡수되지 못하고, 설사, 체중 감소, 피로감 등의 증상이 일어난다. 이런 증상은 사진 속 창자 내막 안에 작고 어두운 거품처럼 보이는 트로페리마 휘플레Tropheryma whipplei라는 박테리아에 의해 발생한다. 이는 치료하지 않으면 치명적이지만 장기간의 항생제 치료를 통해 극복할 수 있다. (배율: 10cm 너비에서 560배)

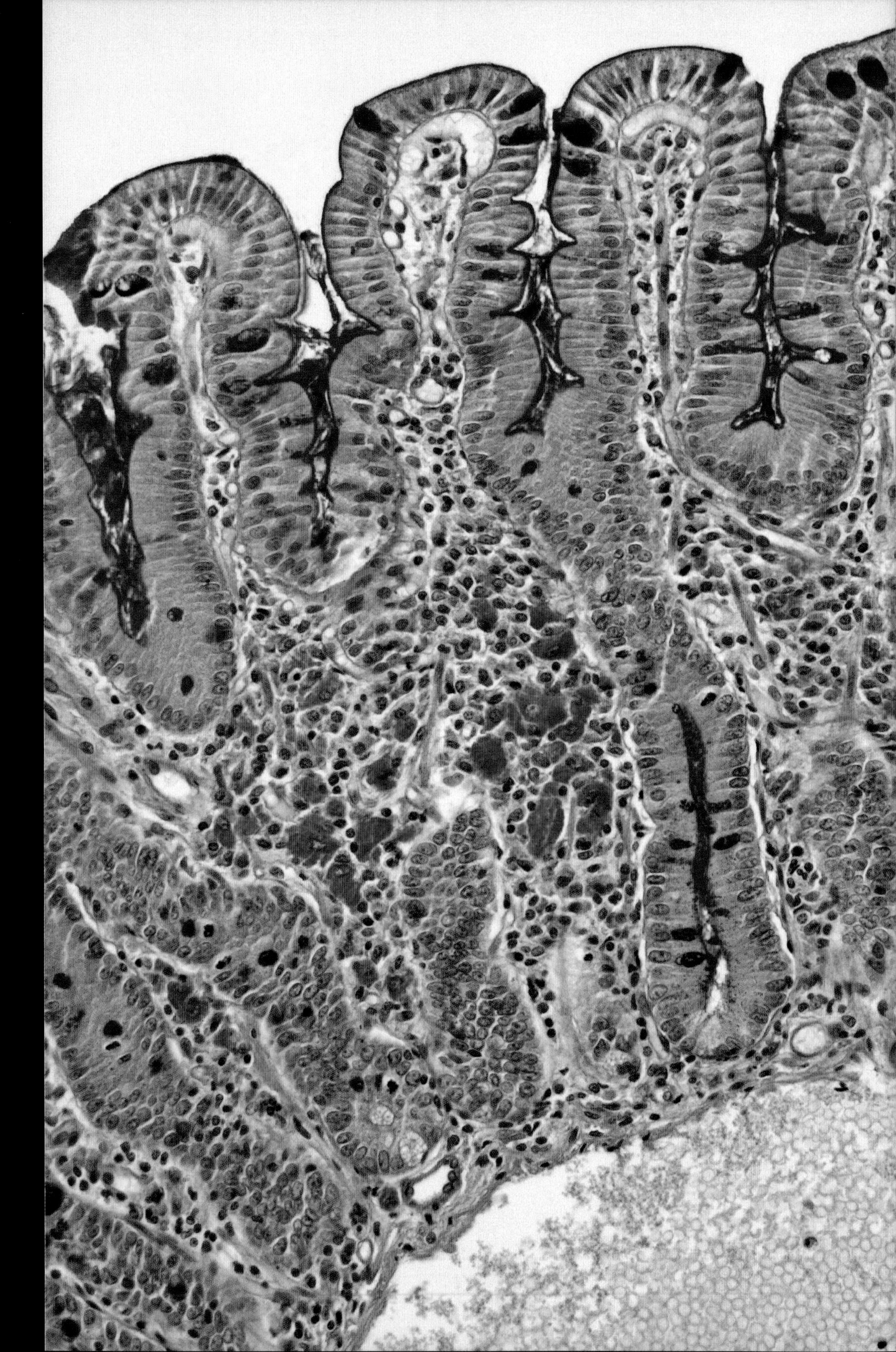

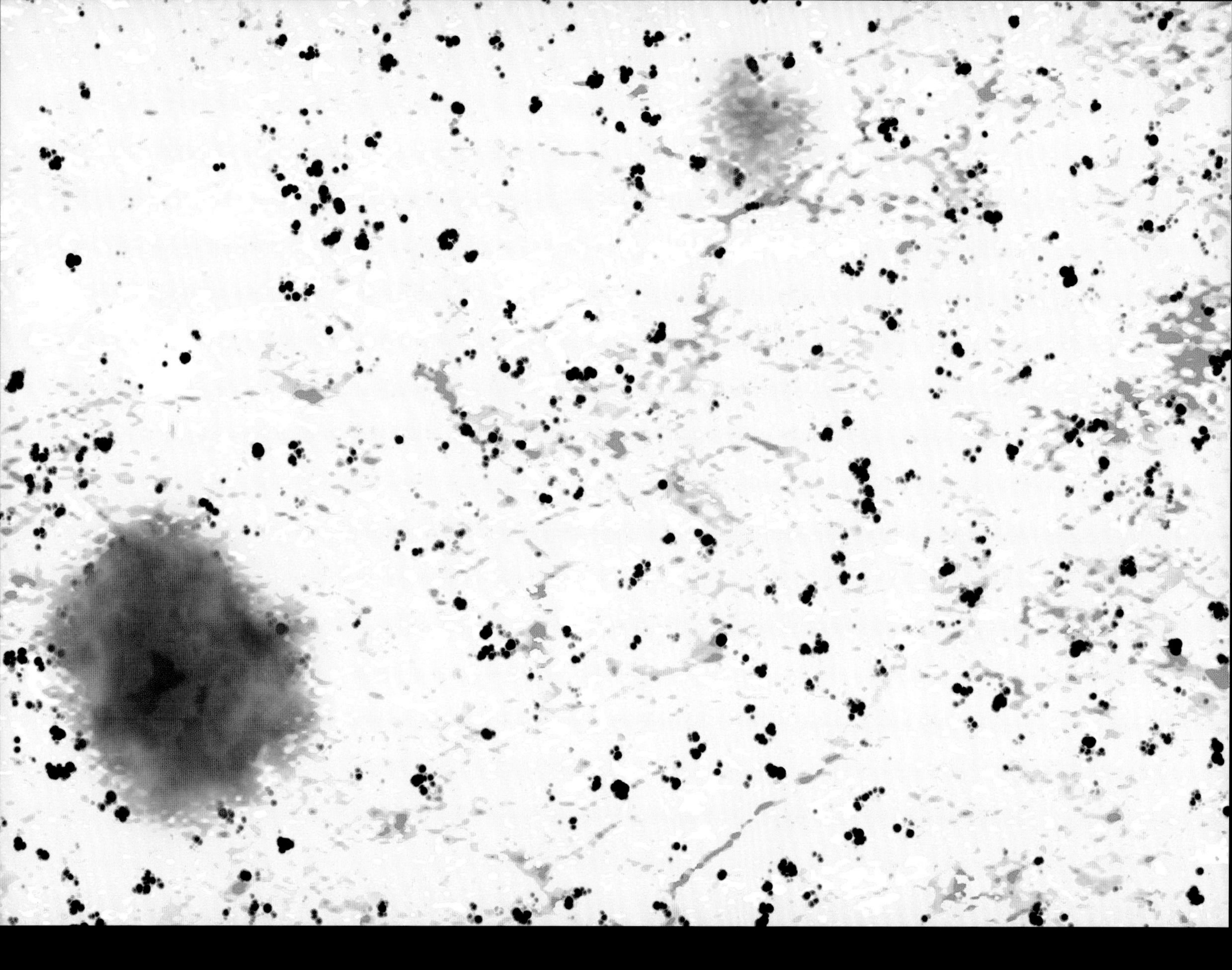

크로이츠펠트-야콥병 Creutzfeldt-Jakob disease **환자의 뇌 (광학현미경 사진)**

크로이츠펠트-야콥병(CJD)은 나이가 들어서 갑자기 발생할 수 있지만, 이보다 감염된 개체로부터 이식을 받거나 광우병bovine spongiform encephalopathy(BSE)에 걸린 소고기를 먹어 발생할 가능성이 훨씬 크다. 사진은 크로이츠펠트-야콥병에 감염된 뇌 표면의 모습으로,

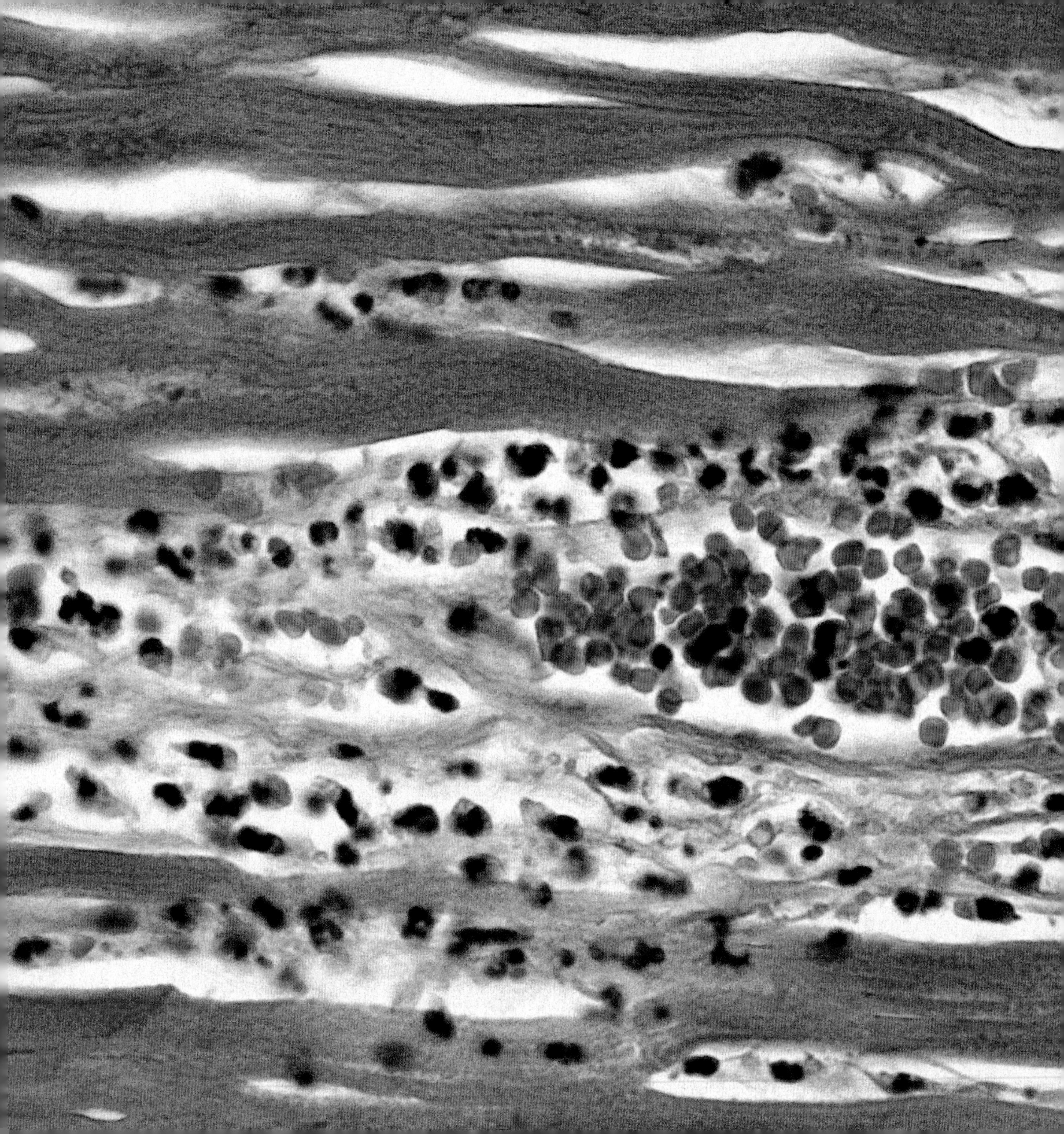

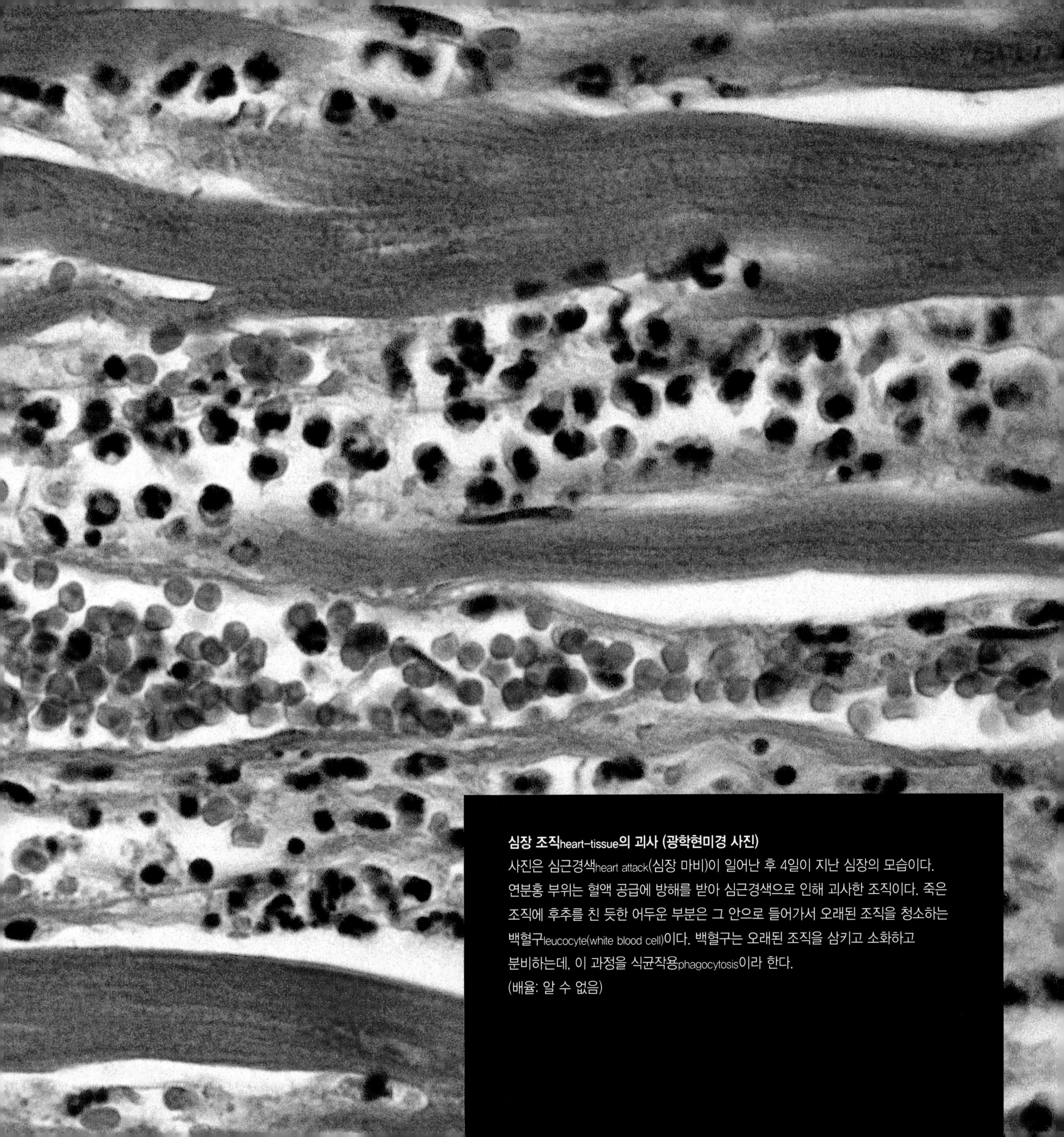

심장 조직heart-tissue의 괴사 (광학현미경 사진)
사진은 심근경색heart attack(심장 마비)이 일어난 후 4일이 지난 심장의 모습이다. 연분홍 부위는 혈액 공급에 방해를 받아 심근경색으로 인해 괴사한 조직이다. 죽은 조직에 후추를 친 듯한 어두운 부분은 그 안으로 들어가서 오래된 조직을 청소하는 백혈구leucocyte(white blood cell)이다. 백혈구는 오래된 조직을 삼키고 소화하고 분비하는데, 이 과정을 식균작용phagocytosis이라 한다.
(배율: 알 수 없음)

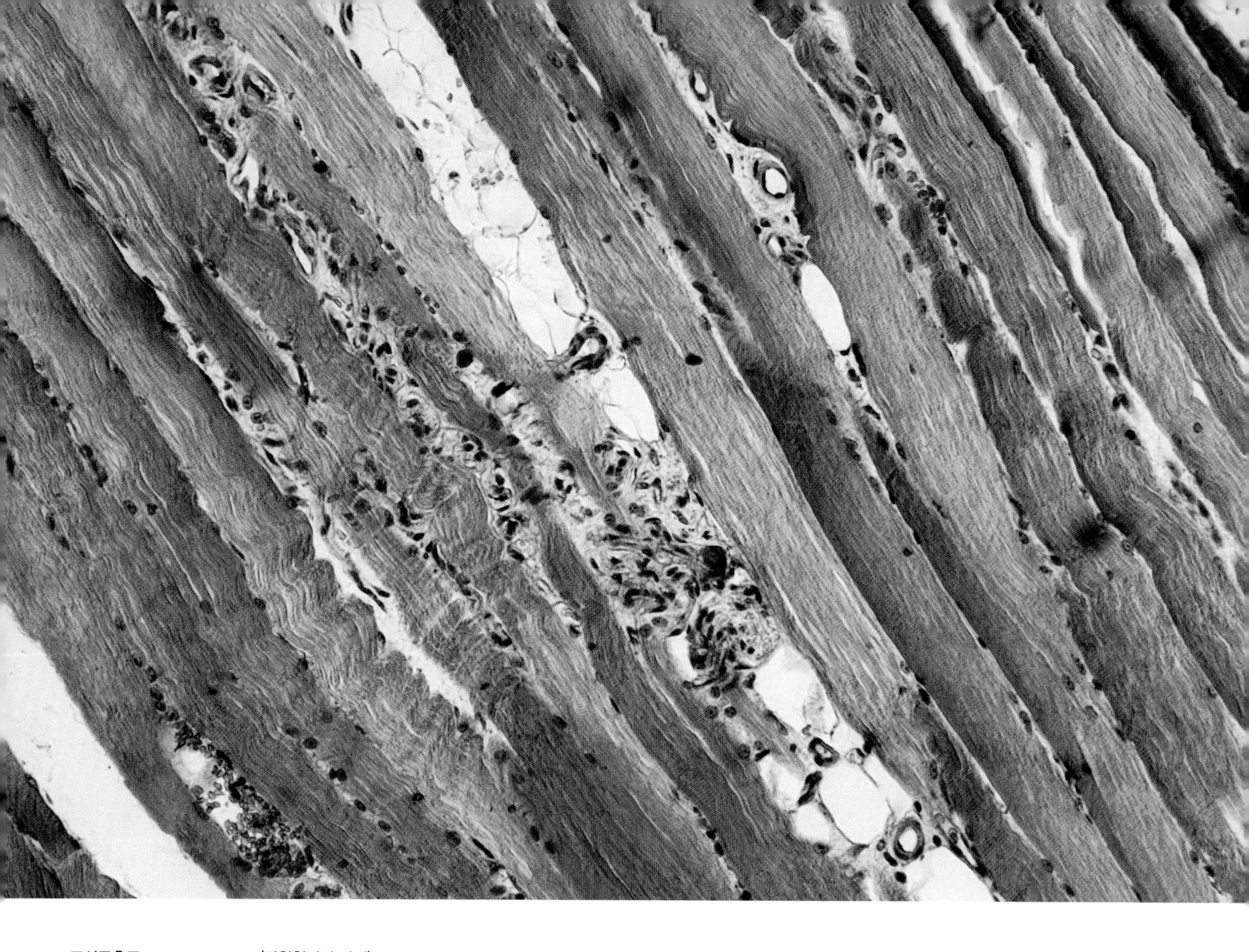

쿠싱증후군Cushing's syndrome **(광학현미경 사진)**
우리 몸속 부신adrenal gland은 아드레날린adrenaline 외에도 수많은 호르몬을 생성한다. 그중 하나인 코르티솔cortisol이 과잉 생산되면 쿠싱증후군이 발생한다. 그 결과, 근육(사진 속 조직의 분홍색 층)은 떨어져 나가며 환자는 전형적으로 둥근 얼굴로 변화하고, 어깨 사이와 복부 주위가 지방으로 불룩해진다(그러나 팔다리는 가늘다). 이 질병에 걸리면 고혈압이 나타나고 피부 상태가 나빠지는데, 이는 여성에게서 훨씬 더 많이 발생한다.
(배율: 알 수 없음)

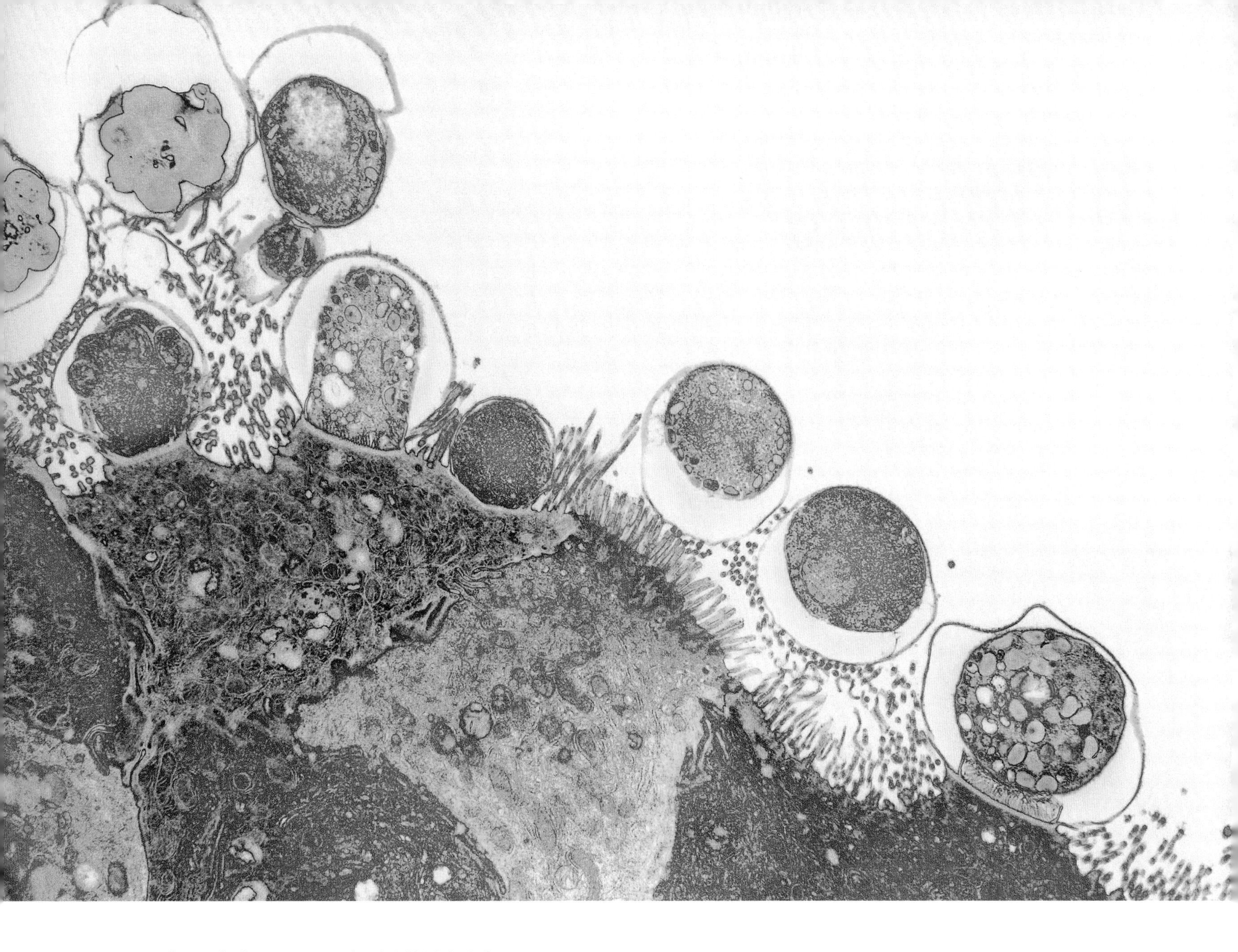

크립토스포리듐증(와포자충증)Cryptosporidiosis (투과전자현미경 사진)
크립토스포리디움 파붐Cryptosporidium parvum(작은와포자충)은 감염된 젖이나 물을 통해 인간에게 전달되는 단일 세포 기생충single-cell parasite이다(여기서는 그 핵이 파란색). 사진에서 이 기생충들은 창자intestine(빨간색)의 내막을 공격하고 있으며, 이때 독소toxin는 고통스러운 경련성 복통abdominal cramp과 심각한 설사diarrhoea를 유발한다. 건강한 사람은 보통 수분 보충과 지사제를 통해 감염을 이겨 낼 수 있지만, 면역력이 약한 사람은 그렇지 못하다. 그뿐만 아니라 크립토스포리듐증은 전염성이 매우 강한 질병이다.
(배율: 6x7cm 크기에서 2,200배)

요로결석kidney stone 결정체 (주사전자현미경 사진)
날카로운 꽃잎 모양은 옥살산칼슘calcium oxalate으로 인해 형성된 요로결석의 결정체이다. 요로결석은 소변urine에서 자연적으로 발생하는 것으로, 평소보다 상대적으로 더 많이 농축될 때 침전되어 고체가 될 수 있다. 종종 다이어트, 탈수dehydration, 부갑상선항진증hyperparathyroidism으로 인해 발생한다. 크기가 작은 요로결석은 신장kidney에서 요로urinary tract를 통해 아무 문제 없이 지나가지만 큰 것은 큰 고통을 유발하기 때문에 초음파ultrasound나 레이저laser로 잘게 부숴야 한다.
(배율: 알 수 없음)

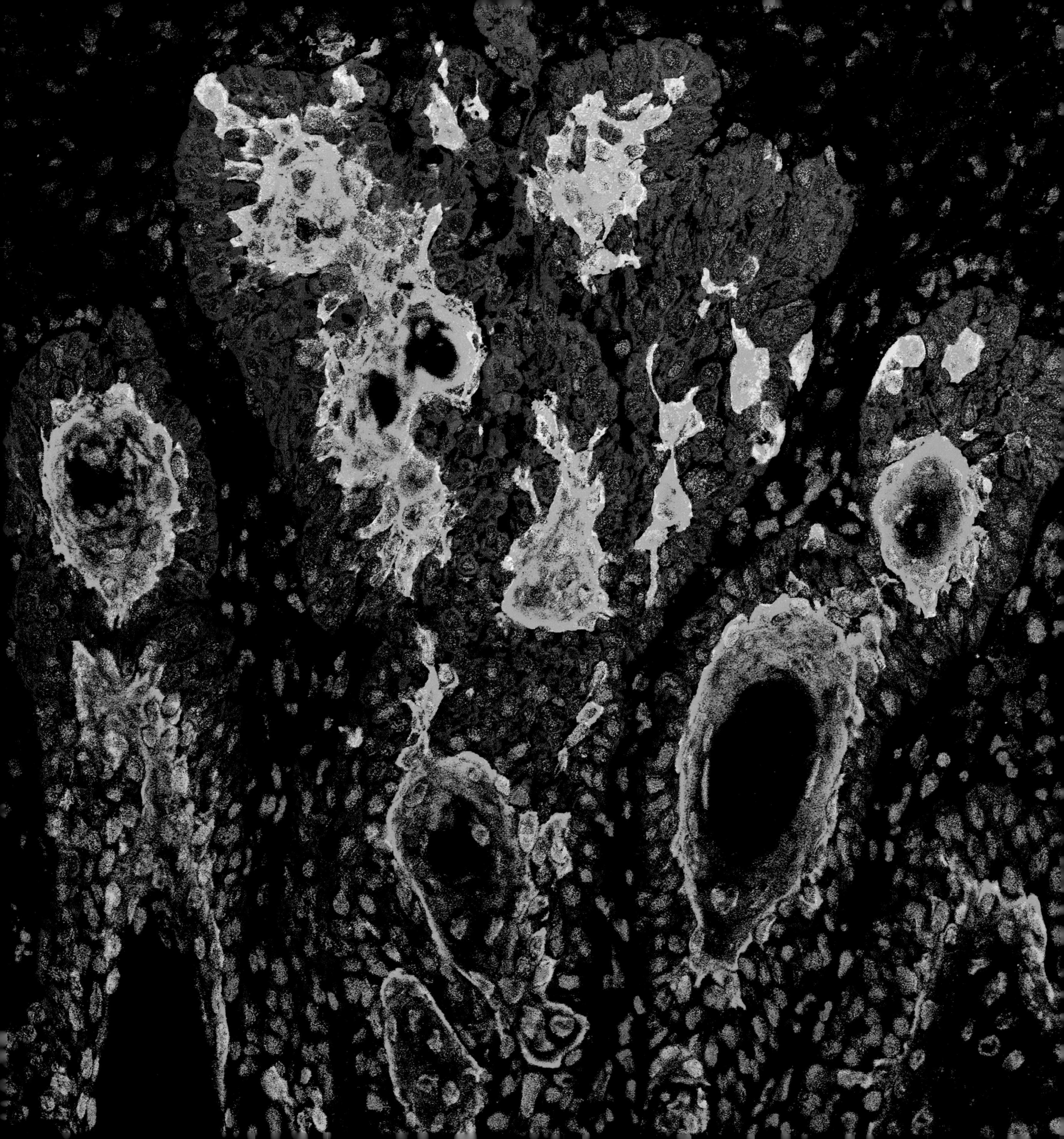

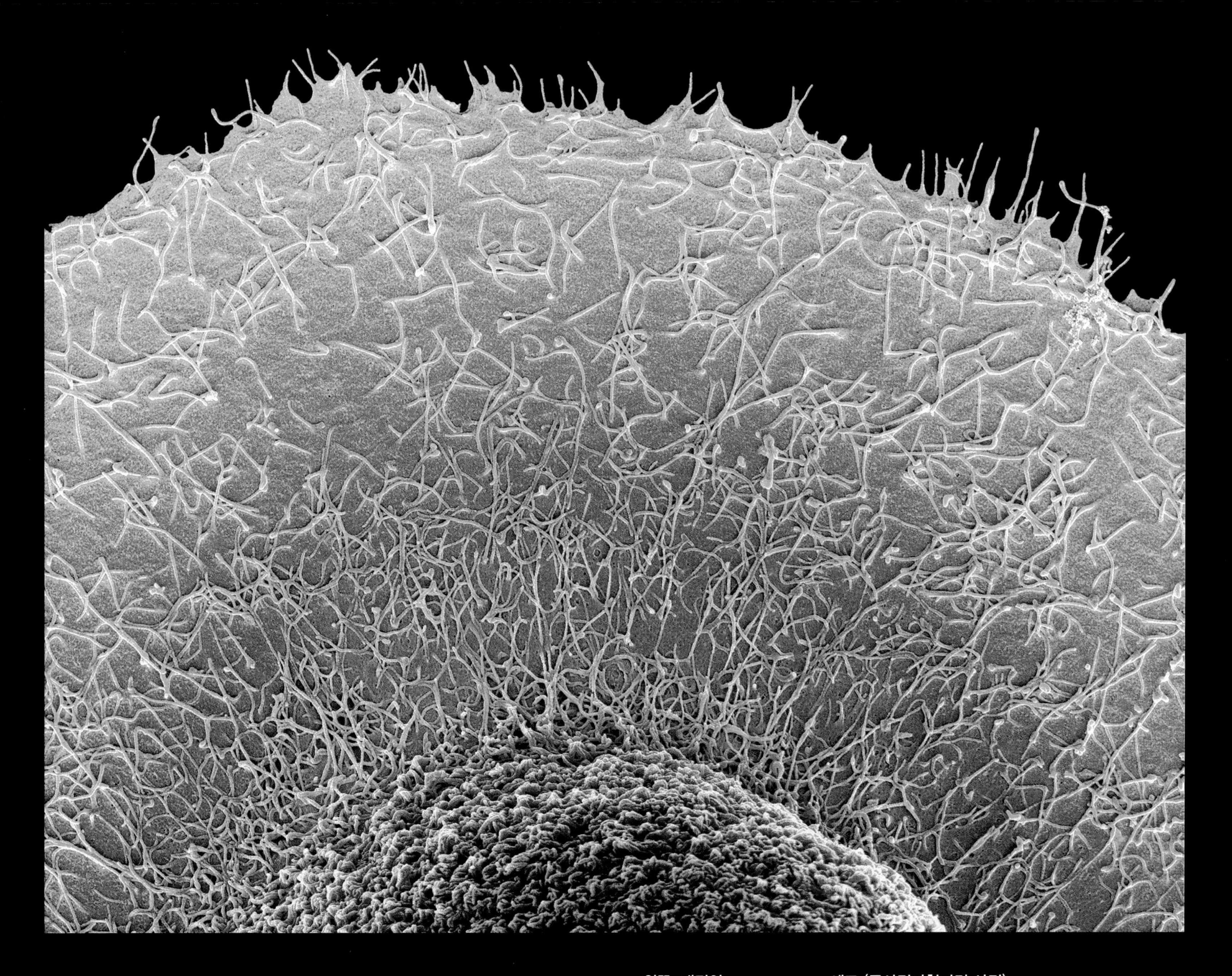

왼쪽: 편평세포암종 세포Squamous-cell carcinoma cells (형광현미경 사진)
편평상피 세포Squamous cells는 편평한 피부세포skin cell로, 이 세포를 통해 물질이 확산하거나 여과되기 때문에 표면적이 넓어야 한다. 이들은 폐lung, 입mouth, 음부vagina, 심장heart, 혈관blood vessel뿐 아니라 이 외 다른 곳에서도 존재한다. 사진에서 편평상피 세포의 핵은 파란색이며, 초록색의 각질(케라틴keratin) 벽으로 둘러싸인 세포는 암이 되어 종양을 형성하고 주변 조직을 공격하는데, 이것이 피부암의 가장 흔한 형태이다.
(배율: 알 수 없음)

위쪽: 대장암Colorectal cancer 세포 (주사전자현미경 사진)
인공적으로 염색한 이 사진은 큰창자large intestine나 결장colon에서 발생한 암세포의 일부이다. 대장암은 전 세계적으로 가장 흔한 암 중 하나이고, 보통 흡연, 비만, 붉은 고기의 섭취, 음주 등이 원인이 되어 발생한다. 대장암 환자들은 복통을 호소하고, 직장에서의 출혈을 경험한다. 치료는 보통 외과 수술과 방사선 치료, 또는 항암 화학요법 등을 복합적으로 이용하여 진행한다.
(배율: 10cm 너비에서 1,500배)

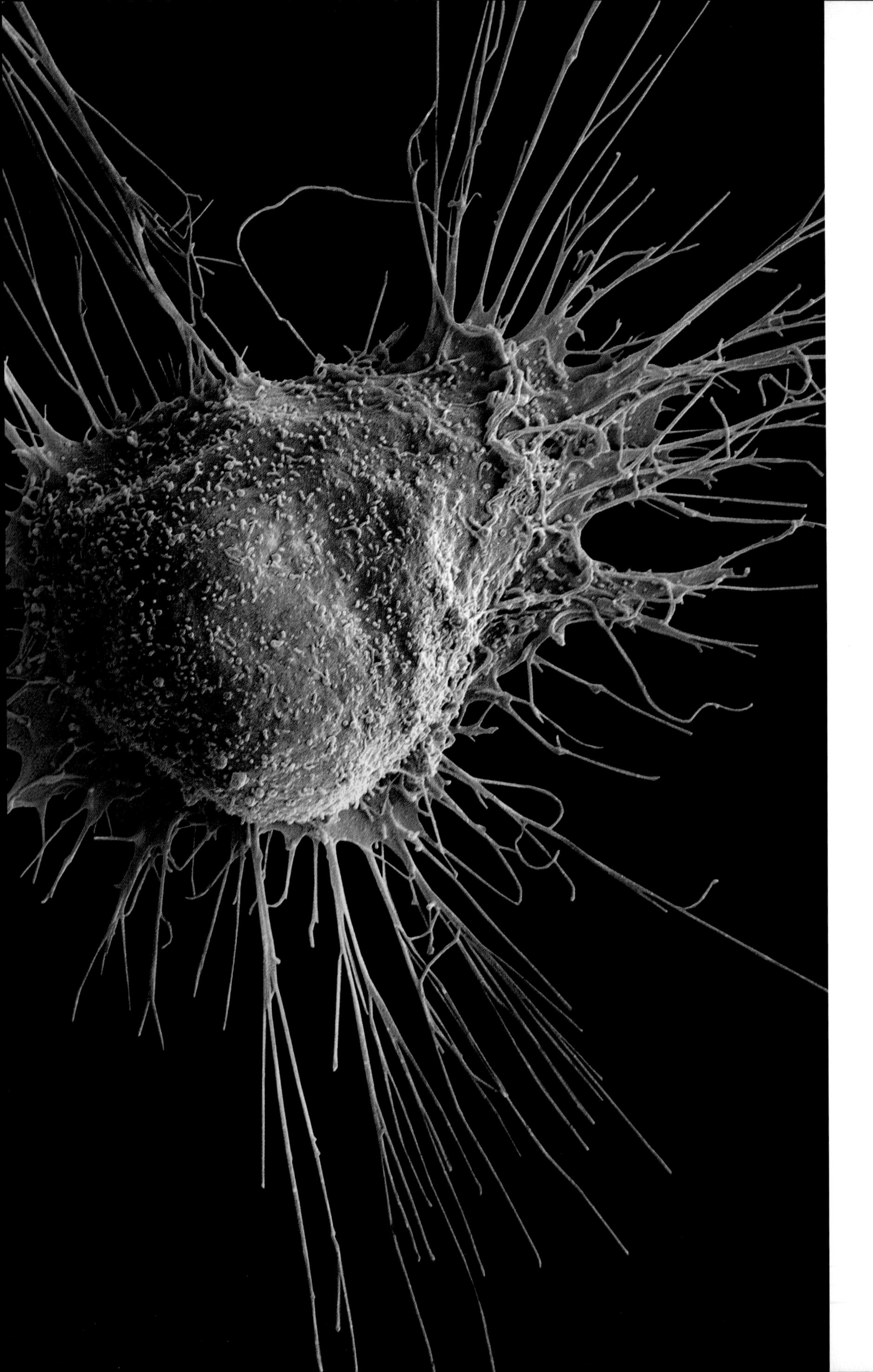

왼쪽: 전립샘암 Prostate cancer **세포 (주사전자현미경 사진)**

전립샘prostate은 남성의 방광 바로 밑에 있는 샘으로, 방광bladder이 소변을 비우는 관 주변을 둘러싸고 있다. 50세가 넘은 남성에게서 가장 많이 발생하는 전립샘암은 소변의 배출을 제한하여 매우 큰 불편을 느끼게 하는 질병이다. 일반적으로 세포 DNA의 돌연변이가 암을 일으키는 원인이 되지만, 전립샘암을 유발하는 정확한 요인은 밝혀진 바 없다. 전립선 종양은 천천히 자라는데, 보통 초기 단계에서 진단할 수 있다.

(배율: 10cm 너비에서 2,000배)

오른쪽: 유방암 Breast cancer **세포 (주사전자현미경 사진)**

단일 유방암 세포를 고도로 확대한 이 사진을 통해 세포의 전형적인 거친 표면을 볼 수 있다. 암세포는 여러모로 이상하다. 이들은 불규칙하고 불완전하게 급속도로 번식하는데, 이는 세포의 울퉁불퉁한 외형을 통해 확인할 수 있다. 암세포는 종양tumour과 결합하여 주변 조직을 공격하고, 이차적으로 종양을 일으켜서 신체를 통해 퍼진다. 유방암은 여성에게 생길 수 있는 가장 흔한 암으로, 항암화학요법chemotherapy이나 방사선 요법radiotherapy을 병행하는 외과 수술로 종양을 제거해 충분히 치료할 수 있다.

(배율: 알 수 없음)

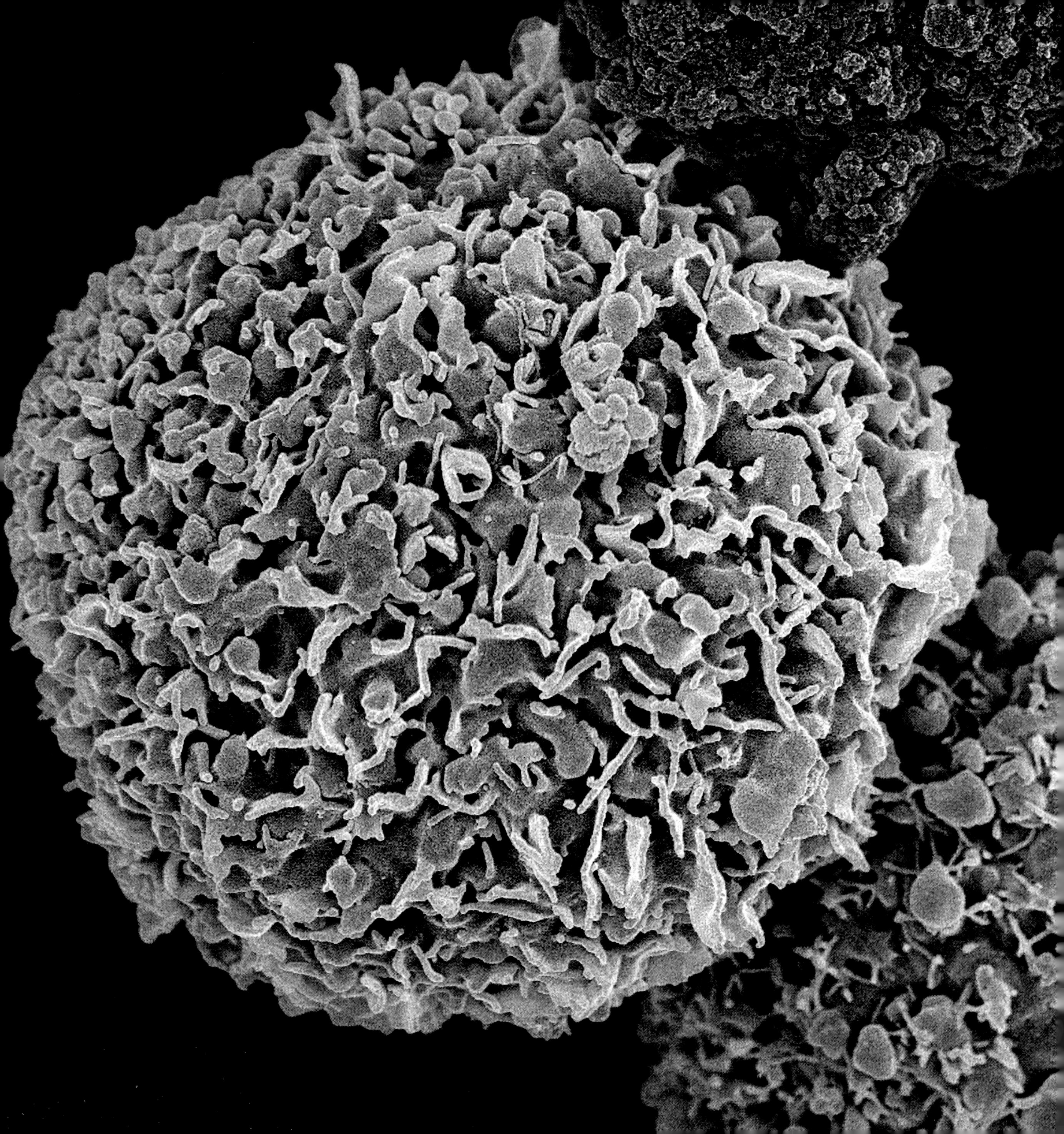

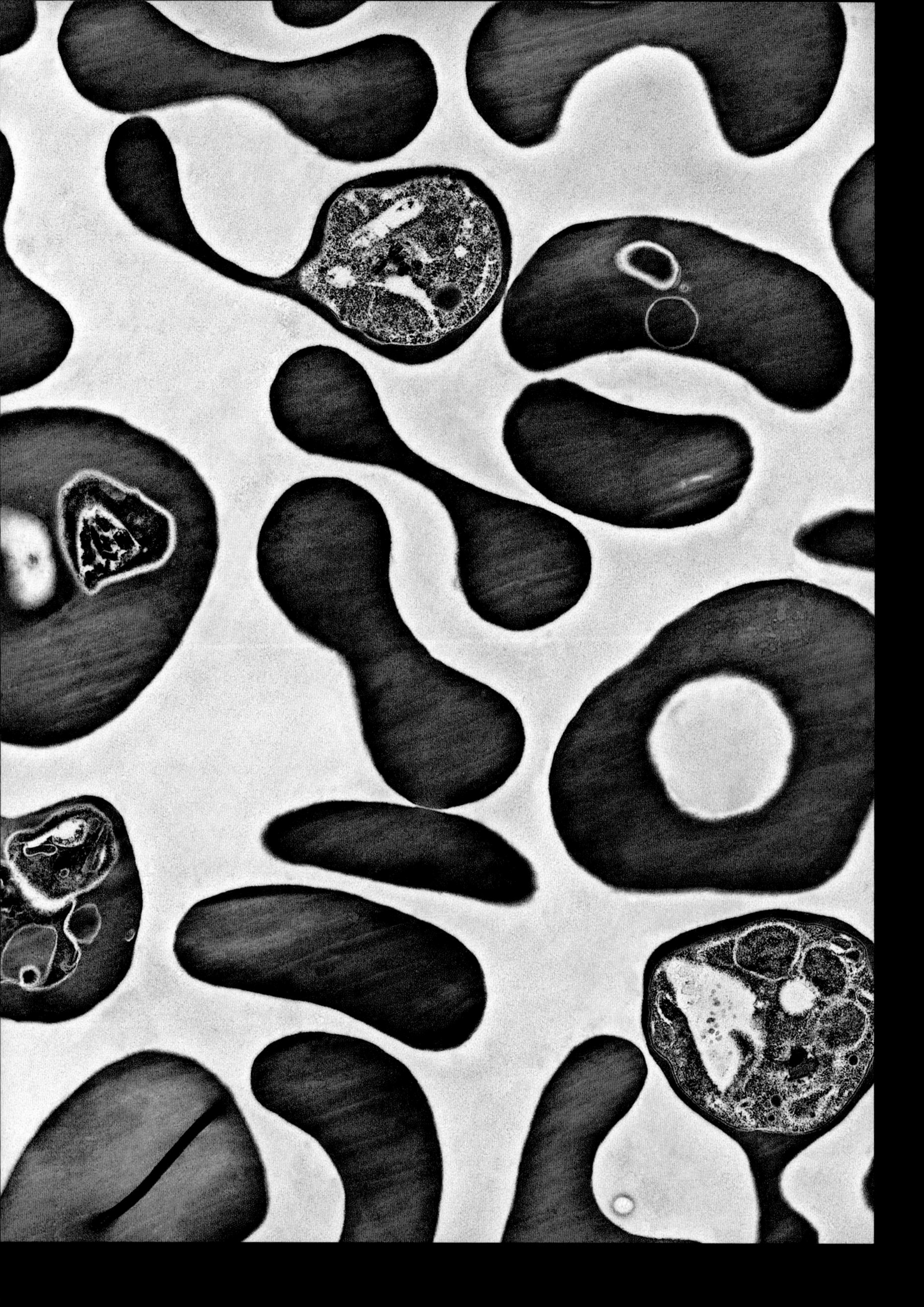

왼쪽: 말라리아 기생충 Malaria parasites
(투과전자현미경 사진)
적혈구red blood cell 사진에서 말라리아 기생충이 서식하고 있음을 쉽게 확인할 수 있다. 기생충은 세포를 점령해 헤모글로빈haemoglobin을 소모하게 한다. 그런 다음 기생충들은 양분을 찾기 위해 자신을 복제하고 새로운 세포에 콜로니(군체)를 형성한다. 말라리아에 걸리면 헤모글로빈의 손실로 인해 빈혈anaemia이 발생하고, 말라리아가 새로운 균주를 지속해서 형성함에 따라 2~3일마다 말라리아 발열이 일어나게 된다.
(배율: 알 수 없음)

오른쪽: 말라리아로 감염된 적혈구 Malaria-infected red blood cell **(주사전자현미경 사진)**
말라리아 기생충malaria parasite은 여러 단계의 수명 주기를 거친다. 모기를 통해 몸속으로 처음으로 들어가게 되면, 기생충은 스포로조이트sporozoite(포자충)라고 불리며 간세포liver cell를 공격한다. 거기에서 수천 마리의 메로조이트merozoite(포자충류의 낭충)를 복제한 후, 간세포에서 빠져나와 적혈구를 감염시킨다. 사진에서는 몇몇 건강하고 둥근 적혈구와 메로조이트에 의해 감염된 비뚤어진 세포를 볼 수 있다. 그리고 그곳에서 이 주기를 계속해서 반복하기 위해 20개 또는 그 이상의 메로조이트를 복제한다.
(배율: 10cm 너비에서 7,000배)

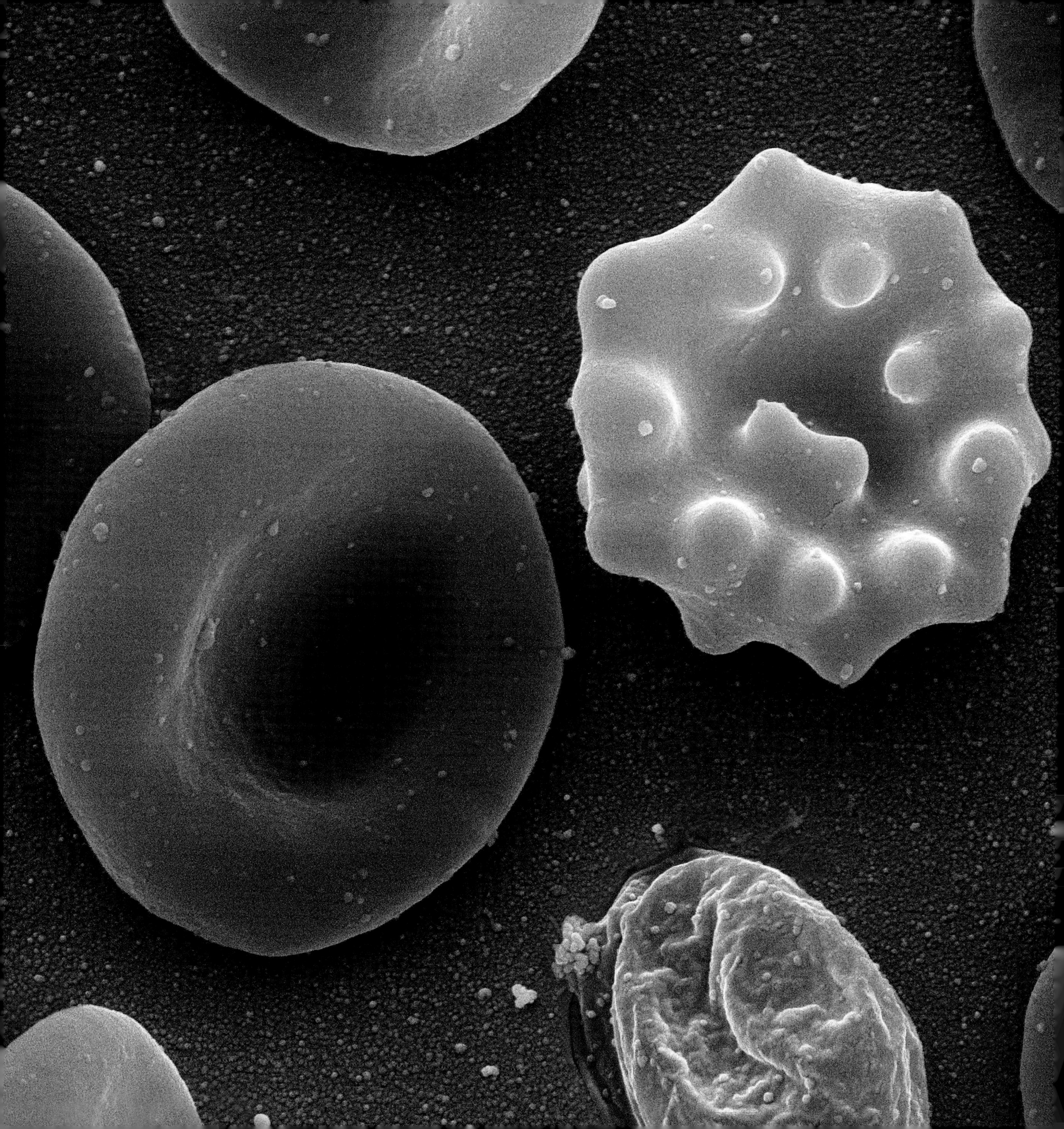

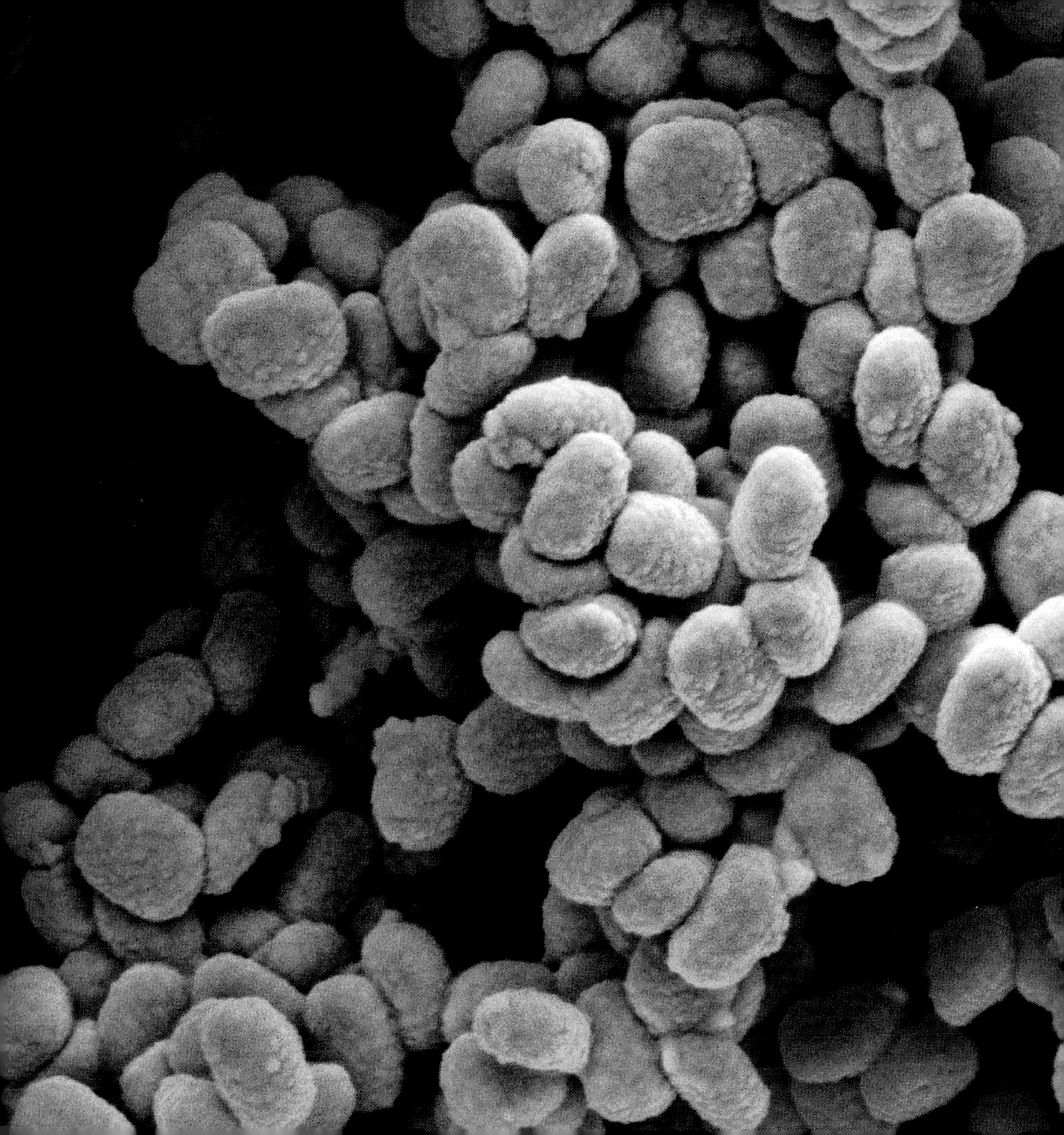

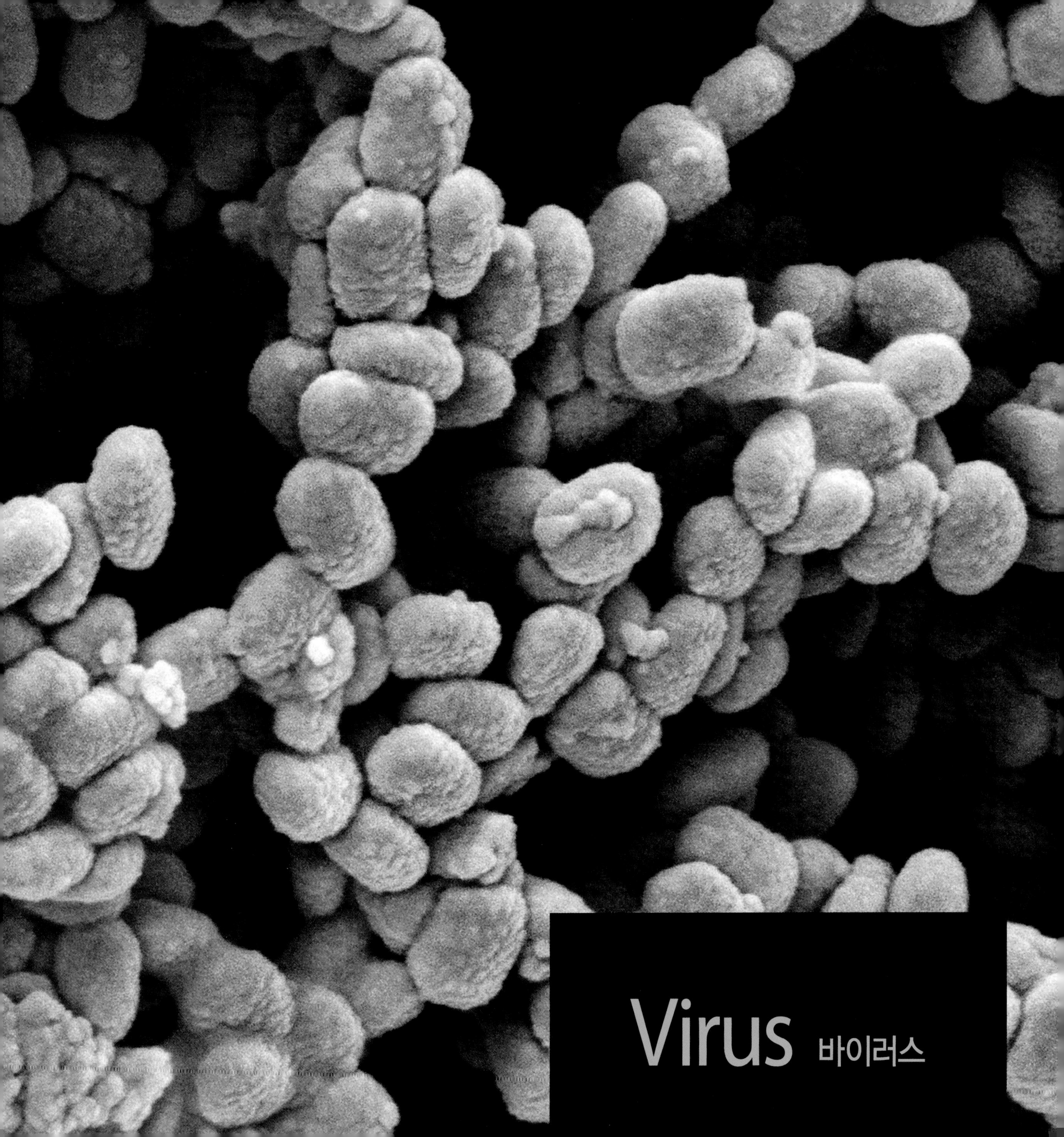

Virus 바이러스

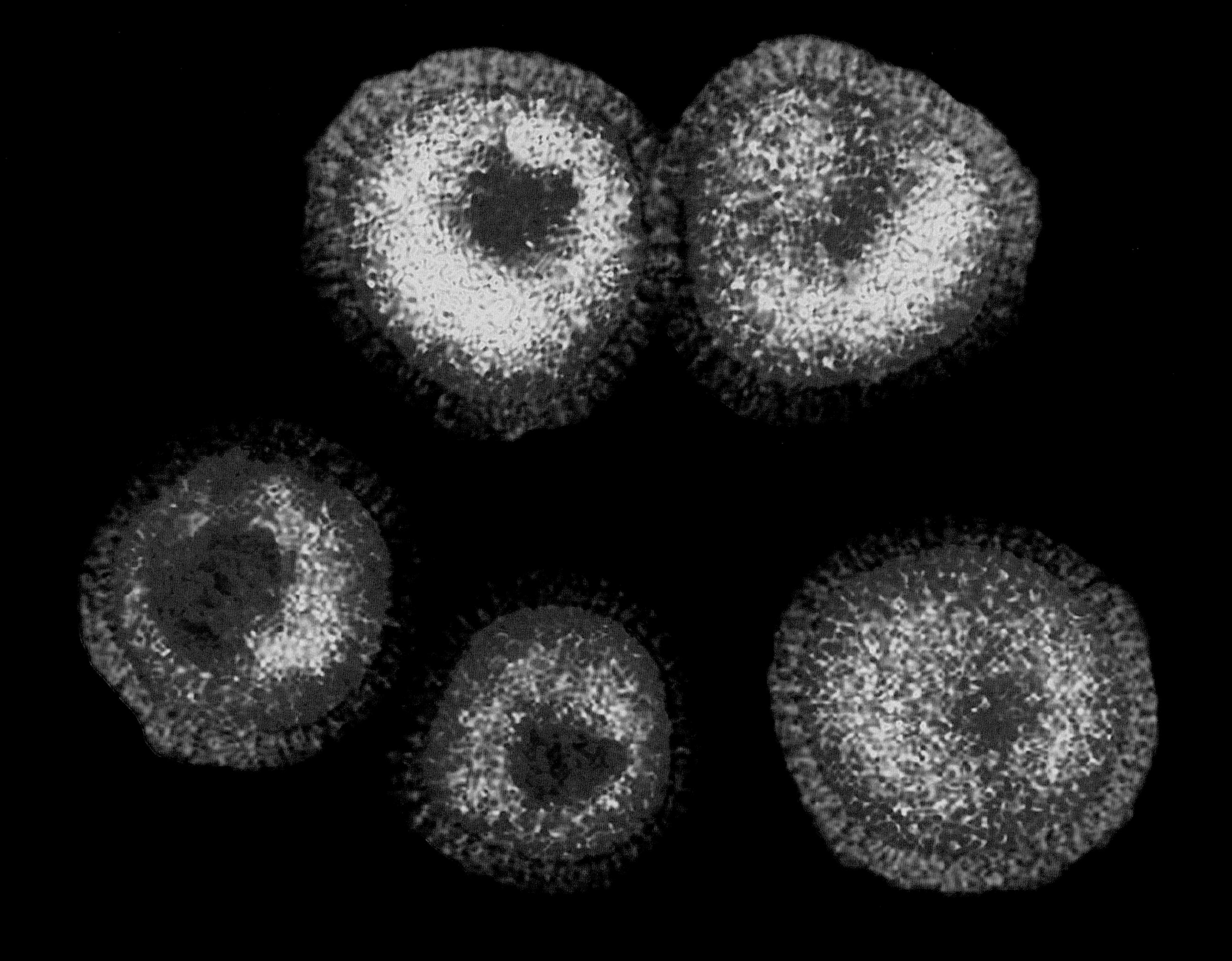

이전 페이지: 수두 바이러스Pox virus (주사전자현미경 사진)
전염성 연속종 바이러스(MCV, Molluscum contagiosum virus)는 이름이 말해주듯 전염성이 매우 강하다. 그러나 대다수는 이 바이러스에 대항할 수 있는 면역력을 가지고 있다. 그런데 어린이처럼 면역이 약한 사람이나 허약한 사람, 성생활이 활발한 사람들은 이 바이러스에 감염될 위험이 크다. 수두pox나 물사마귀water warts와 같은 질환은 감염된 사람과의 접촉에 의해서뿐만 아니라 감염된 사람이 만진 옷이나 가구에 의해서도 전염될 수 있다.
(배율: 10cm 크기에서 20,000배)

위쪽: 인플루엔자 바이러스Influenza virus 또는 돼지독감 바이러스Swine flu virus (투과전자현미경 사진)
비리온virion(성숙한 바이러스 입자)이라고 부르는 독감 바이러스 입자들은 돼지독감이나 인플루엔자 A(H1N1, 글리코프로틴 해마글루티닌(H)뉴라미니다아제(N))로 알려진 균주strain이다. 2009년에 심각한 유행성 독감을 일으켰던 이 바이러스는 1918년에도 스페인 독감을 유행시켰다. 당시 이 독감으로 인해 전 세계 5억 명이 영향을 받았으며, 그중 5천 명에서 1억 명 정도가 사망했는데, 이는 그 당시 세계 인구의 3~5%에 해당할 정도였다.
(배율: 알 수 없음)

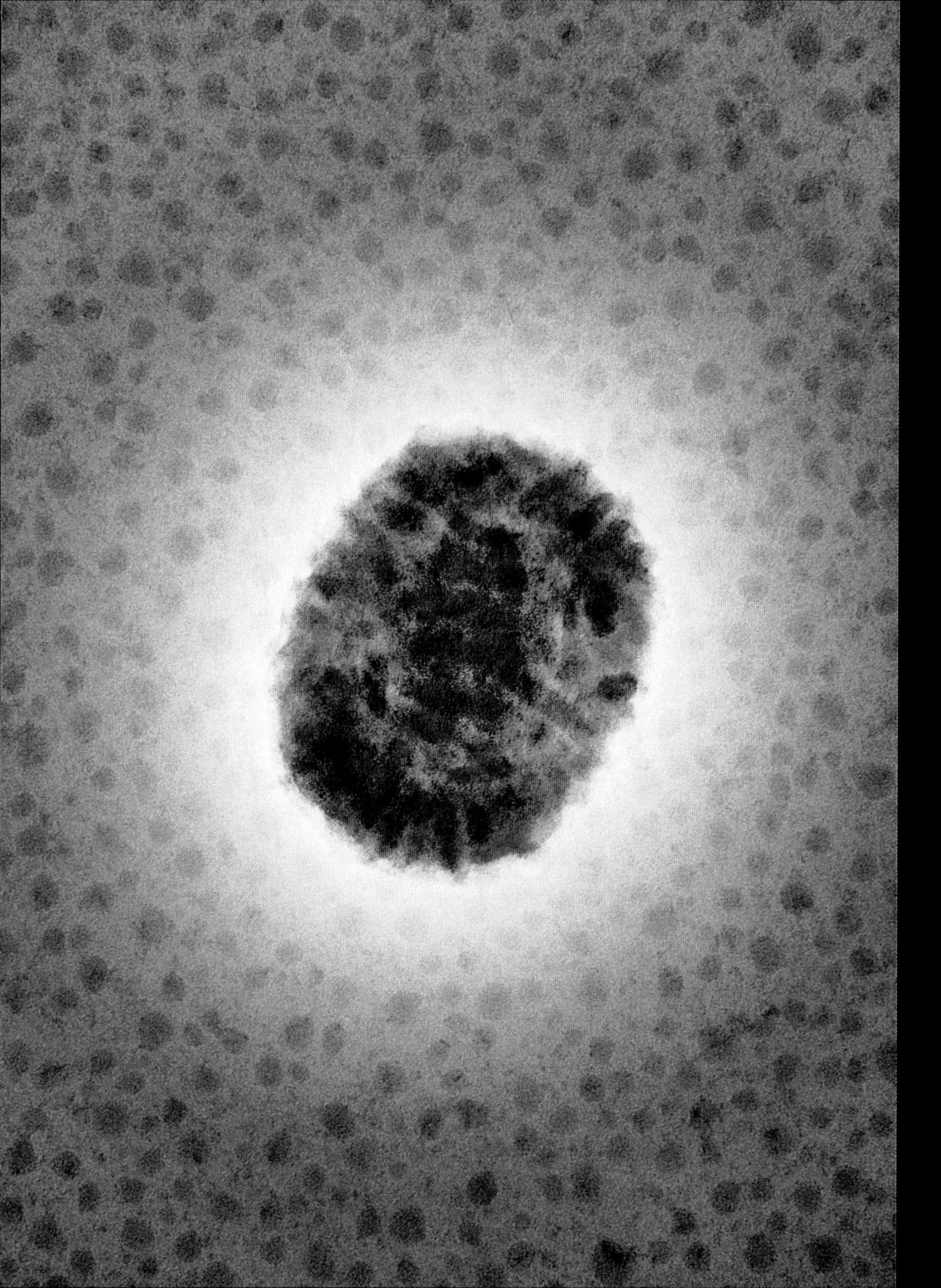

전염성 연속종 바이러스 Molluscum contagiosum virus
(투과전자현미경 사진)
사진은 전염성이 매우 강력한 수두 바이러스pox virus의 단일 입자이다. 어린아이나 노인처럼 약한 면역체계를 가진 사람들과 성생활이 활발한 사람들은 이 병에 걸리기 쉽다. 이 질환은 팔다리, 몸통 또는 사타구니에 작고 둥근 돔 모양의 병변이 발생하며, 일반적으로 물사마귀water warts라고 부른다. 사마귀는 치료하지 않아도 사라지기도 하고, 처방전이 필요 없는 의약품으로 보통 몇 달 안에 치료된다.
(배율: 10cm 크기에서 83,000배)

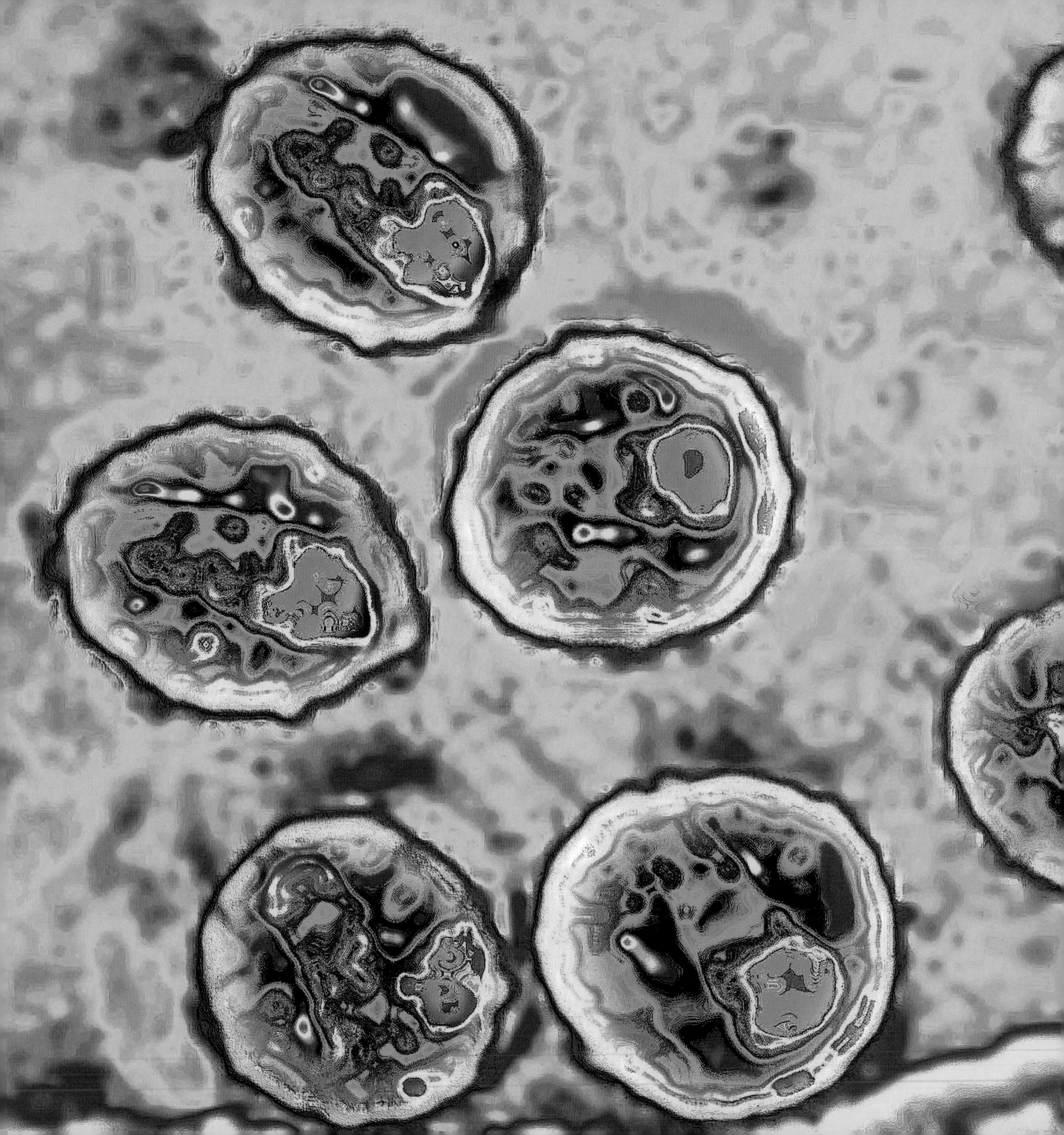

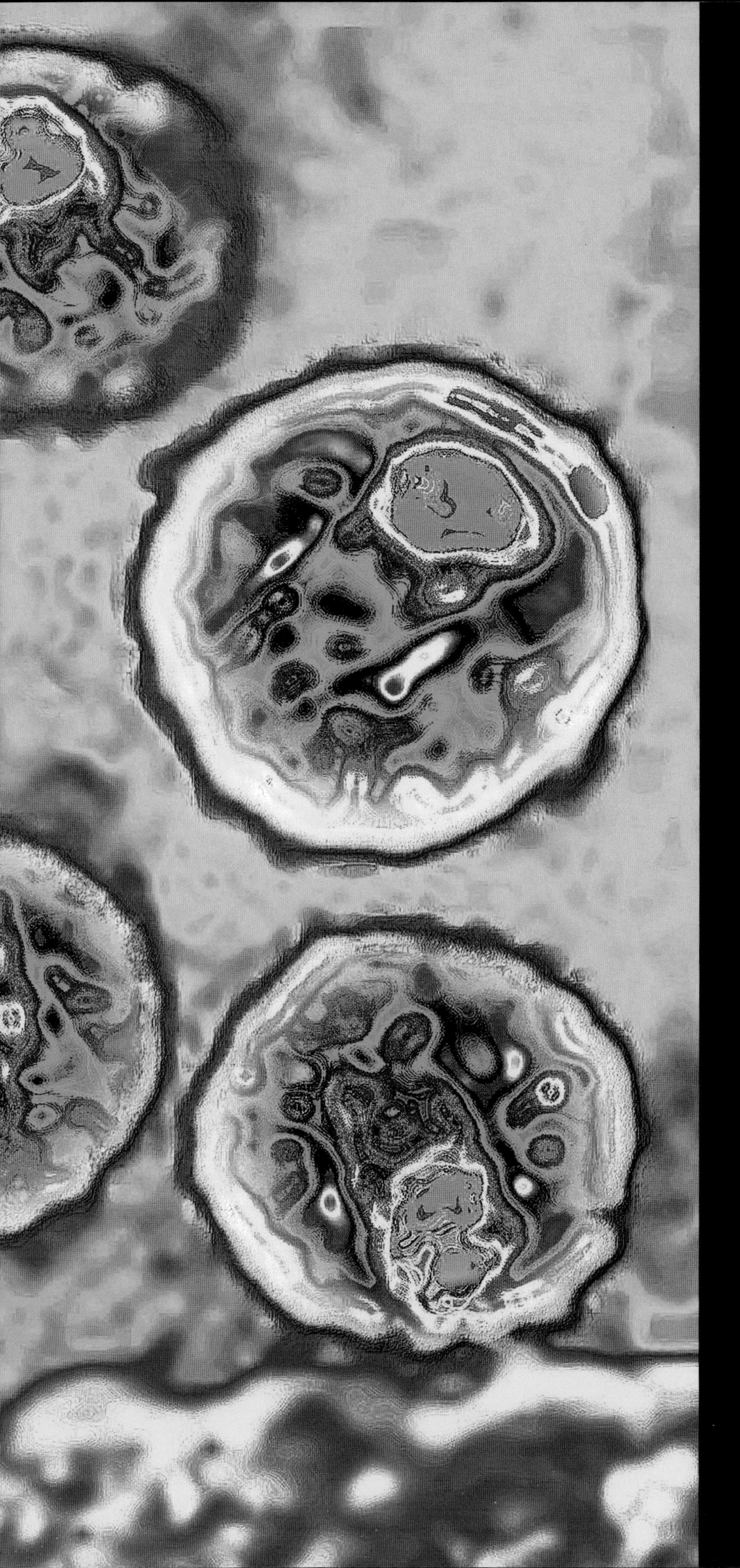

HIV (투과전자현미경 사진)

사진은 백혈구white blood cell(하단 노란색 가장자리)를 공격한 HIV 입자의 모습이다. HIV는 림프구lymphocytes라는 혈액세포에 침입해서, 그 안에서 복제하는 과정을 밟는다. 그 뒤, 새로운 HIV 입자가 더 많은 세포를 감염시키기 위해 이동하는 동안 림프구를 파괴한다. 림프구는 인간의 면역체계에서 중요한 역할을 하는데, 감소하면 질병과 감염에 걸리기 쉽다.
(배율: 알 수 없음)

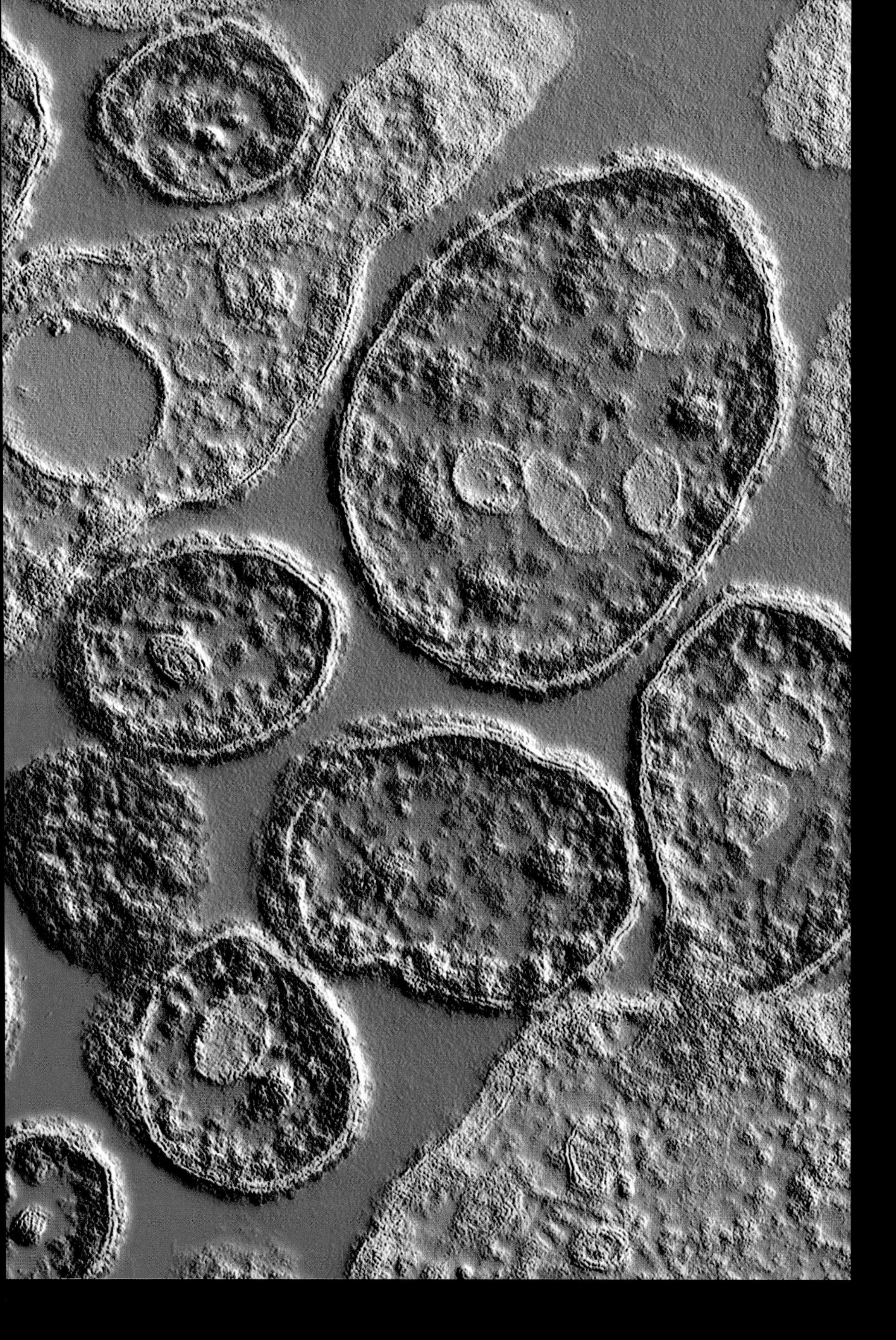

왼쪽: 홍역 바이러스Measles virus 감염 (투과전자현미경 사진)

홍역 바이러스는 온전히 인간을 숙주로 삼지만, 우역rinderpest은 소를 공격하는 오래된 바이러스의 변종으로 알려져 있다. 우역은 2001년에 사라졌고, 홍역은 2016년에 백신 프로그램을 통해 미국에서 자취를 감추게 되었다. 사진에서 보라색으로 염색된 부분은 바이러스가 숙주 세포host cell를 붙잡기 위해 사용한 단백질이다. 오른쪽 아래는 홍역 입자가 다른 곳을 감염시키기 위해 숙주 세포(회색)에서 떨어져 나가고 있는 모습이다.
(배율: 10cm 크기에서 107,000배)

오른쪽: 볼거리 바이러스Mumps virus (투과전자현미경 사진)

단일 볼거리 바이러스 입자(비리온이라 부름)를 찍은 이 사진에서 단백질로 싸인 입자의 껍질 혹은 캡슐은 분홍색이다. 안에 보이는 선형의 물질(빨간색)은 리보핵산ribonucleic acid(RNA)의 띠이다. RNA는 외각단백질shell protein과 상호작용하여 숙주 세포host cell와 바이러스를 연결해 감염시키고, 그 안에서 복제하여 최종적으로 또 다른 숙주 세포의 감염을 위해 움직이도록 해 준다. 예방 접종vaccination은 감염을 막아주는 데 효과적이다.
(배율: 알 수 없음)

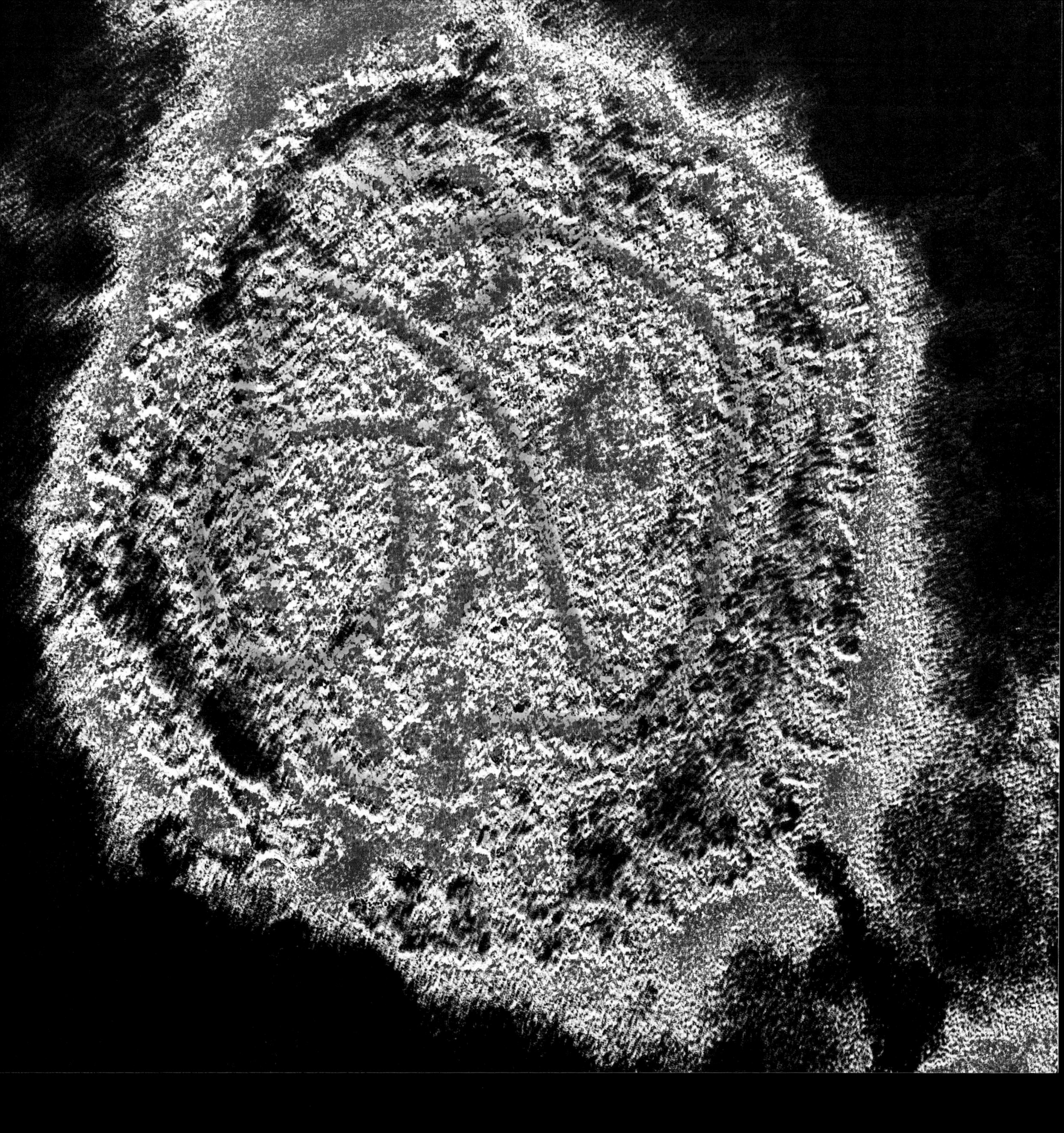

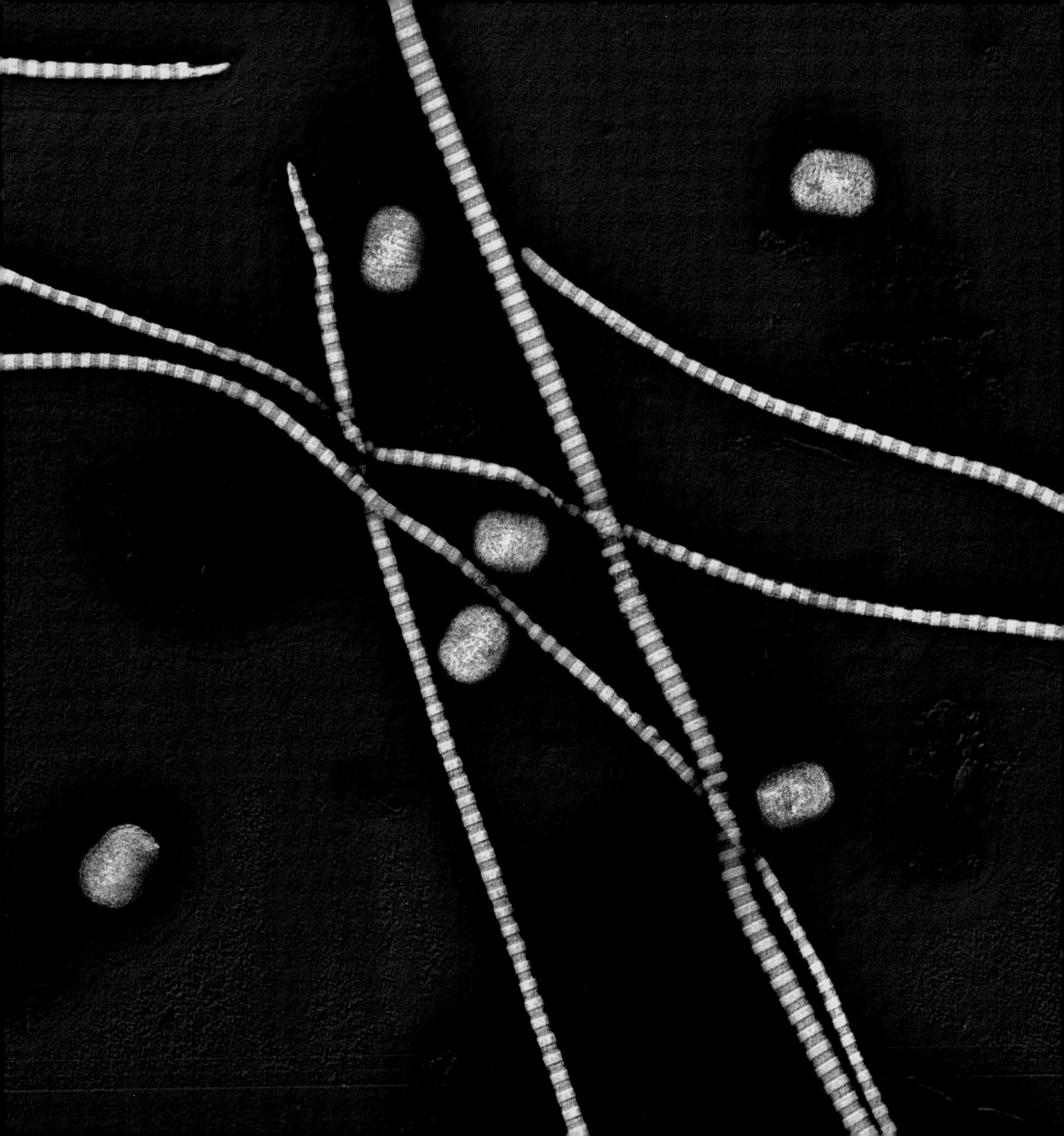

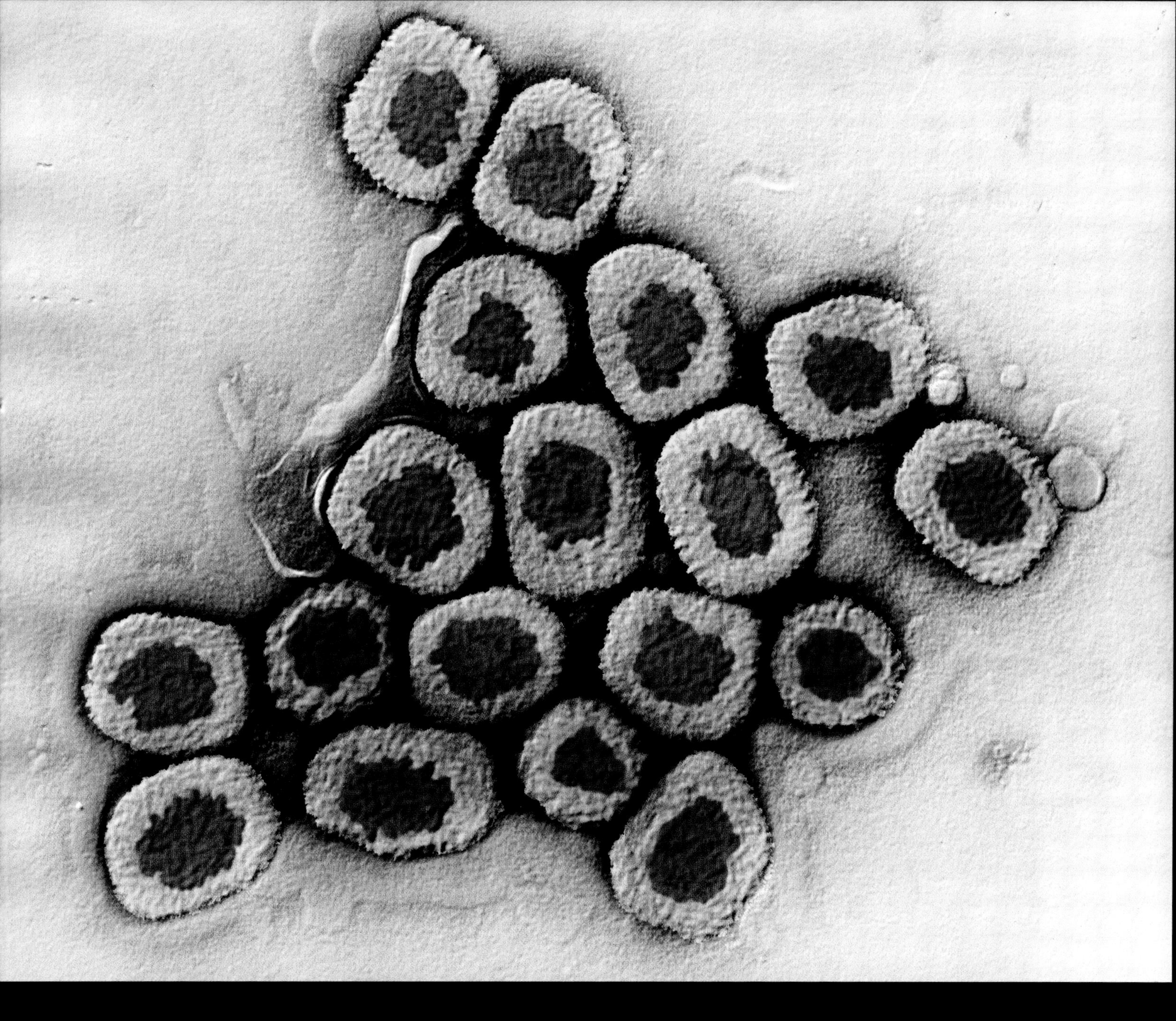

왼쪽: 전염성 연속종 바이러스 Molluscum contagiosum virus **(투과전자현미경 사진)**
사진에서 보이는 자그마한 타원 모양(주황색)은 전염성이 강하며 물사마귀water warts로 알려진 수두pox를 발생시키는 전염성 연속종 바이러스의 입자이다. 노란색의 띠는 콜라겐collagen 섬유이다. 콜라겐은 몸에서 세포 사이의 간격을 채워 주는 물질인데, 입자들은 콜라겐을 통해 감염시킬 새로운 세포를 찾는다.
(배율: 10cm 너비에서 25,000배)

위쪽: 천연두 바이러스 Variola viruses **(투과전자현미경 사진)**
사진에서 초밥처럼 생긴 것이 전 세계적으로 발견되는 천연두small pox를 일으키는 천연두 바이러스의 복합체이다. 이 바이러스는 다른 많은 바이러스처럼 단백질 케이싱protein casing(노란색)으로 둘러싸인 유전 핵genetic core(빨간색)을 가지고 있고, 둘 사이에 상호작용을 일으켜서 바이러스가 인간 세포에 달라붙게 해 감염시킨다. 천연두는 1970년대에 백신을 통해 사라졌기 때문에 현재는 실험실에서만 존재하는 바이러스이다.

유두종 바이러스pilloma viruses (투과전자현미경 사진)
인공적으로 염색한 유두종 바이러스 입자와 프랙탈 배경이 겹쳐진 사진 속에서도 사마귀warts를 발생시킬 수 있는 주요 기능을 확인할 수 있다. 인유두종 바이러스Human papilloma virus(HPV)는 성적으로 전염되는 가장 흔한 질환이고, 이로 인해 생식기, 항문, 목구멍에 사마귀가 발생한다. 인유두종 바이러스는 유두종 바이러스와 같은 과에 속하는 다른 바이러스들처럼 DNA 바이러스이고, 사진에서 볼 수 있듯이 단백질 캡슐이나 껍질이 없다.
(배율: 알 수 없음)

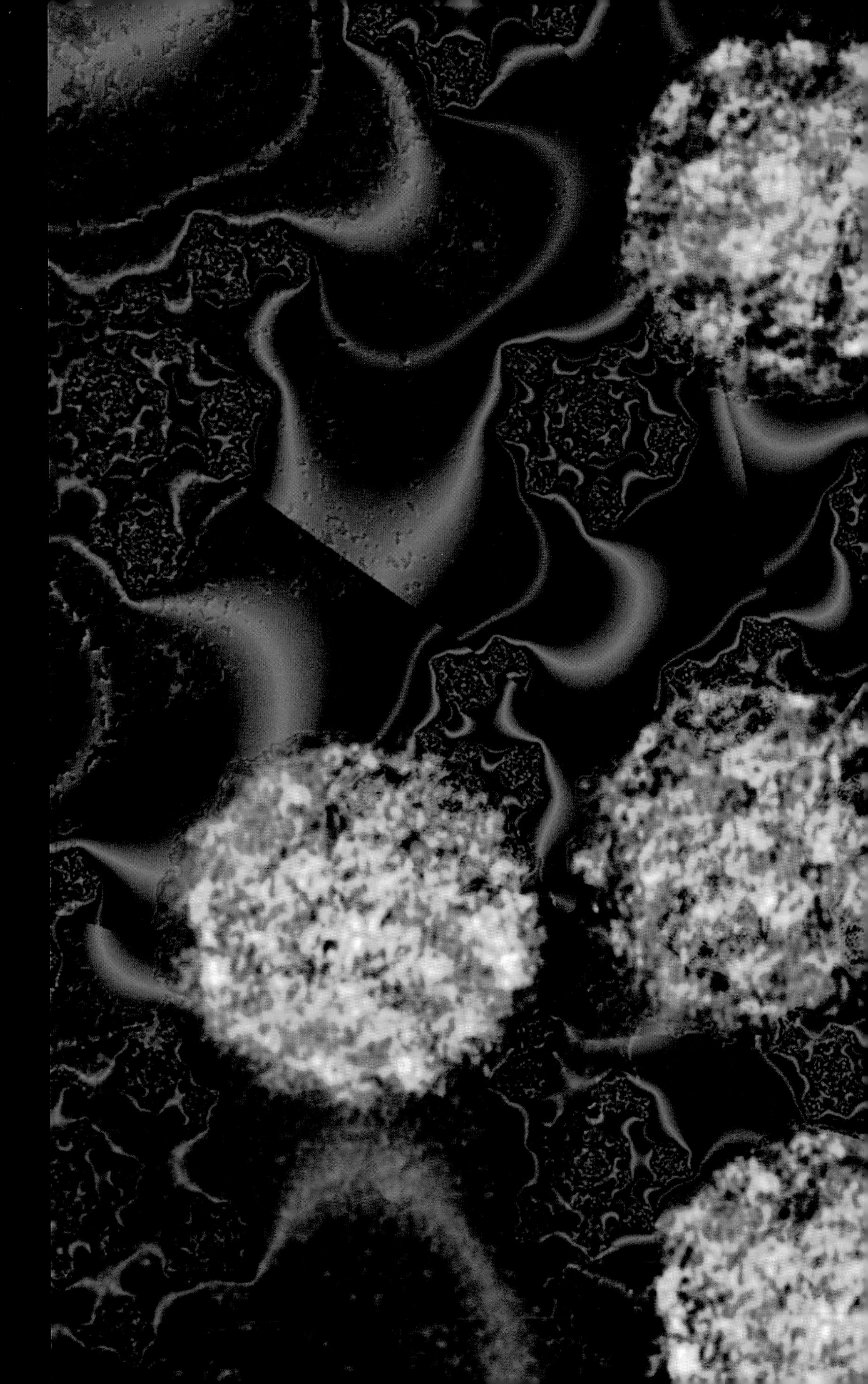

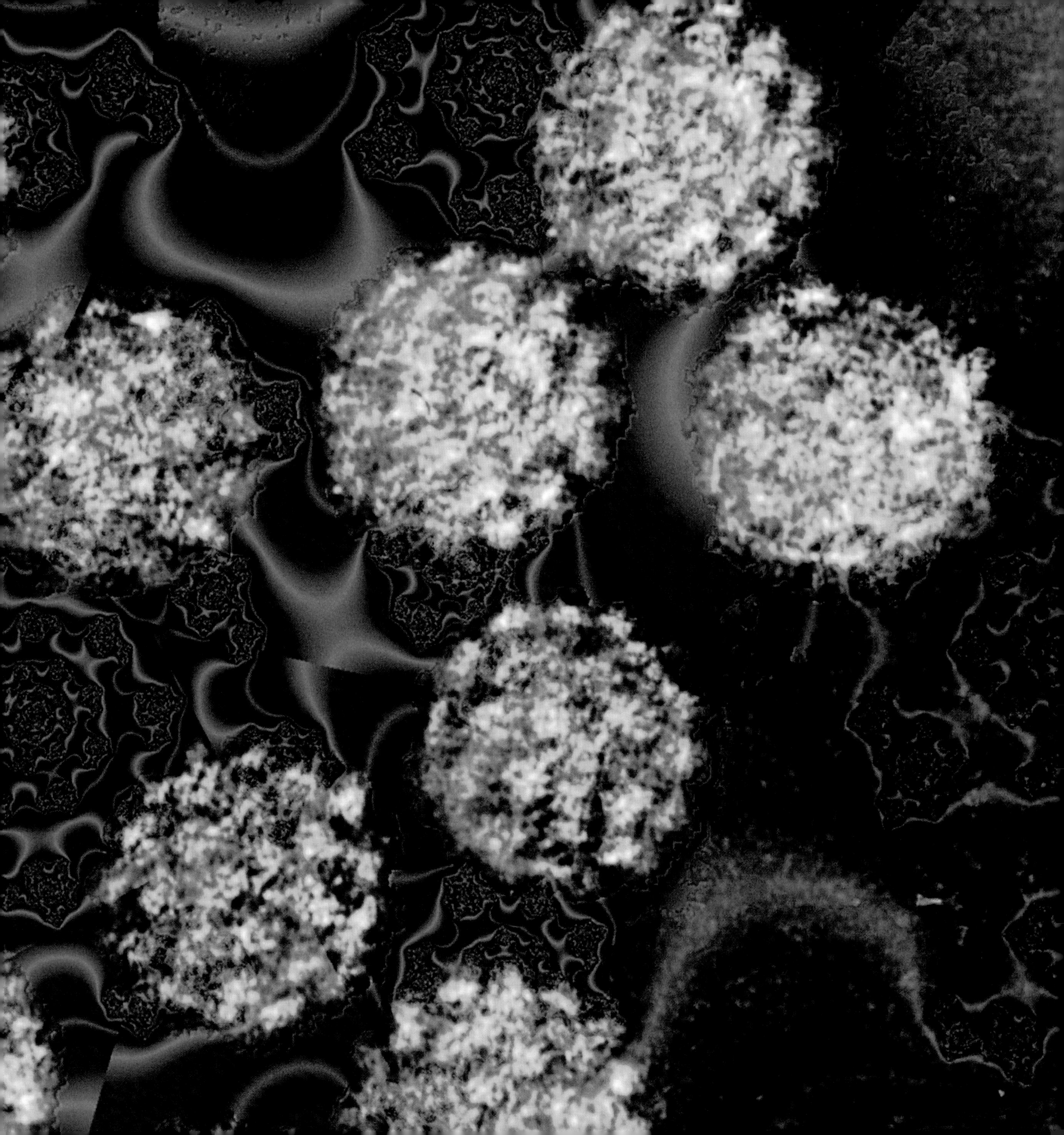

왼쪽: 유두종 바이러스 (투과전자현미경 사진)
이것은 단일 유두종 바이러스 입자이다. 인유두종 바이러스human papilloma virus(HPV)의 균주strain는 170개 이상 존재한다. 이들은 손과 발, 목구멍, 생식기, 항문을 포함한 몸의 여러 관에 사마귀warts를 만든다. 비록 사마귀 그 자체가 악성 종양malignant tumours은 아니지만, 몇몇 균주들은 암의 발생 위험을 높일 수 있다. 따라서 성관계를 맺기 전인 어린 나이에 백신 접종을 하는 것이 효과적인 예방책이다.
(배율: 10cm 크기에서 2,000,000배)

오른쪽: 코로나바이러스Coronavirus (투과전자현미경 사진)
코로나 바이러스는 왕관(crown)을 뜻하는 라틴어에서 유래한 이름으로, 이는 바이러스 입자를 둘러싸고 있는 단백질 봉오리의 경계 모양이 왕관처럼 생겼기 때문에 붙여졌다. 대부분의 코로나 바이러스는 단순히 심한 감기와 목의 통증을 유발하지만, 만약 폐lung로 번지면 폐렴pneumonia을 일으킬 수 있다. 같은 과에 속하는 것으로는 중동 호흡기 장애Middle East respiratory syndrome(메르스MERS), 중동 급성 호흡기 증후군severe acute respiratory syndrome(사스SARS)이 있으며, 이 질병은 21세기 초반에 많은 사람을 사망에 이르게 하는 원인이 되기도 했다.
(배율: 10cm 너비에서 830,000배)

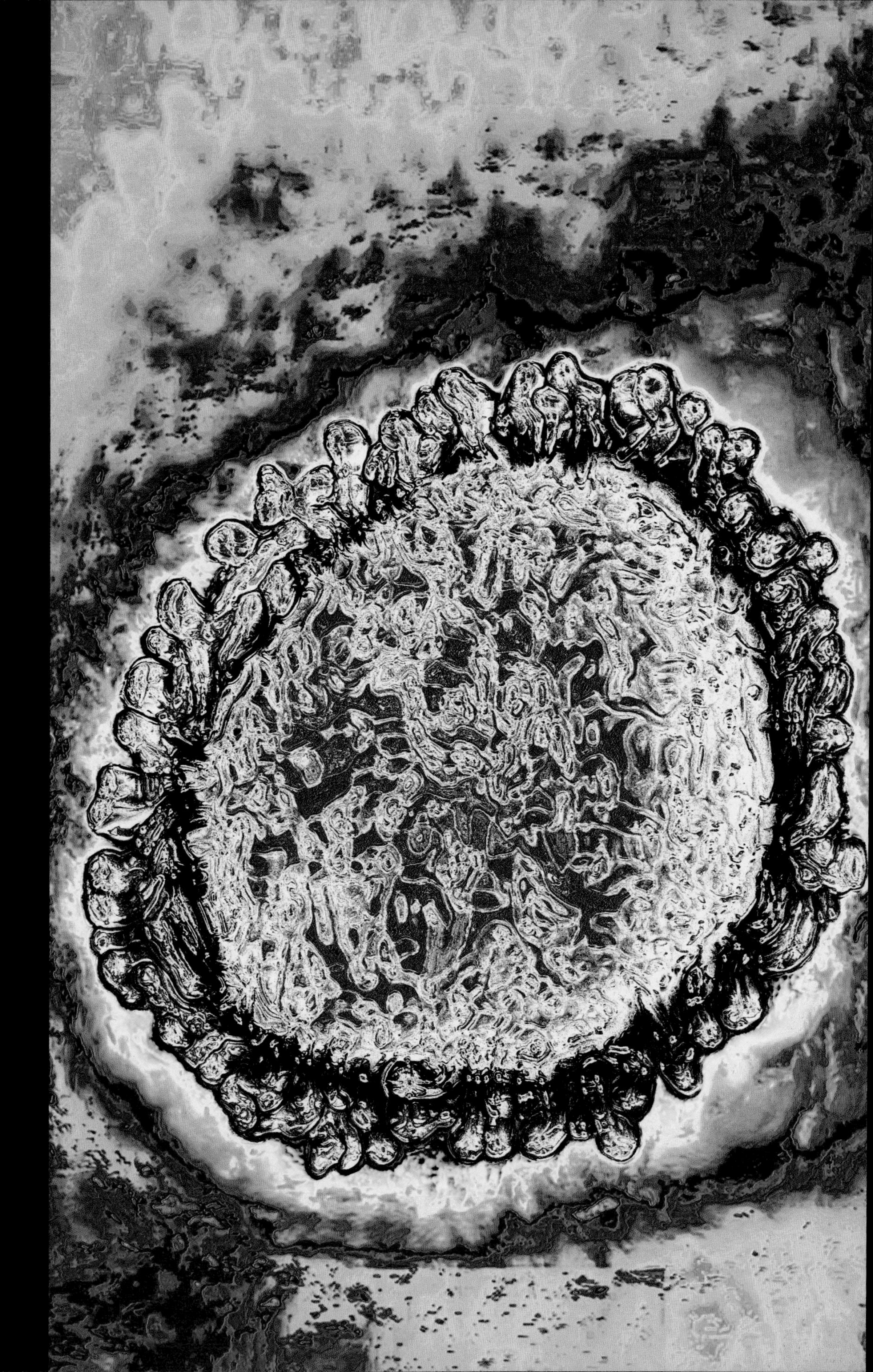

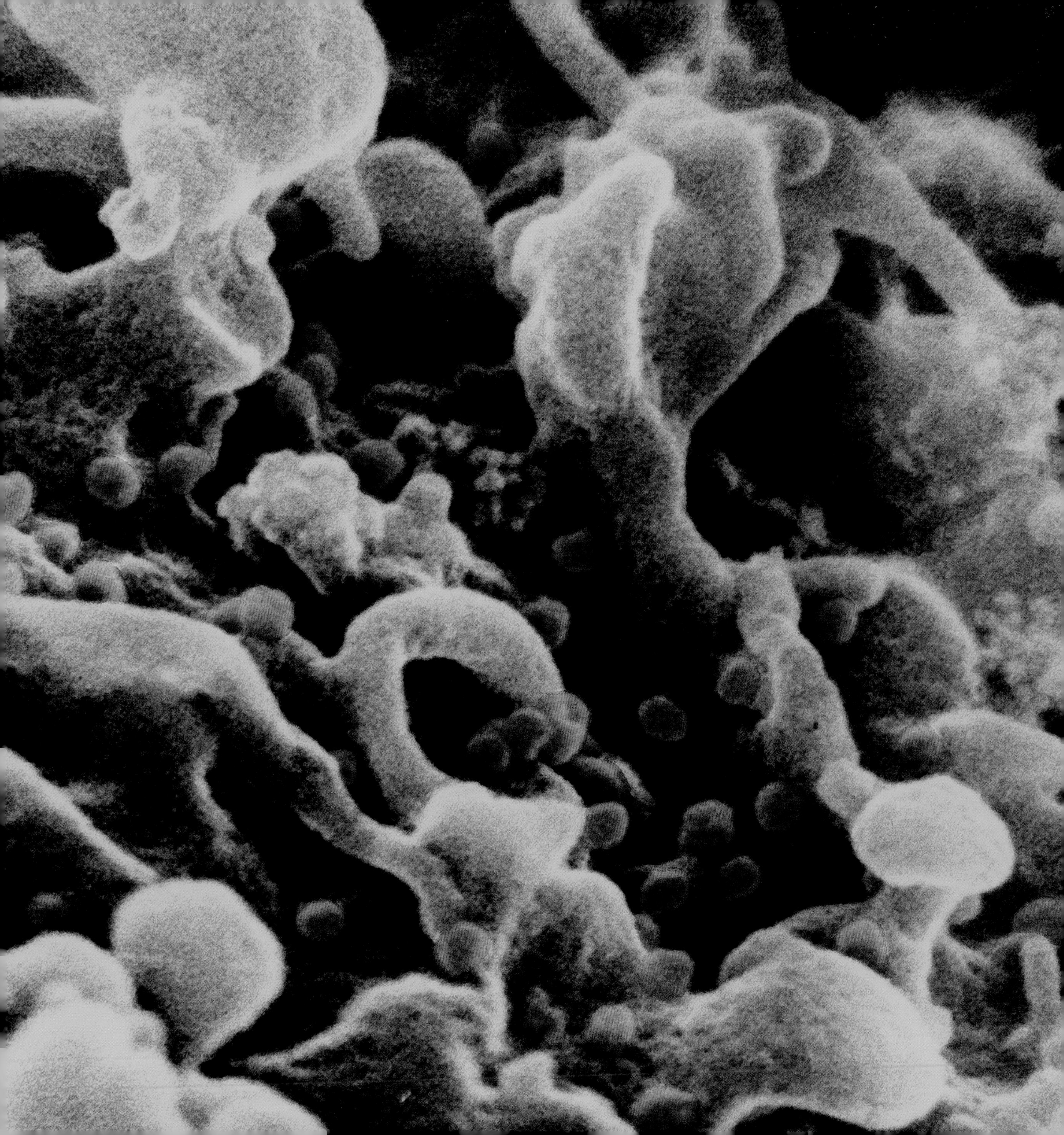

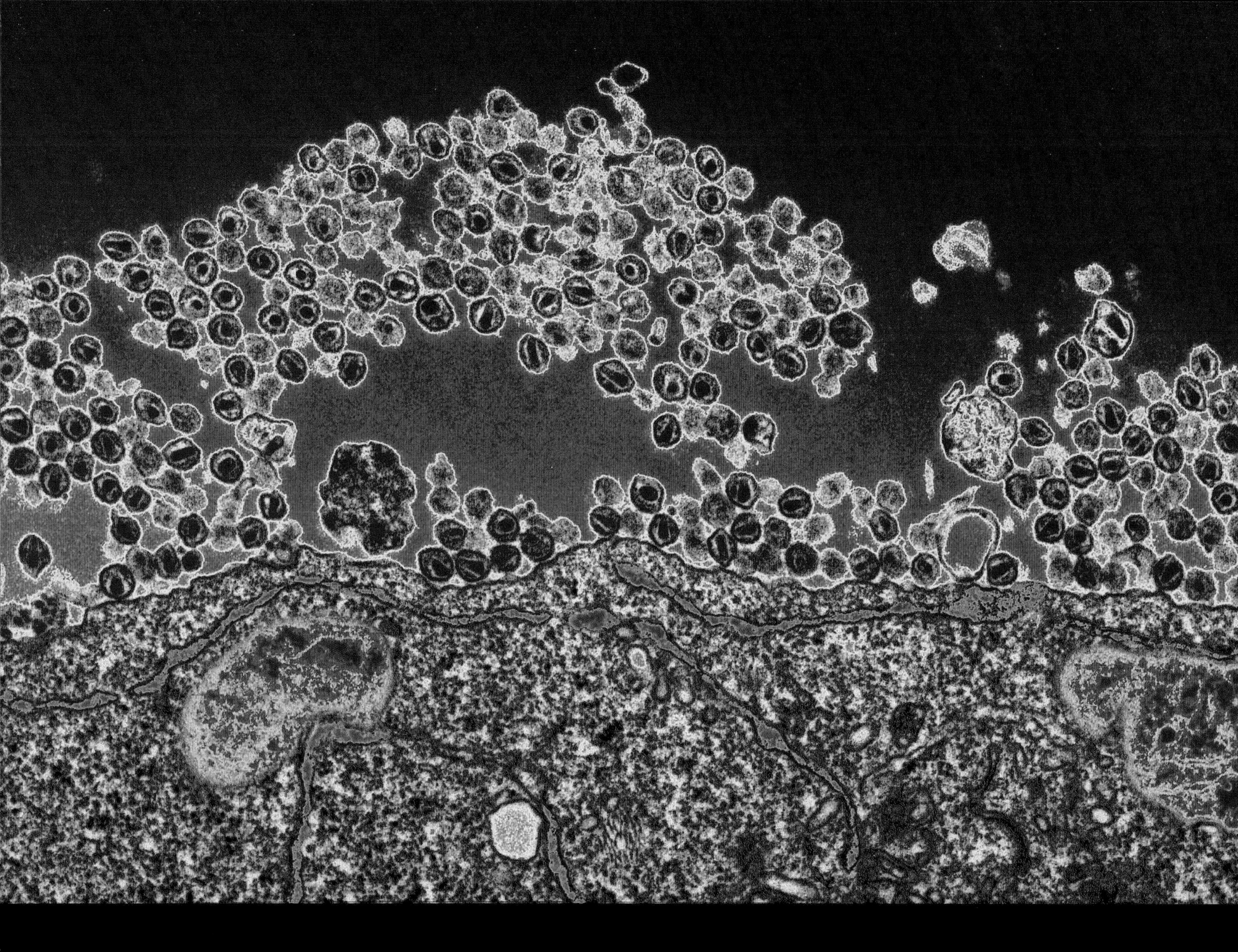

왼쪽: HIV 바이러스 (색을 입힌 주사전자현미경 사진)

호랑가시나무가 가득한 크리스마스 풍경처럼 보이는 사진은 절대 감탄할 만한 모습이 아니다. 빨간색 입자는 백혈구white blood cell의 울퉁불퉁한 초록색 표면을 공격하는 인간 면역 결핍 바이러스human immunodeficiency virus(HIV)의 비리온virion이다. 백혈구는 질병으로부터 인체를 방어하기 위해 필수적인데, 이러한 공격은 감염된 백혈구를 파괴한다. 이 때문에 HIV에 걸린 후 10~15년이 지나면, 인체의 면역체계는 지나치게 손상되어 에이즈가 점점 더 번지게 되고, 환자는 완전히 격리된 무해한 공간에서만 지내야 살 수 있다.

(배율: 10cm 길이에서 51,300배)

위쪽: T-림프구 세포T-lymphocyte blood cell(T세포)를 감염시킨 HIV 바이러스 (투과전자현미경 사진)

사진 하단에 있는 오톨도톨한 분홍색 덩어리는 HIV에 감염된 백혈구white blood cell이다. 감염시킨 바이러스는 세포에 퍼져 더 많은 HIV 입자를 생성해 내고, 이는 세포에서 빠져나와 또 다른 세포를 공격한다. 이때, 숙주 세포host cell는 모든 것을 소진하여 죽게 된다. 사진은 HIV 입자(둥근 보라색 물방울 모양)가 붕괴한 숙주 세포에서 떨어져 나와 복제하는 순간을 포착했다.

(배율: 7cm 너비에서 10,850배)

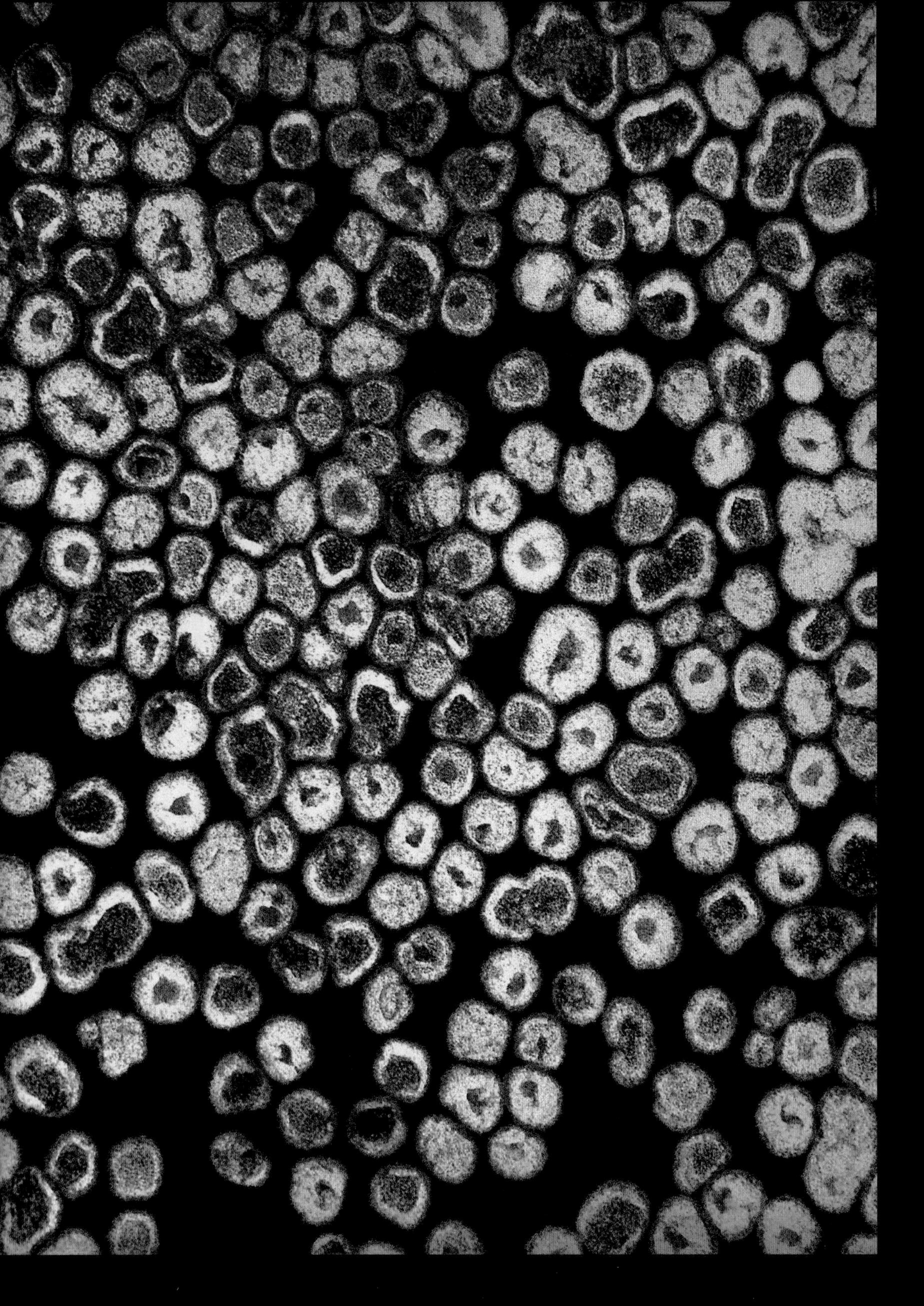

왼쪽: 라크로세 바이러스La Crosse virus 입자들 (투과전자현미경 사진)

라크로세 바이러스는 미국 위스콘신Wisconsin에 있는 라크로세La Crosse에서 처음으로 확인되었다. 이는 숲모기forest mosquito에게 물리거나 모기에게 물린 동물(예를 들면 다람쥐squirrel나 얼룩다람쥐chipmunk)에게 물리면 감염될 수 있다. 이 바이러스는 라크로세 뇌염La Crosse encephaliti을 유발하여 열과 구토 증상이 있을 수 있다. 매우 드물기는 하지만 심각한 경우 환자들은 발작, 혼수상태, 심지어 뇌 손상까지 겪을 수 있다.
(배율: 알 수 없음)

오른쪽: 박테리아를 공격하는 박테리오파지Bacteriophage (투과전자현미경 사진)

박테리오파지는 세포보다는 박테리아를 공격하는 바이러스이다. 보통 20개 면의 머리와 꼬리로 구성되어 있고, 이 꼬리는 숙주 박테리아host bacterium에 고정하는 역할을 하며 꼬리 섬유tail-fibre라 부른다. 이 바이러스는 DNA를 숙주host에 주입하고, 그다음 박테리오파지를 복제하여 더 많은 박테리아를 공격한다. 20세기 초 이후부터 박테리오파지는 내성을 갖게 된 박테리아 균주strain를 치료하는 항생제의 대체품으로 사용되고 있다.
(배율: 알 수 없음)

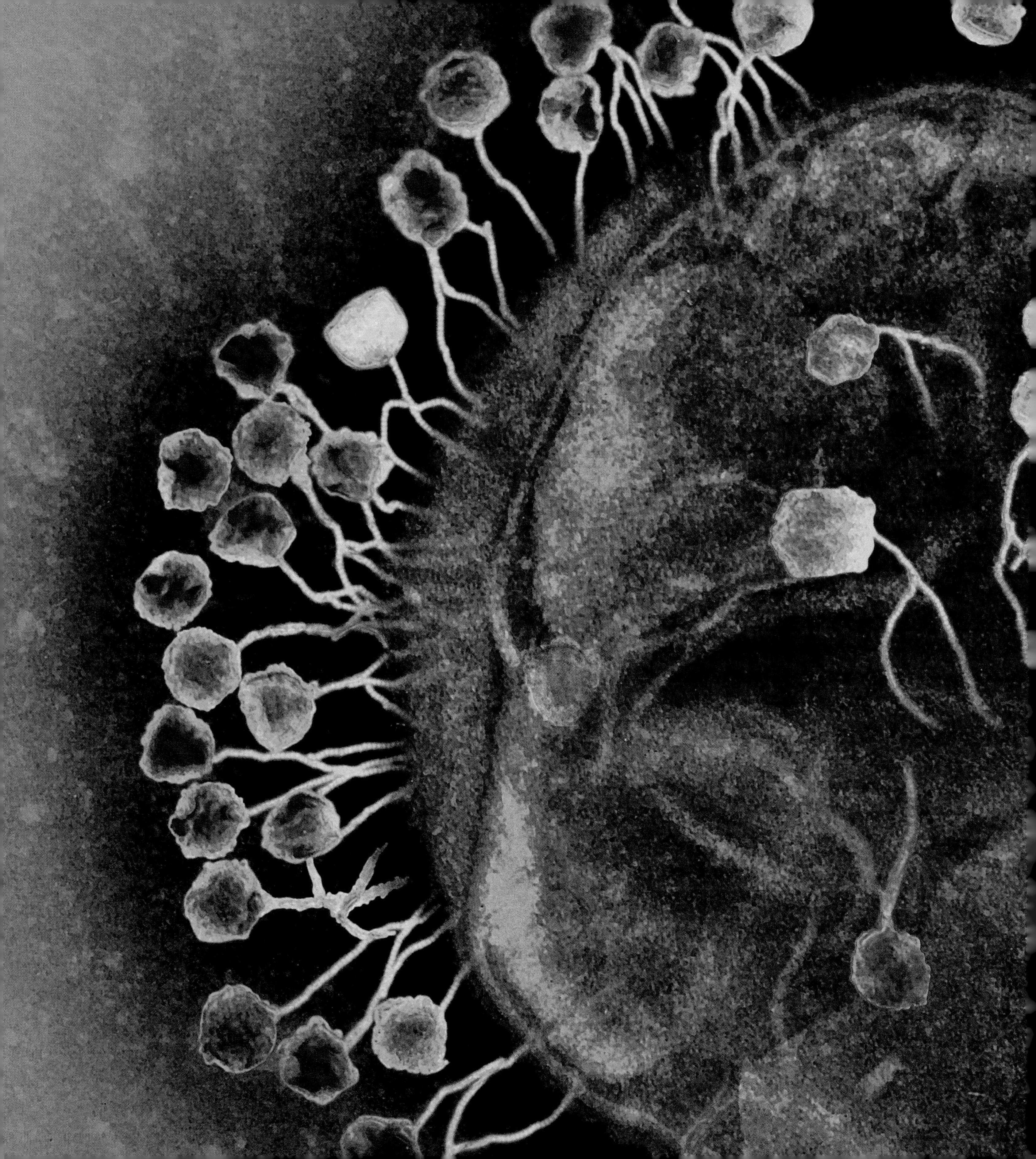

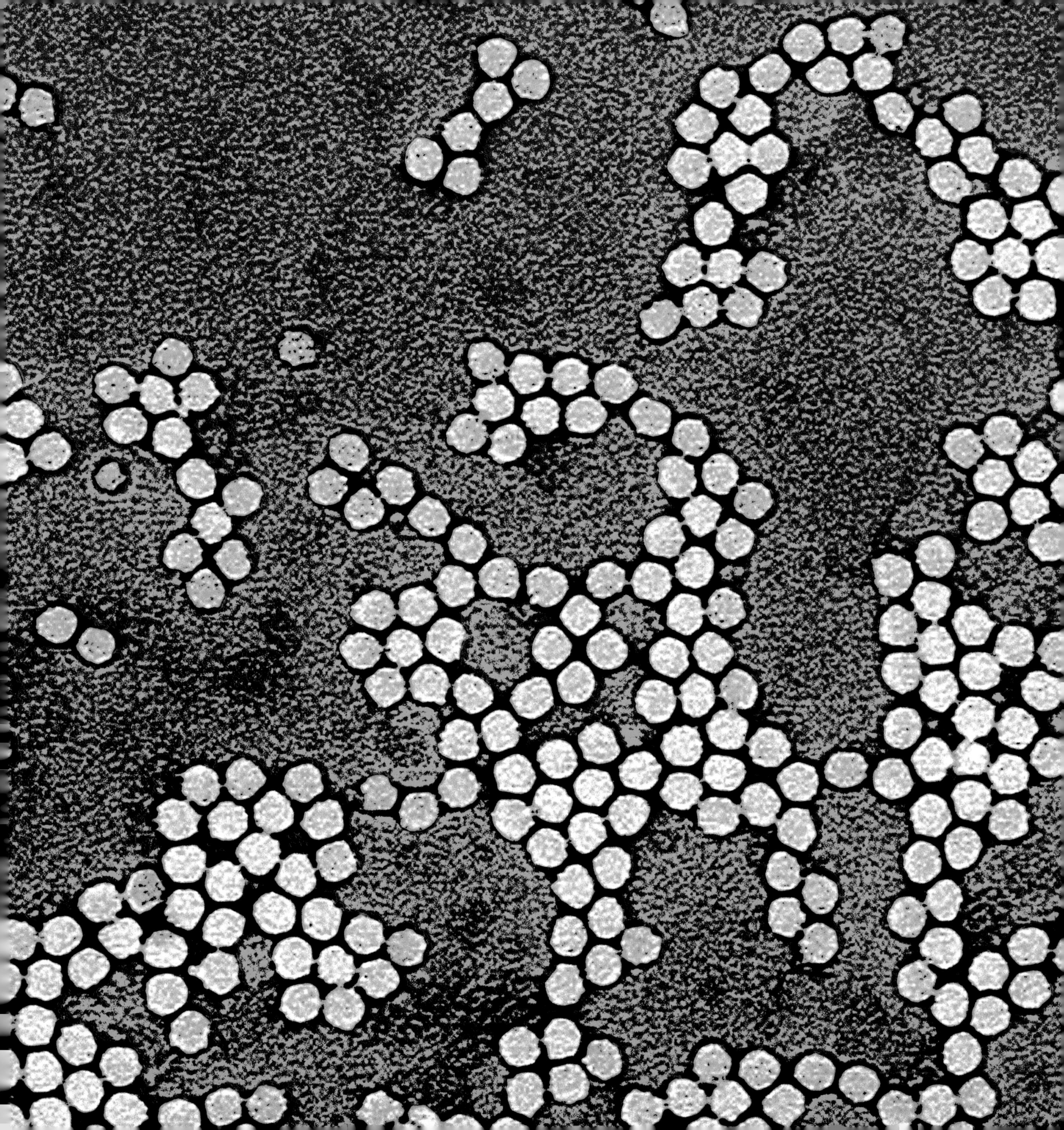

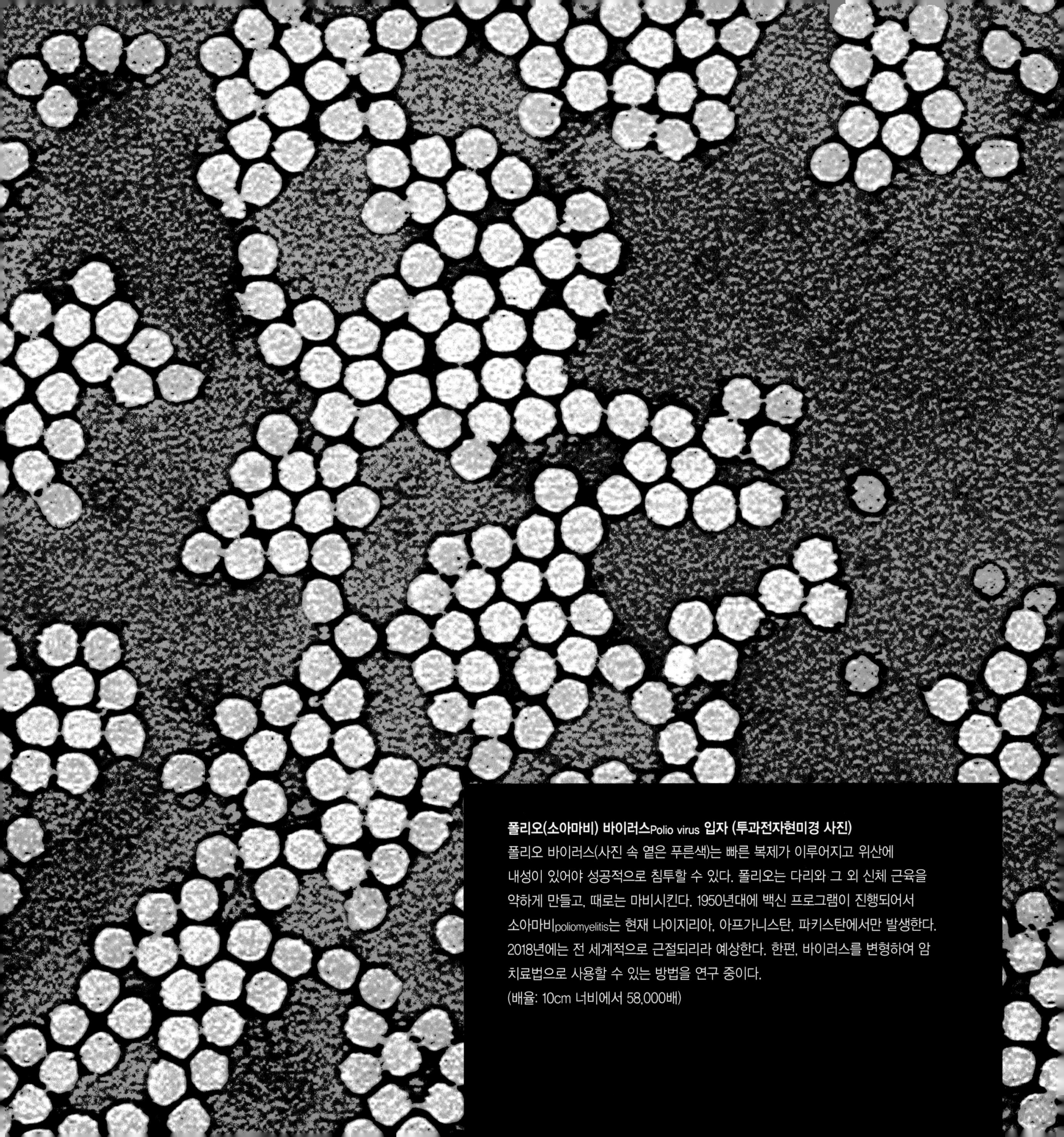

폴리오(소아마비) 바이러스Polio virus 입자 (투과전자현미경 사진)
폴리오 바이러스(사진 속 옅은 푸른색)는 빠른 복제가 이루어지고 위산에 내성이 있어야 성공적으로 침투할 수 있다. 폴리오는 다리와 그 외 신체 근육을 약하게 만들고, 때로는 마비시킨다. 1950년대에 백신 프로그램이 진행되어서 소아마비poliomyelitis는 현재 나이지리아, 아프가니스탄, 파키스탄에서만 발생한다. 2018년에는 전 세계적으로 근절되리라 예상한다. 한편, 바이러스를 변형하여 암 치료법으로 사용할 수 있는 방법을 연구 중이다.
(배율: 10cm 너비에서 58,000배)

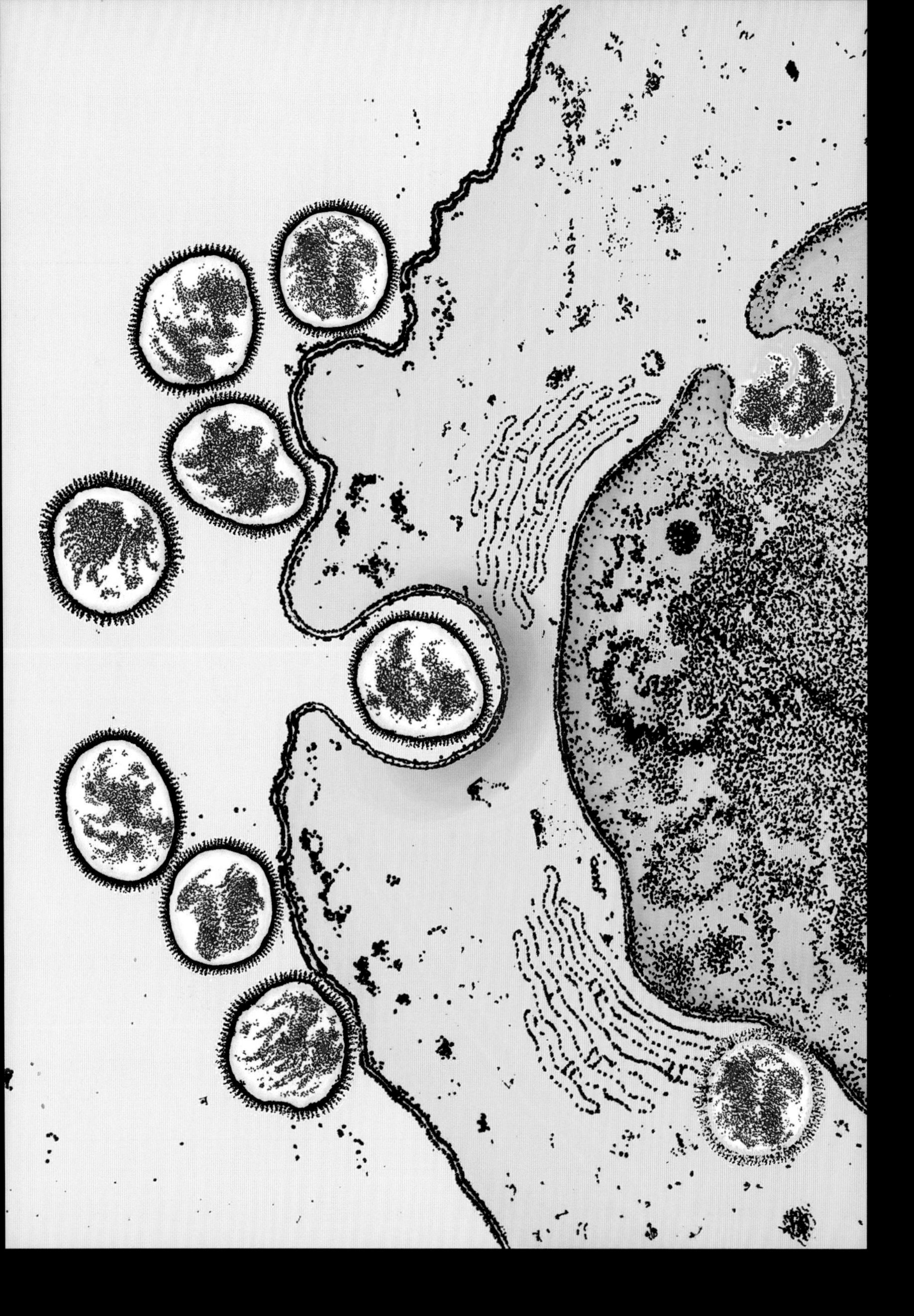

왼쪽: 조류 독감 Avian flu **(투과전자현미경 사진)**
조류 독감이라는 이름은 바이러스가 조류의 몸 안에서 적응해 서식하기 때문에 붙여졌으며, 인간에게는 거의 혹은 전혀 내성이 있지 않다. 하지만 균주strain에는 완벽하게 적응할 수 있어서 폐lung를 약화해 호흡 곤란을 일으키고 박테리아 감염에 노출되게 만들 수 있다. 바이러스의 단백질 껍질은 폐(여기서 노란색) 표면의 세포가 이를 삼키도록 유도한다. 일단 안으로 들어가면, 그것은 껍질을 뚫고 안에 있는 RNA 세포핵(여기서 초록색으로 보임)을 공격한다.
(배율: 알 수 없음)

오른쪽: 조류 독감 바이러스H5N1 avian influenza virus **입자들 (투과전자현미경 사진)**
1990년대 이후로 조류 독감의 발생이 점차 증가하고 있다. 그중 가장 악명 높은 것 중 하나는 조류 독감 바이러스H5N1 균주strain인데, 이는 가금류를 감염시키는 면역 야생 조류에 의해 옮겨진다. 이 가금류의 배변에서 공기 중으로 전달된 바이러스 입자들(여기서 오렌지색)이 인간의 호흡기로 들어가 폐의 내막에 있는 세포를 감염시킨다. 조류 독감 바이러스H5N1는 2003년에 최초로 기록된 이후로 감염된 사람의 절반 이상(400명 이상)이 사망했다.
(배율: 10cm 길이에서 230,000배)

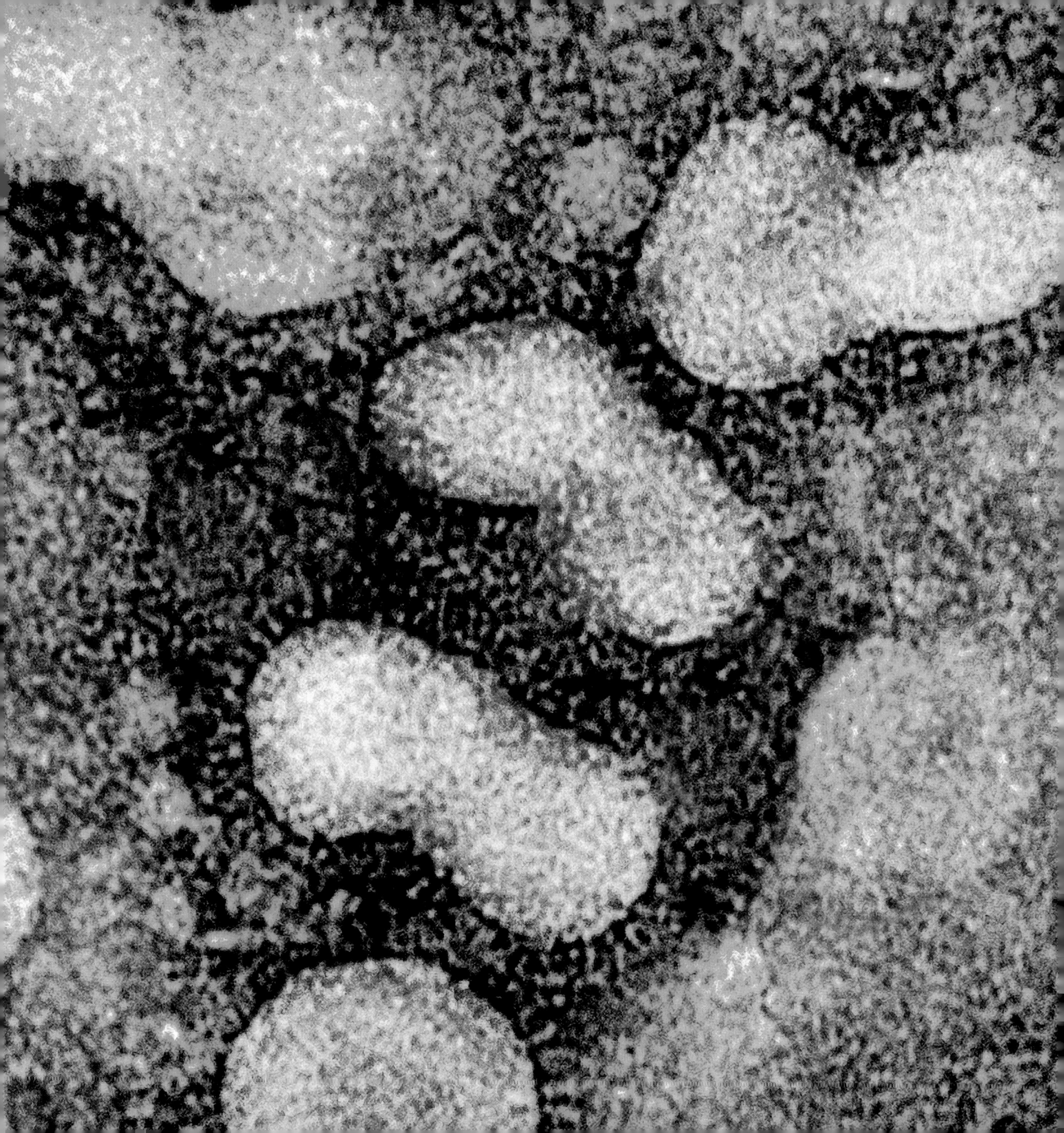

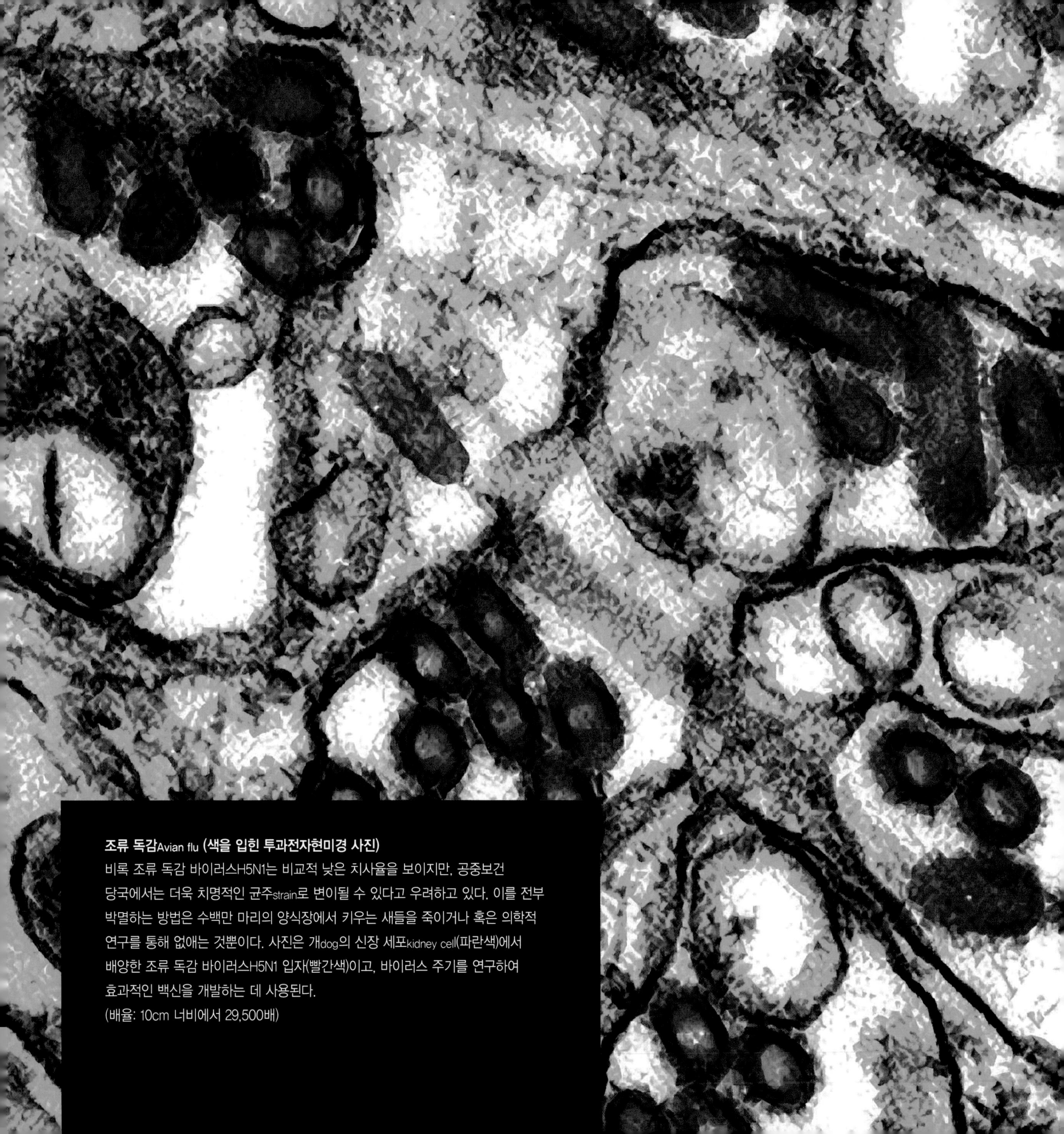

조류 독감Avian flu (색을 입힌 투과전자현미경 사진)

비록 조류 독감 바이러스H5N1는 비교적 낮은 치사율을 보이지만, 공중보건 당국에서는 더욱 치명적인 균주strain로 변이될 수 있다고 우려하고 있다. 이를 전부 박멸하는 방법은 수백만 마리의 양식장에서 키우는 새들을 죽이거나 혹은 의학적 연구를 통해 없애는 것뿐이다. 사진은 개dog의 신장 세포kidney cell(파란색)에서 배양한 조류 독감 바이러스H5N1 입자(빨간색)이고, 바이러스 주기를 연구하여 효과적인 백신을 개발하는 데 사용된다.

(배율: 10cm 너비에서 29,500배)

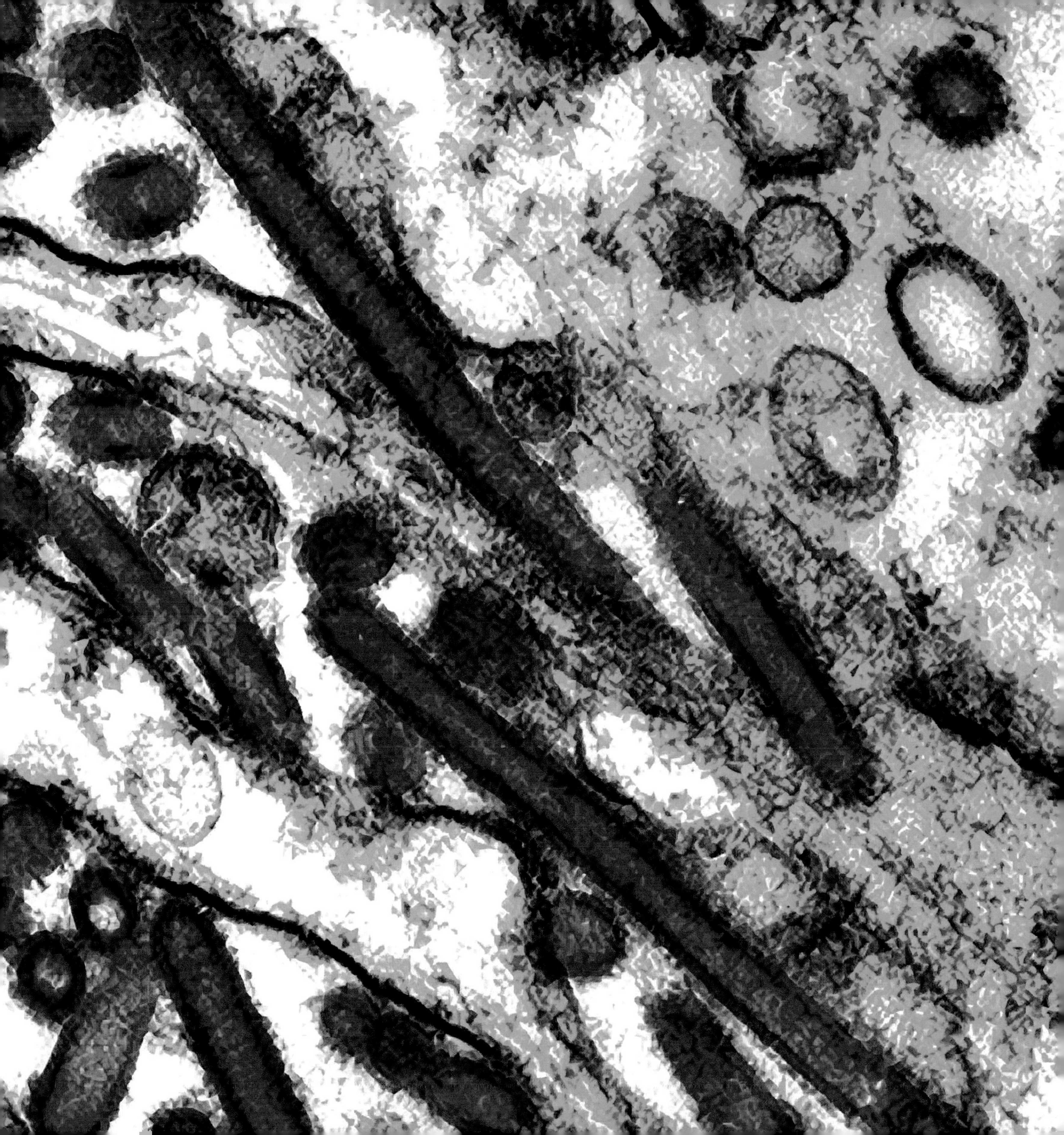

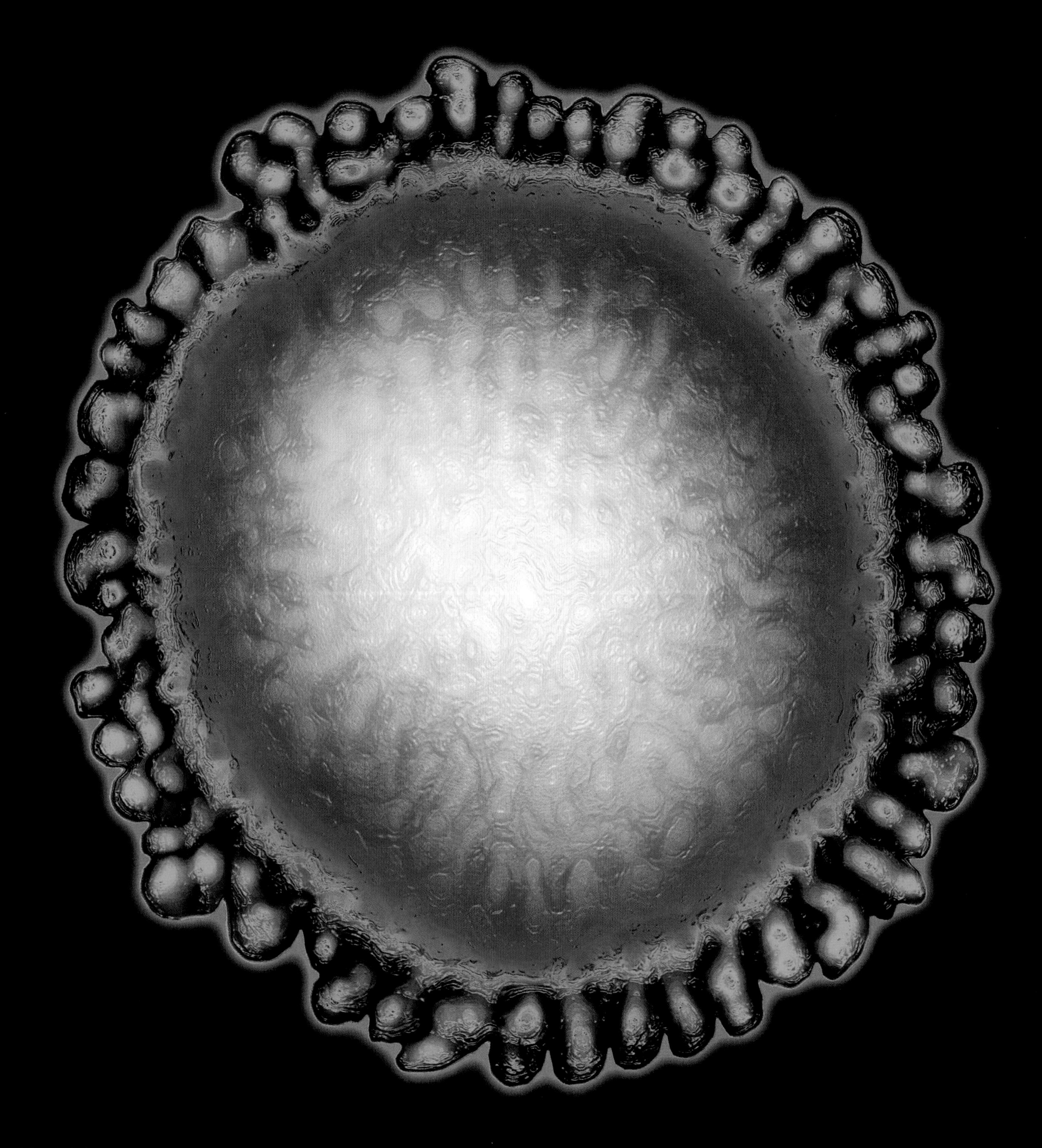

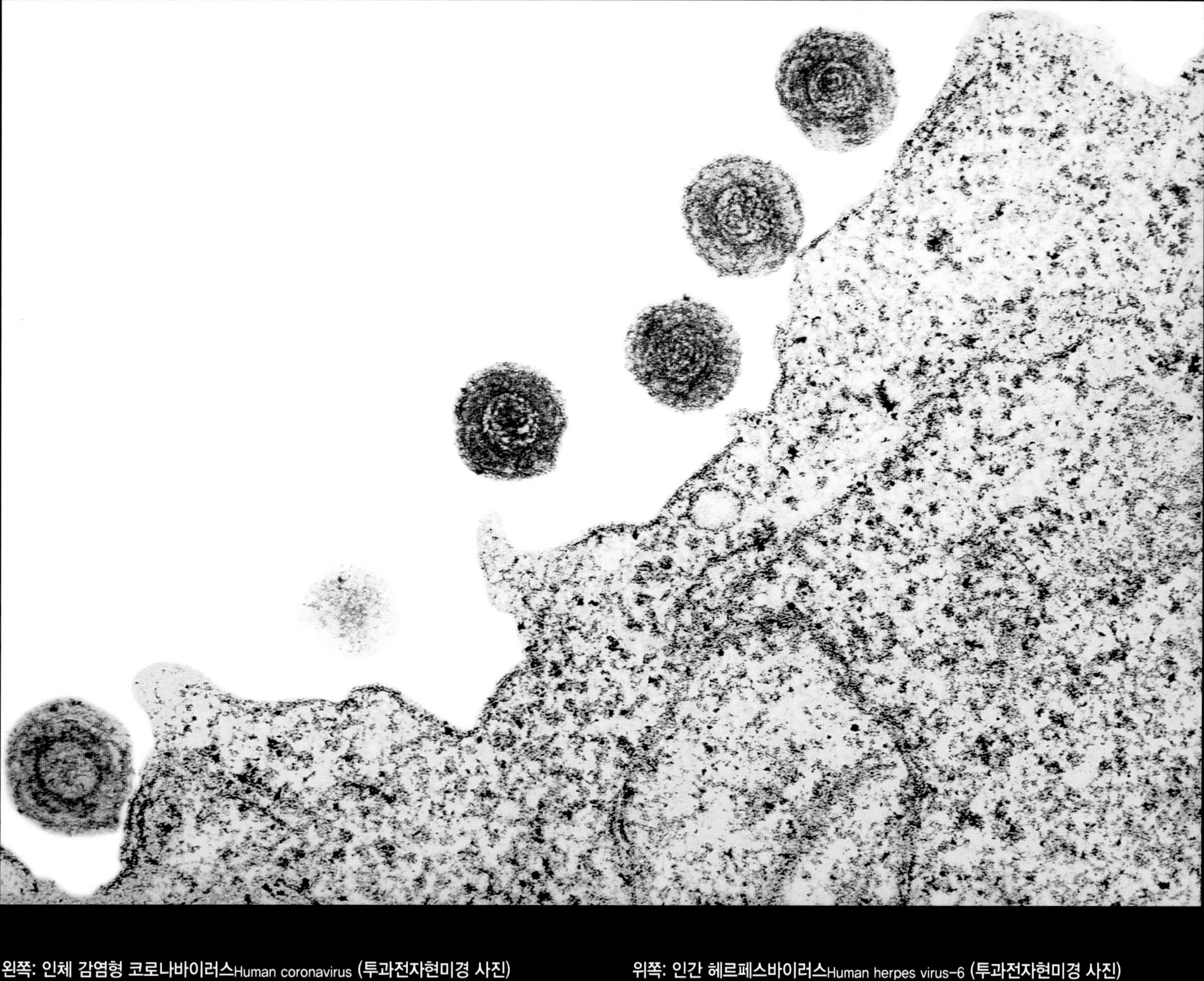

왼쪽: 인체 감염형 코로나바이러스Human coronavirus (투과전자현미경 사진)
사진은 왕관(crown)이라는 단어에서 유래된 코로나바이러스의 모습을 완벽하게 보여준다. 왕관의 뾰족한 부분(페플로머peplomers [바이러스virus 외피에서 뻗어 나온 단백질이나 단백질 복합체]라고도 함)은 바이러스가 어떤 세포를 공격할지 결정하는 것을 돕는 단백질로 이루어져 있다. 페플로머는 세포에 고정하기 위해 세포의 정확한 리셉터receptor(단백질 분자)를 발견하는 것이 중요하다. 코로나바이러스는 1960년대에 일반 감기에 걸린 사람의 코 안에서 처음으로 확인되었다.
(배율: 10cm 너비에서 1,000,000배)

위쪽: 인간 헤르페스바이러스Human herpes virus-6 (투과전자현미경 사진)
인간 헤르페스바이러스(HHVs)는 9개 종이 있다. 그중 HHV6는 1986년에 에이즈 환자의 혈액에서 처음으로 발견되었다. HHV6A는 다발성 경화증multiple sclerosis 및 다른 신경계 질환neuroinflammatory disease을 유발하고, HHV6B(HHV7처럼)는 소아기 돌발진roseola 질환을 유발한다는 데 그 차이가 있다. 사진은 감염된 백혈구white blood cell(초록색)에서 복제된 HHV6 입자(빨간색)가 또 다른 세포들을 감염시키기 위해 방출되는 모습이다.
(배율: 알 수 없음)

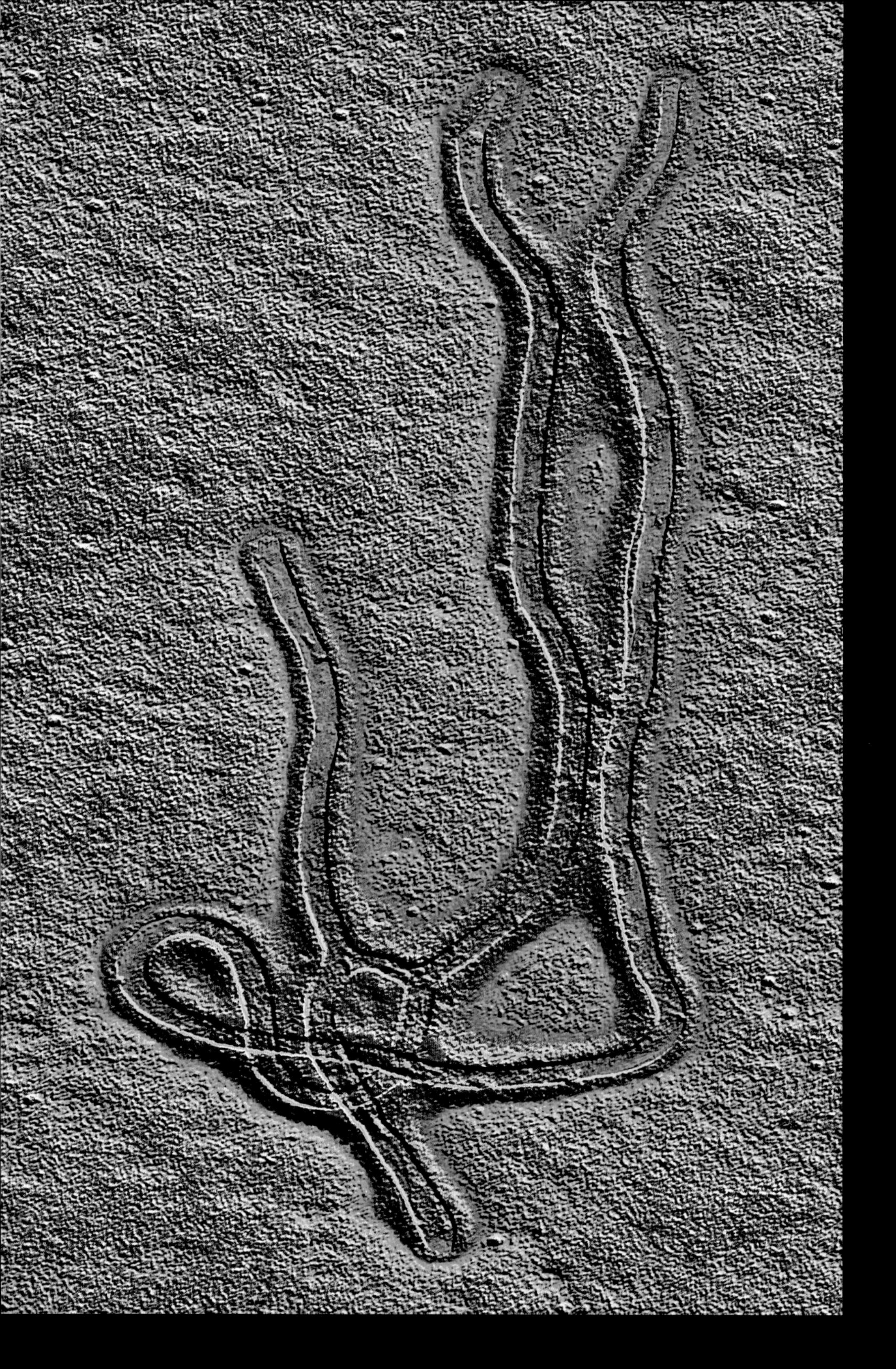

왼쪽: 에볼라 바이러스 Ebola virus **(색을 입힌 투과전자현미경 사진)**

에볼라는 매우 불쾌한 질병이다. 초기에는 열이 나며 설사와 구토가 이어지고, 신장kidney과 간liver 기능 부전이 나타나다가 결국 내출혈과 외출혈이 발생한다. 사망률은 약 50%에 달하며, 2013년과 2015년에 서아프리카에서는 1만 1천 명이 넘는 사망자가 발생했다. 에볼라 바이러스의 입자는 사진에서 명확하게 보이듯 RNA의 단순한 가닥이다. 이들은 체액을 통해 전달되기 때문에 에볼라 증상을 보이는 사람들로부터 쉽게 전염될 수 있다.
(배율: 알 수 없음)

오른쪽: 유두종 바이러스 Papilloma viruses **(색을 입힌 투과전자현미경 사진)**

인유두종 바이러스Human papilloma virus(HPV) 감염은 종종 아무런 증상 없이 일어나기도 한다. 그러나 계속된다면 암 유발 확률을 크게 높이는 사마귀warts와 병변을 일으킬 수 있다. 예를 들어, HPV는 자궁경부암을 일으키는 원인이 되고, 170종 이상의 유두종 바이러스의 변종 중 40종은 성관계를 통해 전염된다. 백신 접종은 감염이 발생하기 전에 이루어져야 매우 효과적이며, 많은 나라에서 15세 이하 소녀들에게 백신을 맞히는 프로그램을 도입하고 있다.
(배율: 3.5mm 너비에서 100,000배)

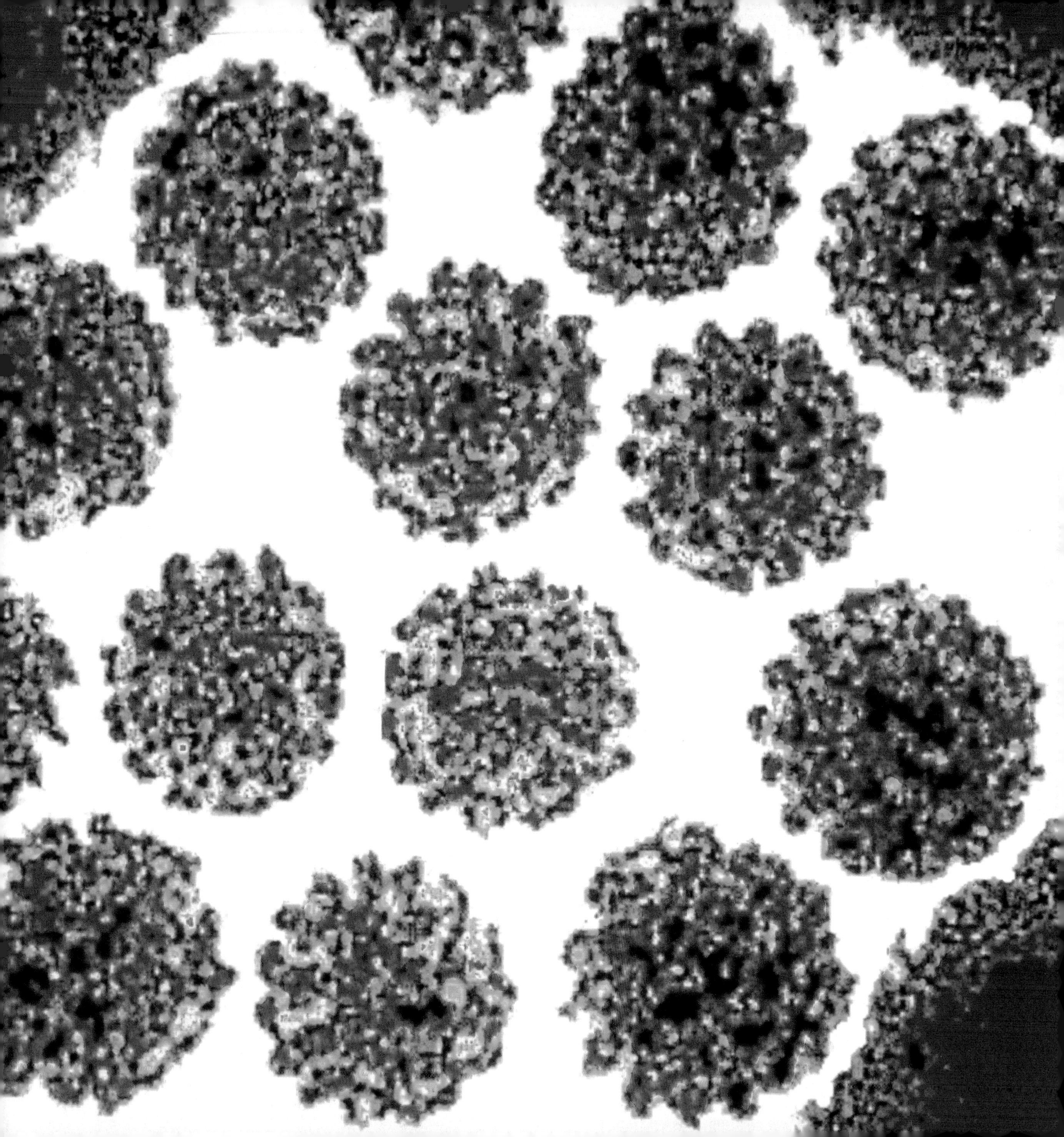

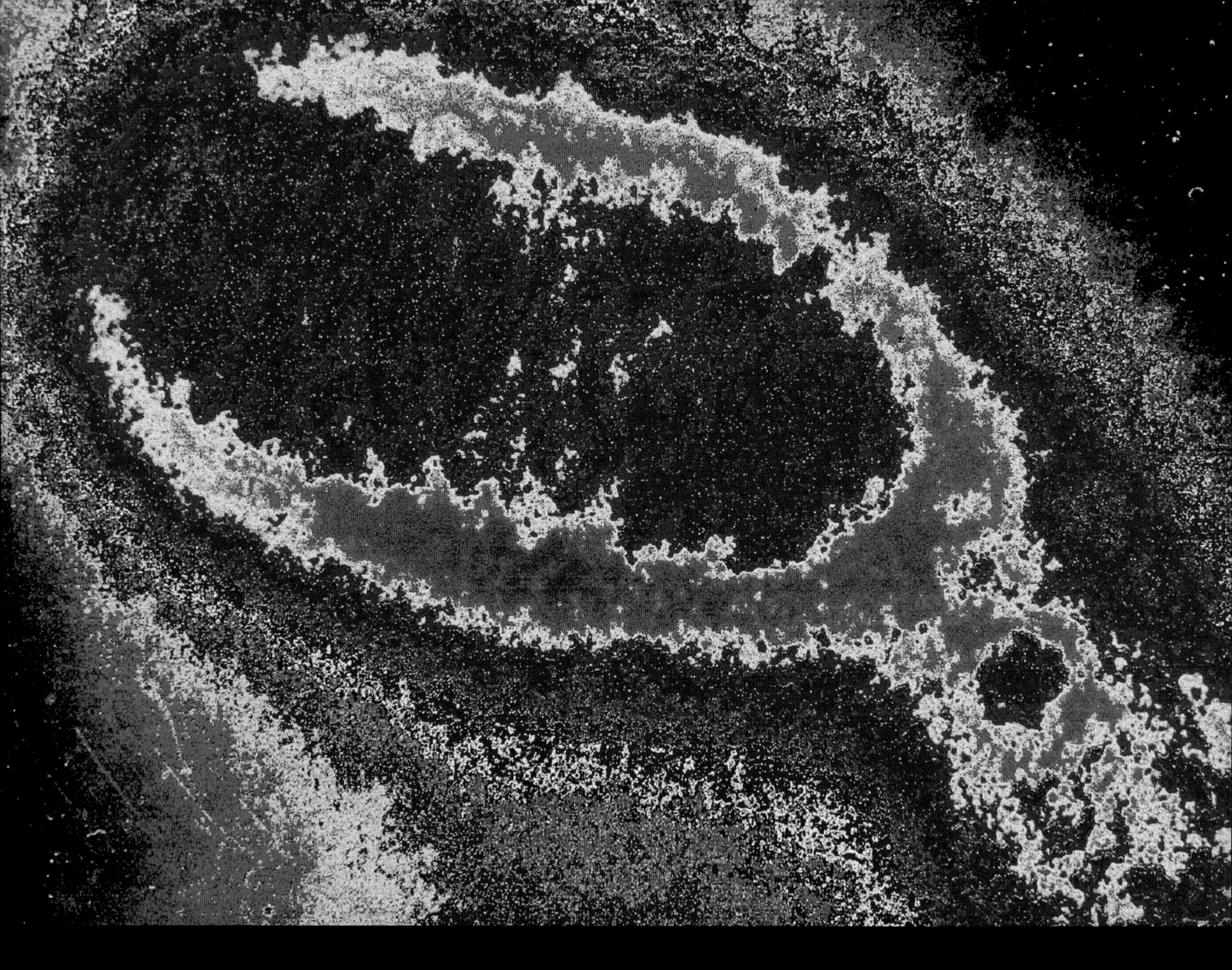

위쪽: 천연두 바이러스Smallpox virus (투과전자현미경 사진)
의학에서 가장 혁혁한 성과 중 하나는 전 세계적으로 접종 프로그램을 도입하여 천연두를 완전히 근절한 것이다. 천연두는 천연두 바이러스(사진)에 의해 발생하는데, 이 바이러스는 현재 러시아와 미국에 있는 아주 소수의 안전한 실험실에서 생물학적 표본으로만 존재한다. 천연두 바이러스는 호흡할 때 배출되는 작은 물방울이나 희생자의 몸을 덮고 있는 불규칙한 물집 안에 있던 체액을 통해 퍼진다.
(배율: 알 수 없음)

오른쪽: 로타바이러스Rotavirus (투과전자현미경 사진)
이와 같은 전자현미경 사진은 사실 그다지 놀랍지 않다. 로타바이러스의 존재는 1973년에 전자현미경을 통해 발견되었다. 이 바이러스는 아이들이 종종 구토와 열까지 동반한 설사diarrhoea 증상을 겪게 했다. 이에 따르는 심각한 탈수증을 이겨 내기 위해 물을 많이 마시는 것이 무엇보다 중요하다. 예방 백신으로 감염 빈도를 낮추고, 증상의 정도를 감소시킬 수 있다.
(배율: 알 수 없음)

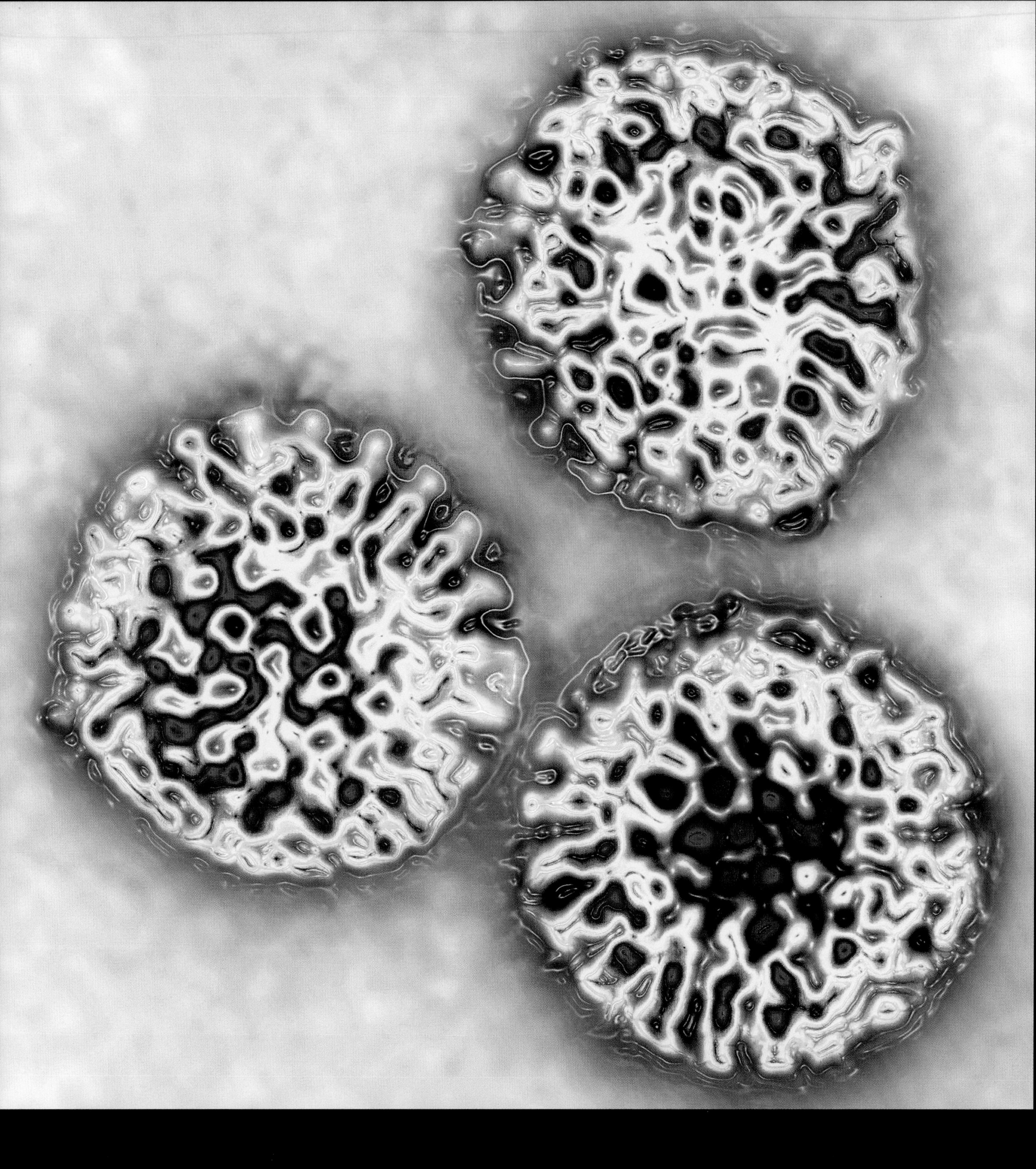

위쪽: HIV에 감염된 세포 (투과전자현미경 사진)
사진은 감염된 세포(하단 진청색)에서 터져 나오려는 HIV 입자(분홍색으로 보임)를 촬영한 것이다. HIV는 인체의 방어 기능에 특화된 백혈구white blood cell인 림프구lymphocytes를 공격한다. 림프구가 감염으로 인해 파괴되면, HIV는 궁극적으로 면역체계를 무너뜨린다. HIV 치료는 일반적으로 항레트로바이러스 약물antiretroviral drug의 칵테일 요법(에이즈약 3~4가지를 섞어 투여하는 것)을 사용하며, 이를 통해 에이즈 형태의 임상 면역부전clinical immunodeficiency으로 진행되는 것을 막을 수 있다.
(배율: 10cm 너비에서 90,000배)

오른쪽: HIV 입자들 (투과전자현미경 사진)
비록 에이즈에 효과적인 HIV 백신은 없지만, 에이즈에 걸려도 죽지 않고 생명을 연장할 수는 있다. 이는 만성질환에 시달리는 것처럼 약물 및 식이요법을 통해 가능하다. HIV 감염은 성적 접촉뿐 아니라 자궁을 통해 어머니가 태아에게 전염시킬 수 있고, 모유 수유나 주삿바늘을 공유할 때 감염될 수 있다. 키스나 화장실 변기 접촉 등으로 HIV에 걸릴 위험은 없다.
(배율: 20cm 너비에서 210,000배)

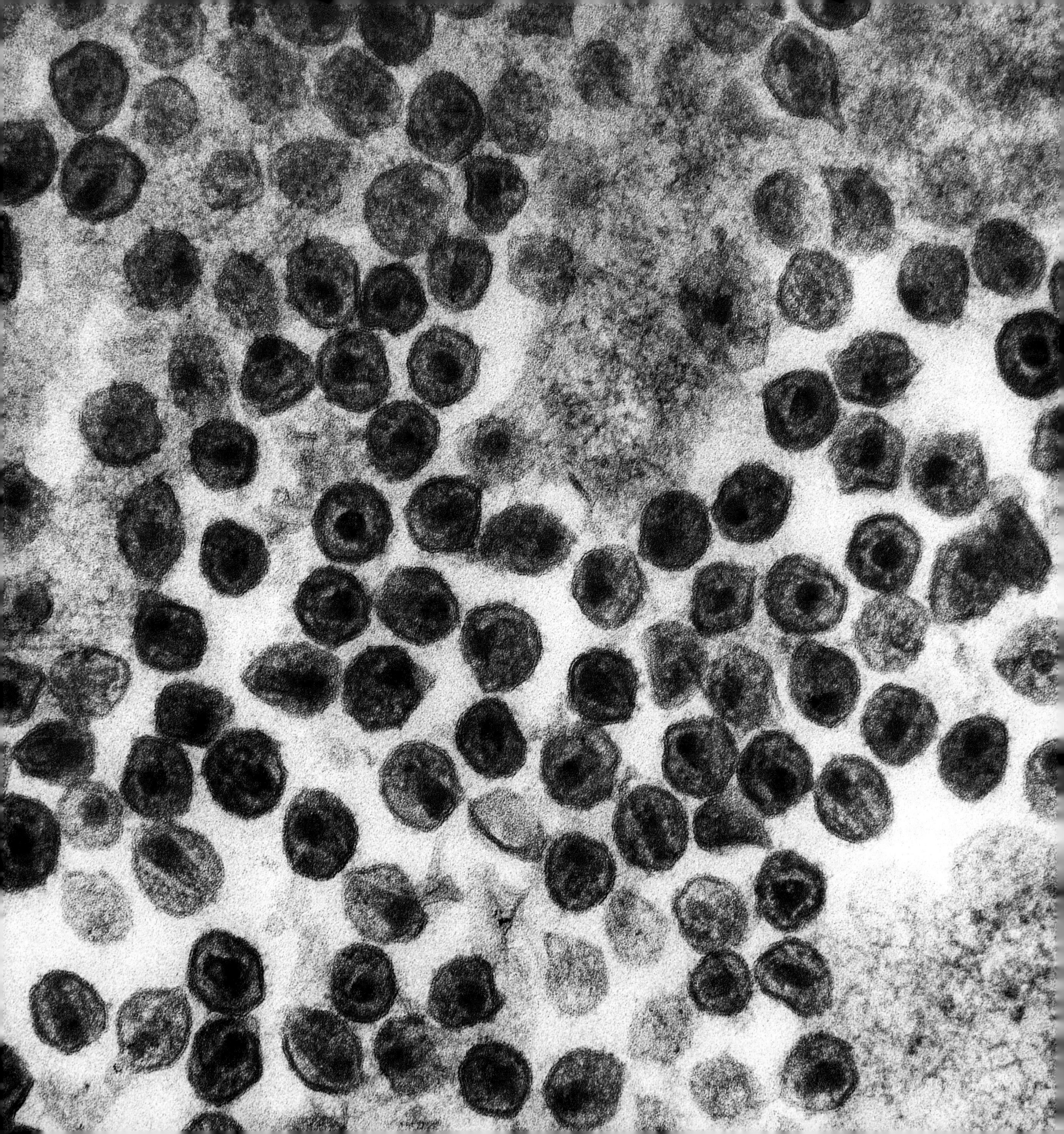

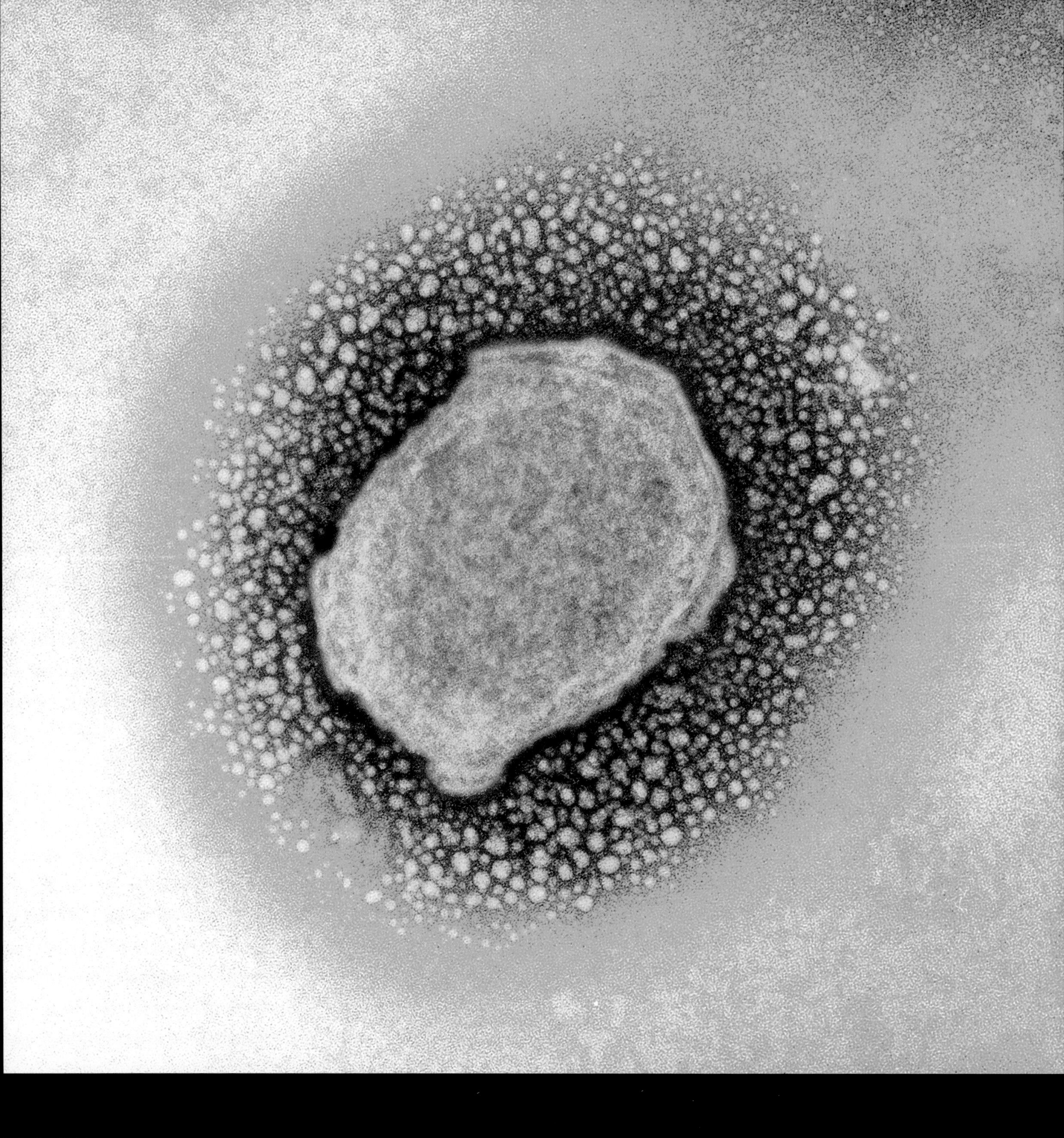

왼쪽: 원두증 바이러스monkeypox virus 입자들 (투과전자현미경 사진)
원두증은 치명적일 수 있으나 천연두보다는 비교적 약한 바이러스이며, 천연두처럼 많은 발진을 일으킨다. 이는 1958년에 마카크 원숭이macaque monkey에서 최초로 확인되었으며 인간에게서 최초로 발견된 것은 1970년이었다. 물리거나 감염된 체액에 닿으면 감염된다. 천연두 백신은 이 질병에도 효과적으로 작용하지만, 천연두가 근절되어 백신 접종이 중단된 이래, 원두증 바이러스에 대한 면역력이 약해지고 있는 실정이다.
(배율: 10cm 너비에서 125,000배)

오른쪽: 인간 파라인플루엔자 바이러스Human parainfluenza virus (투과전자현미경 사진)
파라인플루엔자는 아기나 태아를 감염시키는 바이러스로, 귀, 목구멍, 가슴을 공격하여 폐렴pneumonia과 급성 폐쇄성 후두염croup을 일으킨다. 사진에서는 인공적으로 염색해 파라인플루엔자 바이러스 입자의 주요 요소를 명확하게 확인할 수 있다. 가운데 보이는 옅은 파란색 RNA 가닥이 바로 바이러스의 유전적 물질이고, 이를 둘러싸고 있는 단백질의 하얀색 캡슐은 청록색의 단백질 스파이크로 코팅되어 있다. 이 부분이 인간의 표적 세포를 식별하고 거기에 접촉해서 감염시킨다.
(배율: 10cm 길이에서 20,500배)

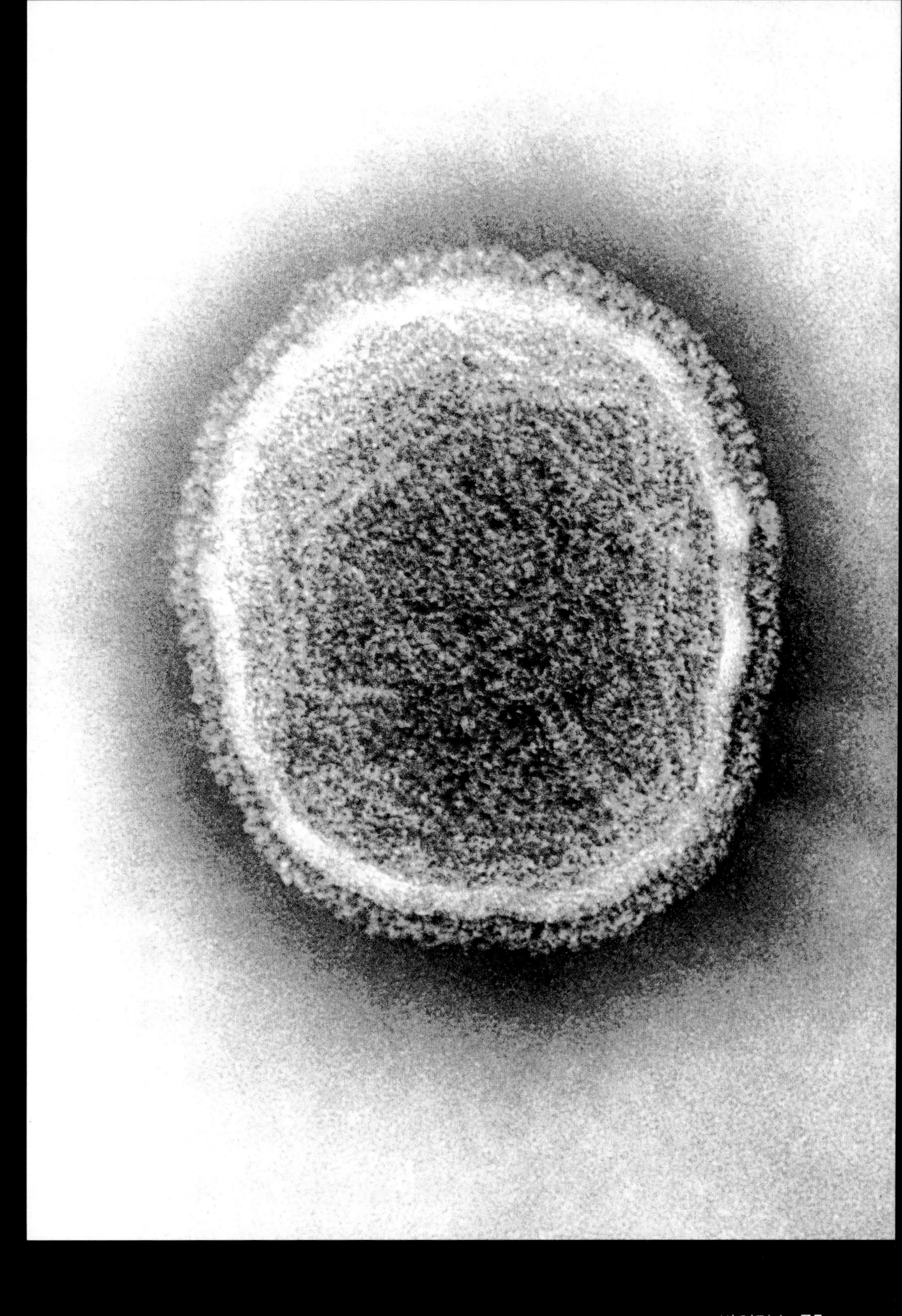

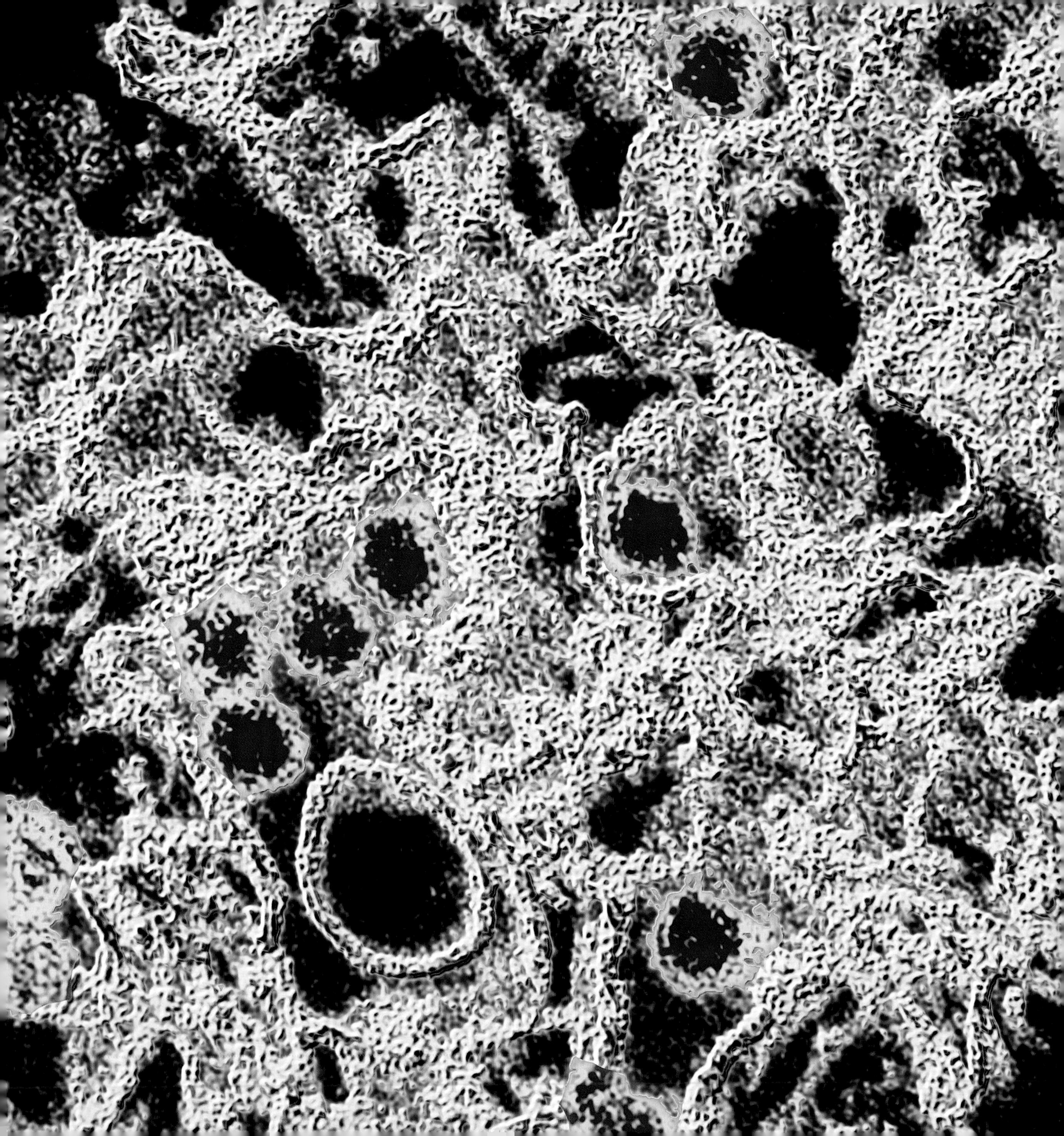

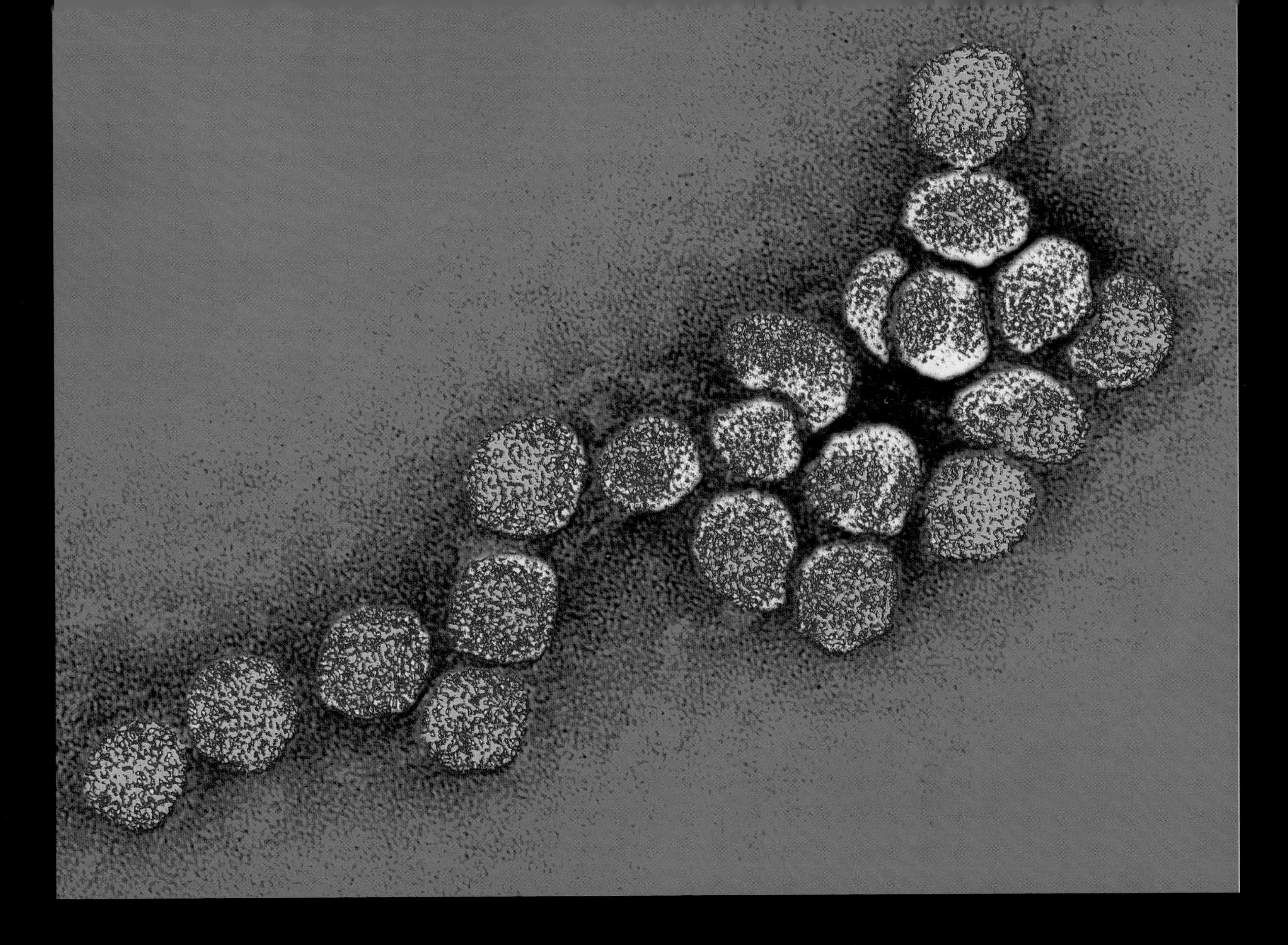

왼쪽: 지카바이러스Zika virus (투과전자현미경 사진)
1950년에 최초로 확인된 지카 바이러스(우간다의 숲 이름에서 유래)는 지리상으로 아프리카와 아시아의 적도를 가로지르는 좁은 구역에서 발견되었다. 그 후 모기가 확산되면서 2007년에는 태평양을 넘어 미국까지 번져 2015년에는 지카 바이러스가 유행병이 되었다. 보통 그 영향은 비교적 가벼워서 발열fever, 피부 발진skin rash, 관절통joint pain을 유발하지만, 임신한 여성의 태아를 감염시켜 심각한 선천적 결함을 일으킨다. 백신 시험은 2016년에 시작되었다.
(배율: 알 수 없음)

위쪽: 플라비바이러스 과의 웨스트 나일 바이러스The West Nile virus (투과전자현미경 사진)
플라비바이러스flaviviruses 라는 이름은 노란색을 뜻하는 라틴어 '플라부스(flavus)'에서 유래했다. 가장 잘 알려진 플라비바이러스는 황열병yelow fever을 일으키는 것으로, 이 과에 속하는 지카 바이러스와 웨스트 나일 바이러스는 대부분 모기를 통해 전염된다. 웨스트 나일 열은 우간다의 웨스트 나일 지역이나 아프리카에서만 발병하는 것은 아니다. 일반적으로 이 바이러스는 근육통muscle ache, 피부 발진skin rash, 두통headaches, 메스꺼움nausea과 같은 증상을 일으킨다. 또한, 극단적인 경우 뇌brain나 척수spinal cord에 염증을 일으키는 뇌염encephalitis과 수막염meningitis과 같은 질병을 유발할 수 있다. (배율: 알 수 없음)

D형 간염 바이러스 Hepatitis D virus **(HDV)**
(투과전자현미경 사진)

간염Hepatitis(간의 염증)은 과다한 알코올이나 다른 독소를 포함한 물질들 때문에 발병할 수 있다. 그러나 가장 일반적인 원인은 A형, B형, C형, D형, E형 간염 바이러스로 구분하는 간염 바이러스 중 하나로 인해 발생한다. D형 간염 바이러스는 B형 간염을 앓고 있는 환자를 감염시킨다. 그래서 이를 중복감염superinfection이라 부른다. 환자 대부분은 완전히 회복되지만, 감염infection이 만성적으로 될 경우, 간부전liver failure이나 간암liver cancer으로 발전할 수 있다.
(배율: 10cm 너비에서 285000배)

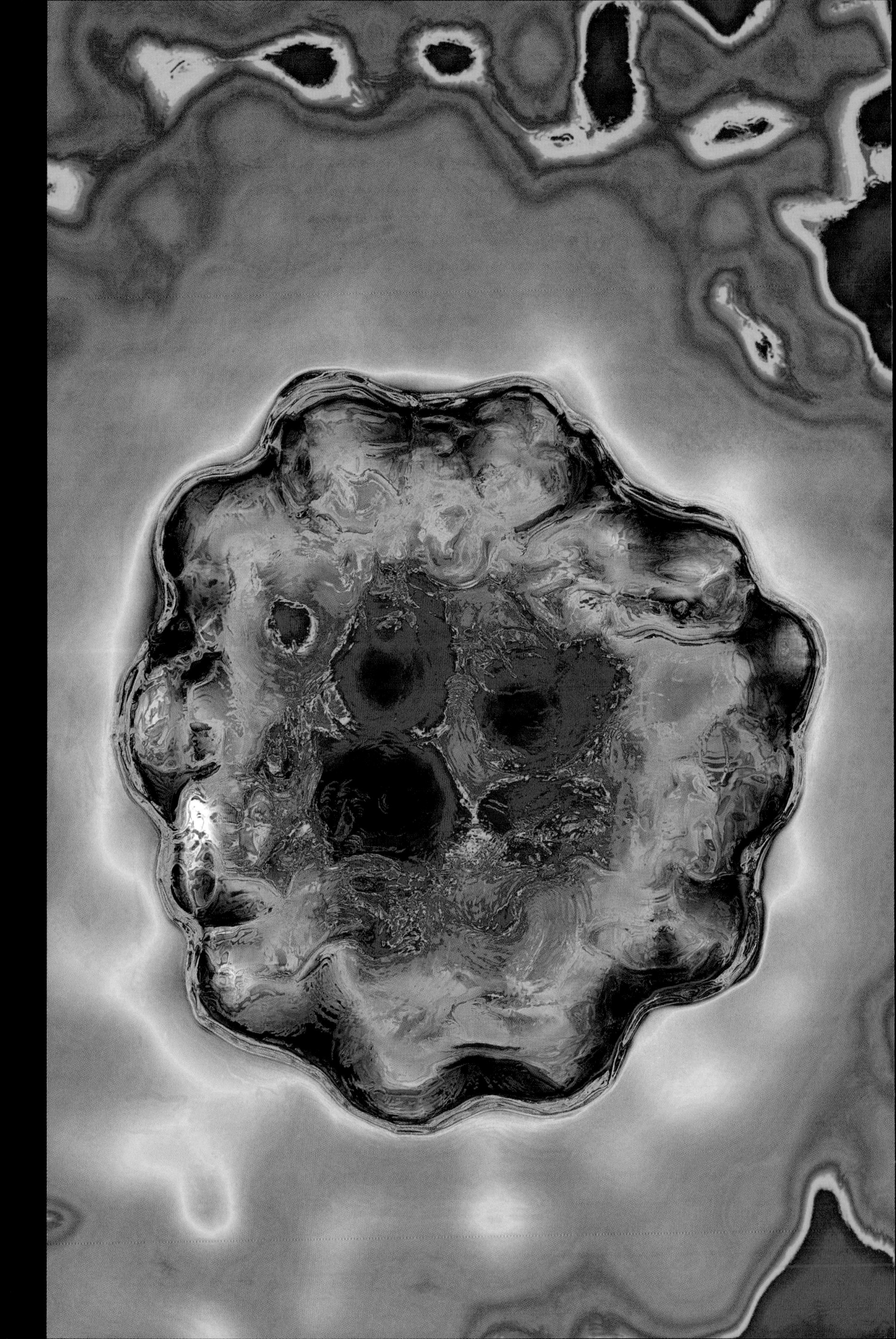

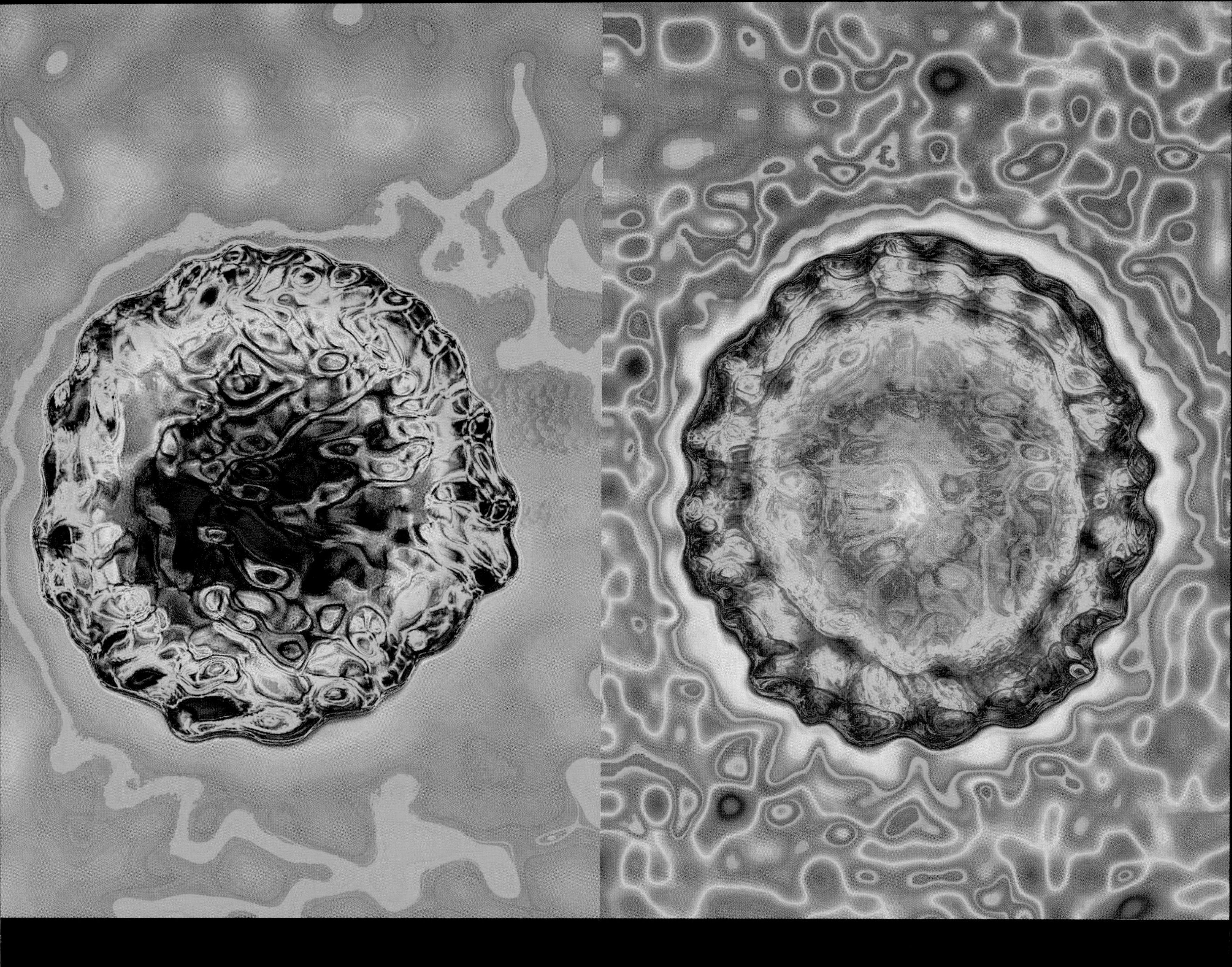

위쪽: C형 간염 바이러스Hepatitis C virus(HCV) (투과전자현미경 사진)
5가지 간염 바이러스 중 A형과 E형 간염 바이러스는 감염된 음식이나 물을 통해 걸리며, 나머지는 감염된 혈액이 간에 침투할 때 발생한다. 이 때문에 감염된 주삿바늘을 서로 공유하는 것은 아주 위험한 일이다. 백신은 A형, B형, D형 간염 바이러스에는 효과적이지만, C형 간염 바이러스를 위한 백신은 없어서 만성 질환이 될 수 있다. 오랜 기간 경구 약품 치료를 통해 대부분의 만성 환자는 치료할 수 있지만 치료하지 못하면 대개 간 이식이 필요하다.
(배율: 10cm 너비에서 1,800,000배)

위쪽: B형 간염 바이러스Hepatitis B virus(HBV) (투과전자현미경 사진)
B형과 C형 간염은 감염된 혈액에 의해서 전염되지만, 이 중 B형 간염은 대부분 성적 접촉을 통해 전염된다. 가끔 임신한 어머니가 자궁 속 태아에게 B형 간염을 전염시키기도 하고 이 경우에 영아 환자는 만성 간염 환자가 된다. 하지만 5세 이후에는 감염infection이 거의 발생하지 않는다. 성인 대부분에게 발병한 B형 간염은 약물치료 없이도 사라지는데, 약품을 쓴다고 해서 바이러스를 완전히 제거할 수는 없다. 그저 바이러스의 활동성을 낮출 뿐이다.
(배율: 10cm 너비에서 4,500,000배)

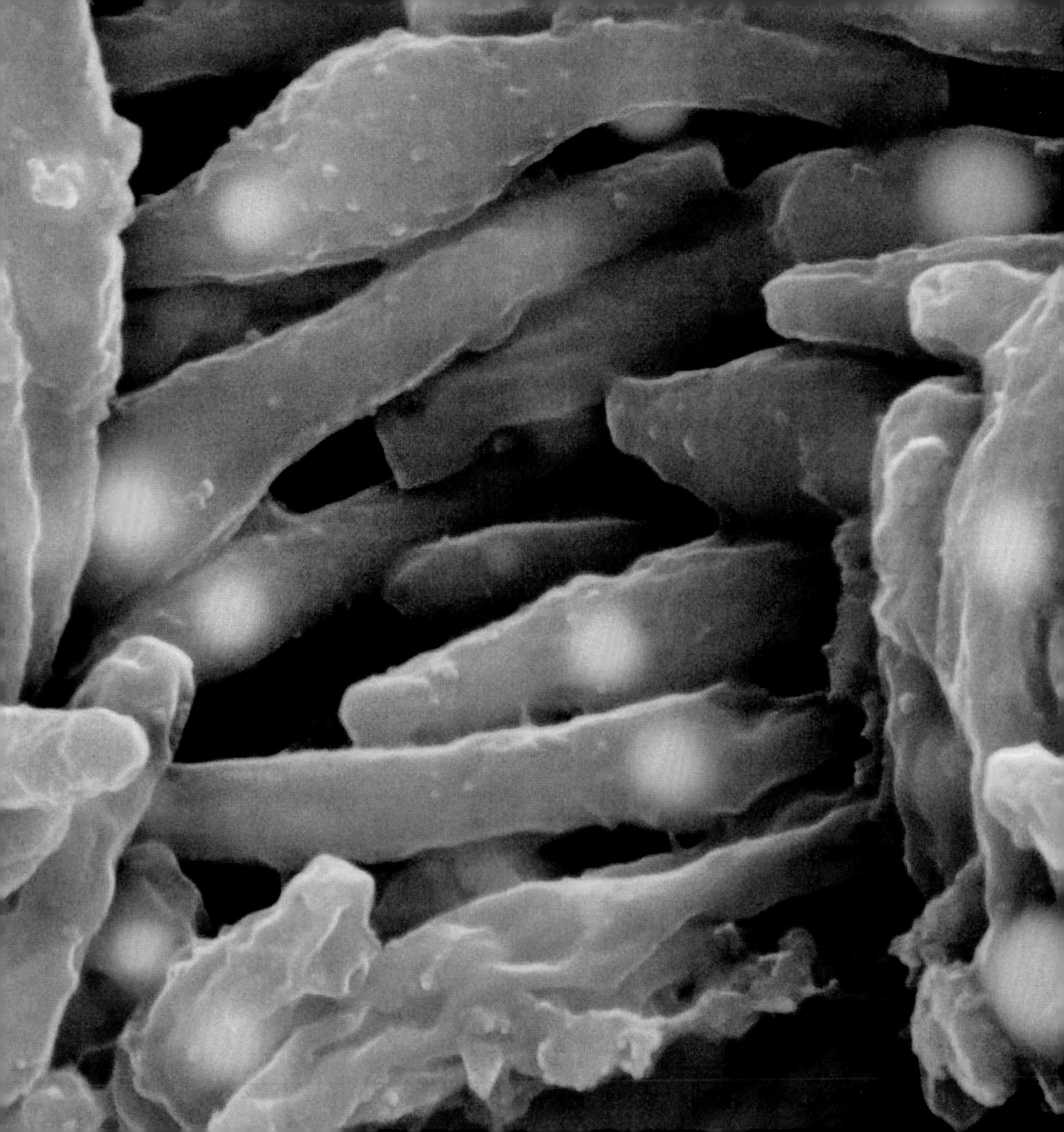

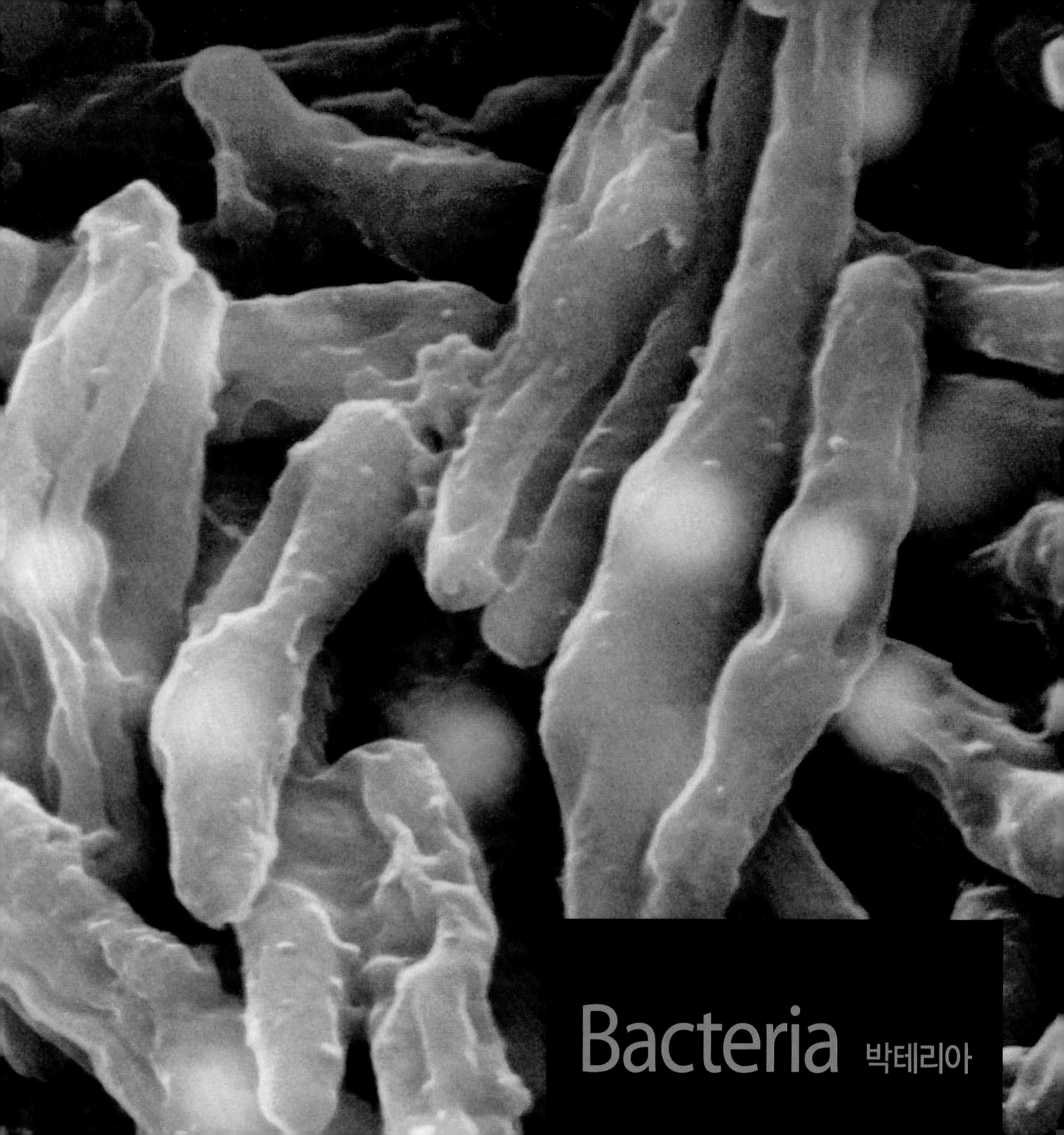
Bacteria 박테리아

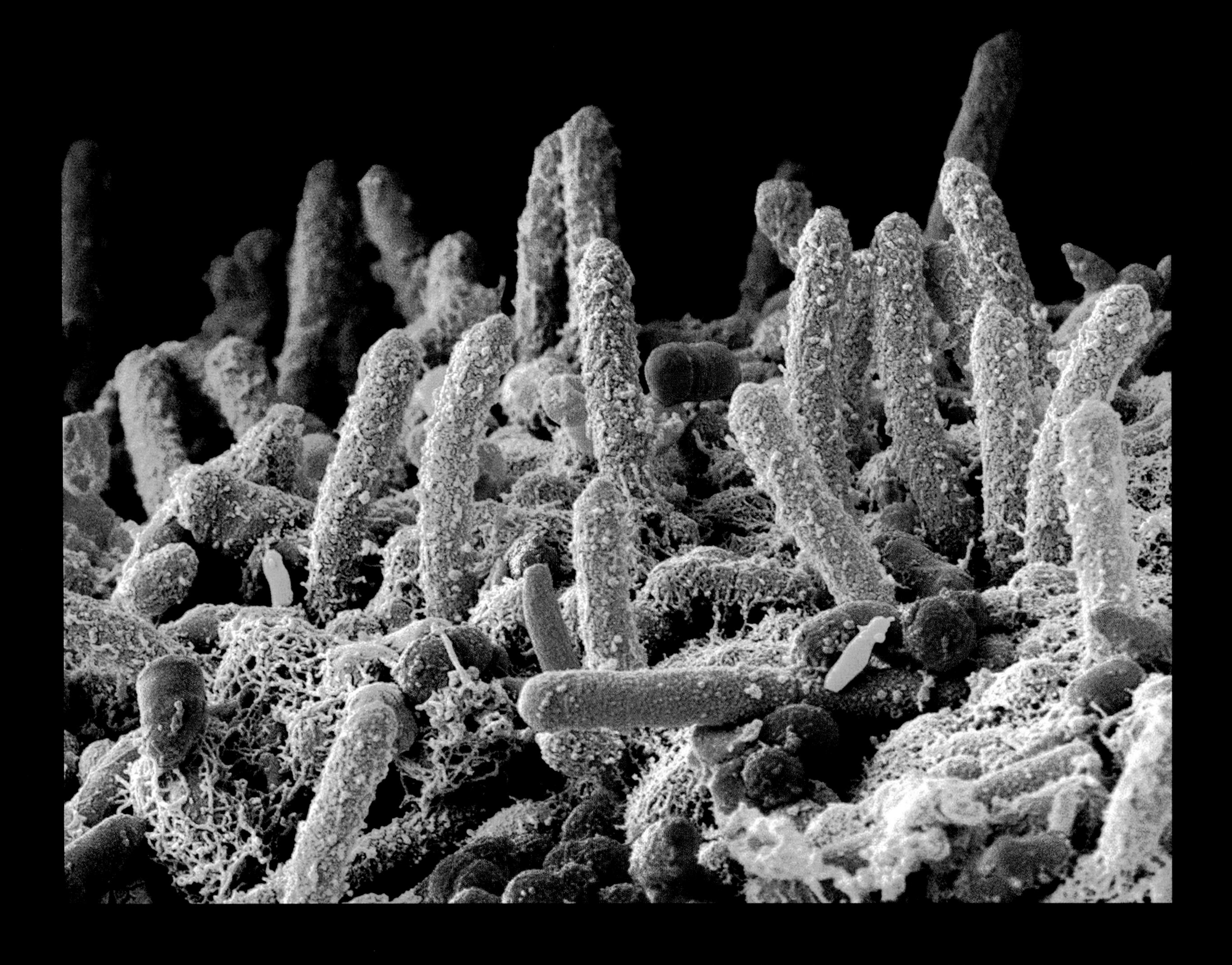

이전 페이지: 결핵 박테리아Tuberculosis bacteria (주사전자현미경 사진)
박테리아는 다양한 모양과 크기로 나타난다. 사진에서 보이는 막대 모양(의학적 용어로 일롱게이티드elongated)이 결핵이고, 이는 기침, 재채기, 호흡을 통해 전염된다. 결핵의 주요 표적은 폐lung이지만, 혈류bloodstream로 들어가 몸의 각 부분을 감염시킬 수 있다. 폐에서는 박테리아와 죽은 조직으로 이루어진 결핵 결절tubercle이라 하는 사마귀warts를 발생시킨다. 결핵은 어린 시절에 맞는 백신 접종으로 예방할 수 있으며, 항생제로 치료할 수 있다.
(배율: 10cm 너비에서 13,300배)

위쪽과 오른쪽: 구강 박테리아Oral bacteria (주사전자현미경 사진)
사진에 보이는 인공적으로 염색된 이미지들은 다양한 종류의 구강 박테리아이다. 오른쪽은 뺨의 안쪽 내막에 있는 박테리아의 모습이고, 왼쪽은 이를 더 자세히 나타낸 것이다. 매우 많은 박테리아가 인체뿐 아니라 육지, 바다, 흙과 강에서 발견된다. 이 중에는 인체에 유익한 박테리아도 많으며, 그렇지 않은 것들은 항생제로 박멸할 수 있다.
(위쪽 배율: 10cm 길이에서 6,500배, 오른쪽 배율: 10cm 너비에서 10,000배)

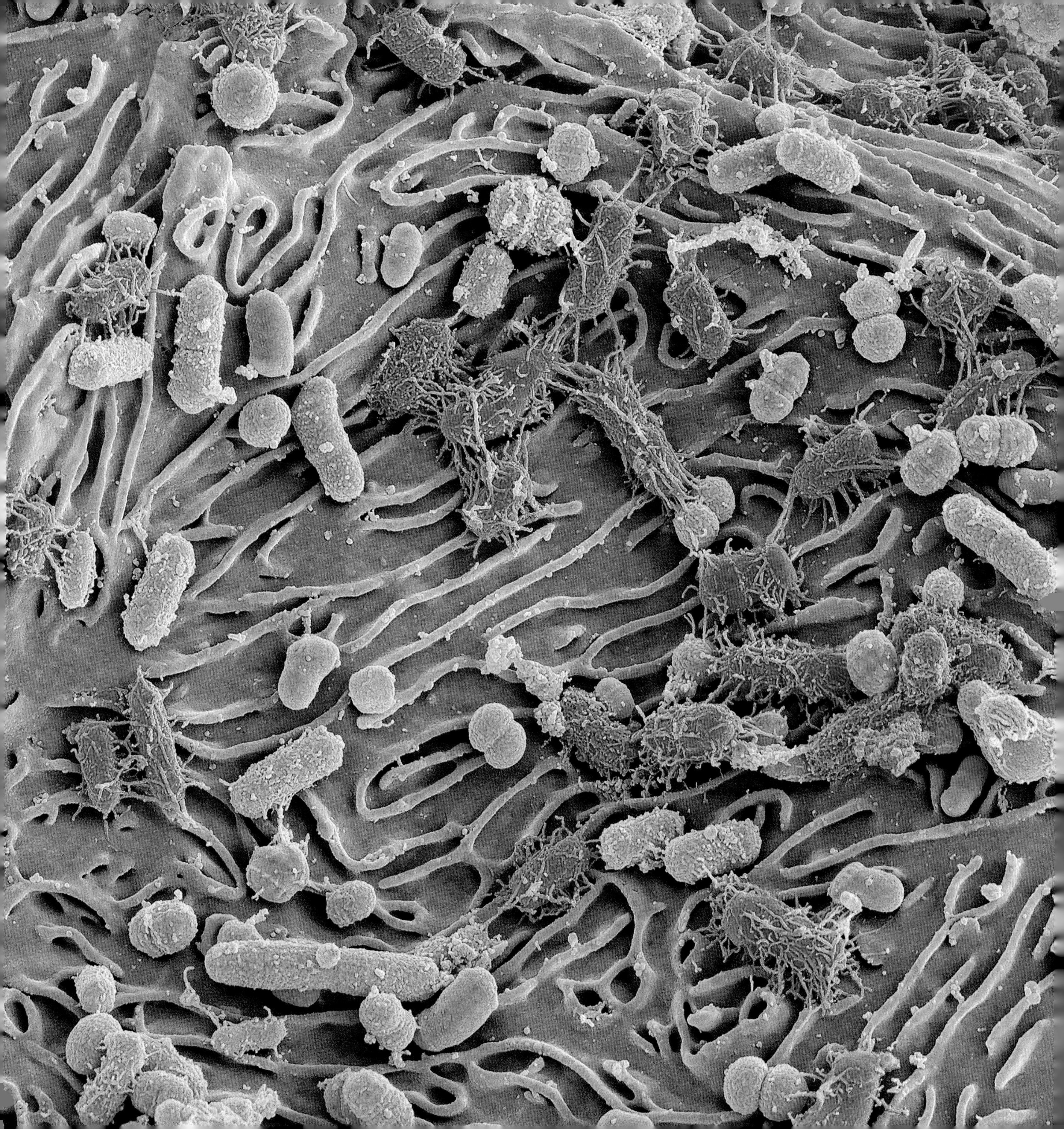

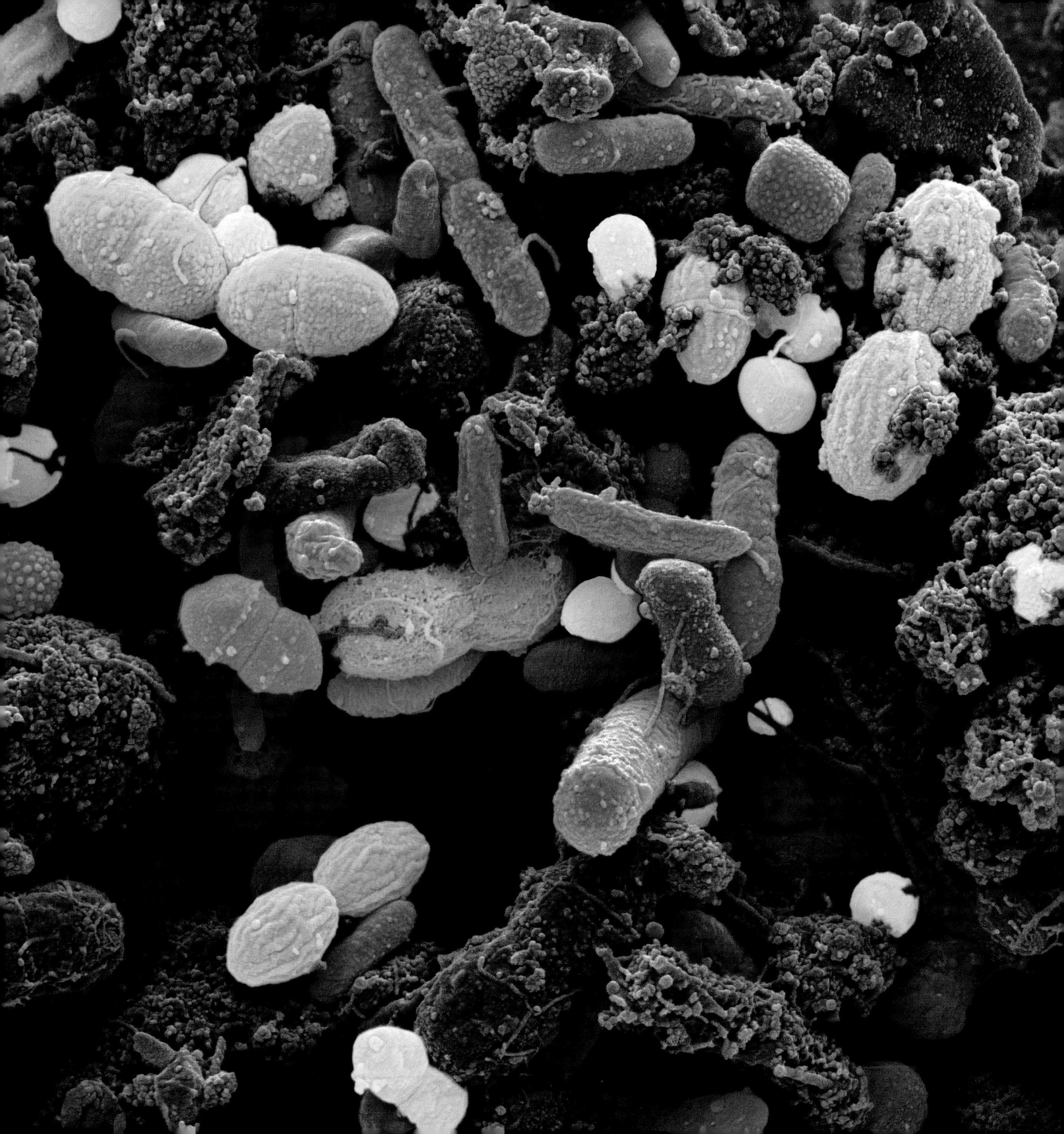

왼쪽: 배설물에서 분리한 박테리아Faecal bacteria (주사전자현미경 사진)
인간의 배설물은 최소 반 이상이 박테리아로 이루어져 있다. 장human gut은 영양분의 소화를 거드는 소위 '유익한' 박테리아의 도움을 받는다. 하지만 살모넬라salmonella와 대장균E. coli과 같은 박테리아가 상한 음식물을 통해 장에 침투하면 심각한 병을 유발할 수 있다. 유익한 박테리아와 유해한 박테리아가 변으로 배설되기 때문에 배변 후의 위생처리는 질병의 확산을 막는 중요한 요소이다.
(배율: 10cm 너비에서 8,000배)

오른쪽: 박테리아bacteria와 효모yeast (주사전자현미경 사진)
박테리아와 곰팡이는 곰팡이-박테리아 내 공생(세포 내 공생설)fungal-bacterial endosymbiosis이라는 상호 간 유익한 관계를 맺어 가면서 자연 속에서 공존한다. 사진에서 분홍색 막대 모양이 박테리아이고, 더 짧은 빨간 막대 모양이 곰팡이 형태의 효모이다. 이러한 공생조직을 잘 활용하는 사람 중에는 음식을 개발하는 사람들도 있으며, 의학 연구원들도 이 분야에 관심이 있다. 예를 들어, 박테리아(대장균E. coli과 세라티아 마르세센스Serratia marcescens)와 곰팡이(칸디다 트로피칼리스Candida tropicalis)는 크론병을 일으키는 요소와 관련 있는데, 의학 연구원들은 이 상호작용을 이해함으로써 더 나은 치료법을 개발할 수 있다.
(배율: 10cm 길이에서 6,000배)

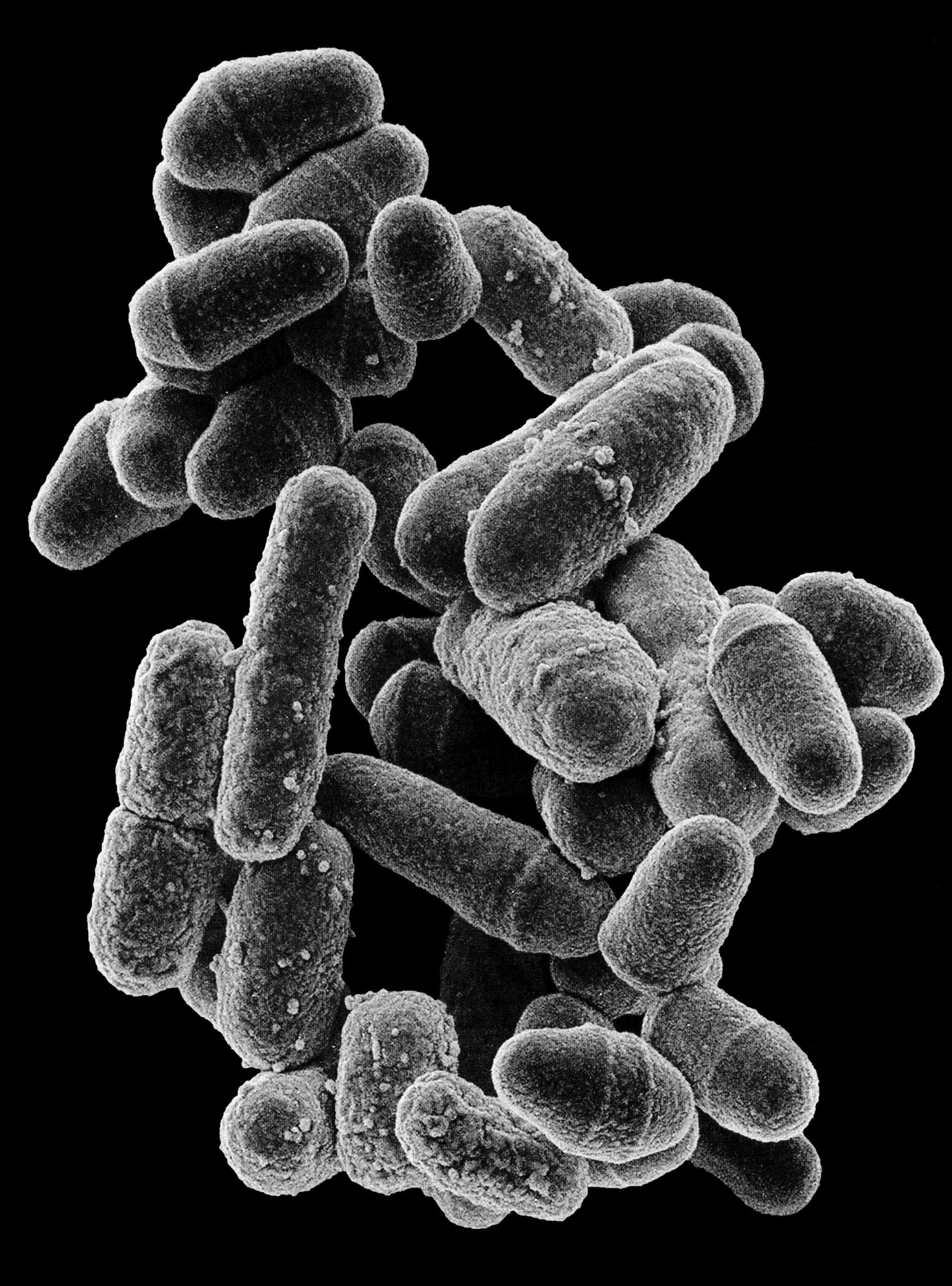

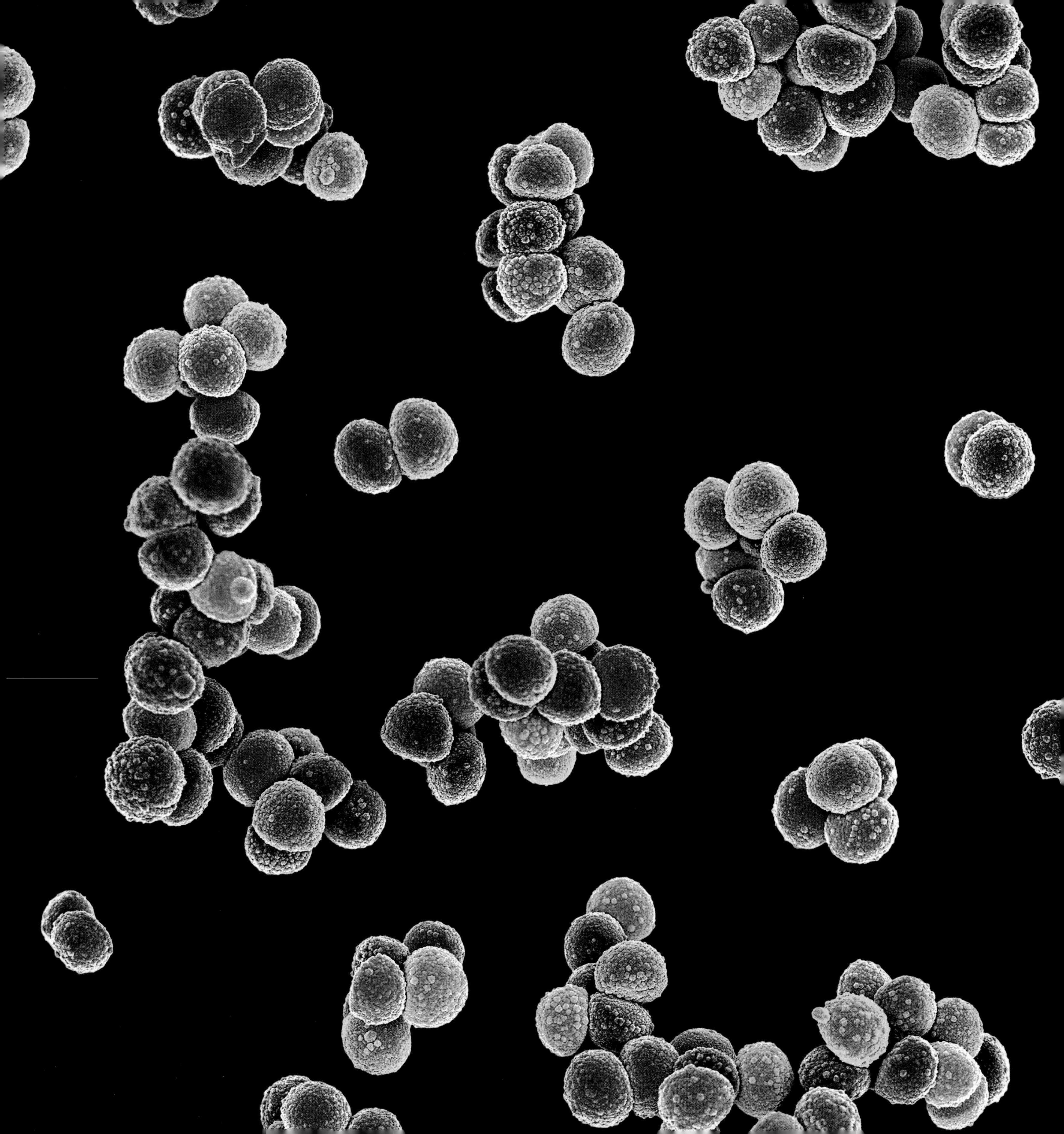

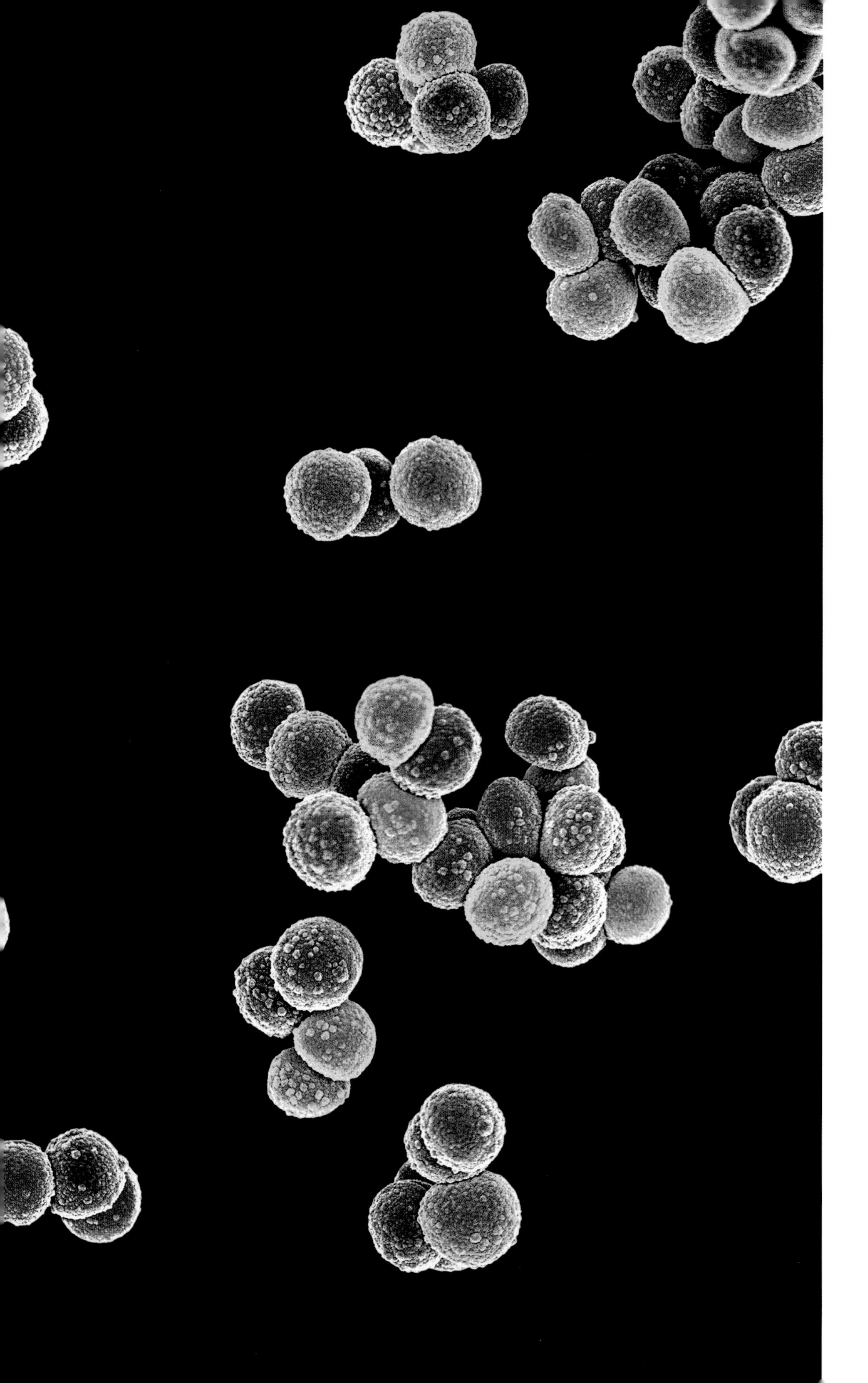

항생제 내성 세균MRSA bacteria (주사전자현미경 사진)
메티실린 내성 황색포도구균Methicillin-resistant Staphylococcus aureus(MRSA)은 병원에서 슈퍼버그superbug(항생제로 쉽게 제거되지 않는 박테리아)로 알려져 있다. 일반적으로 세 사람 중 한 명은 이 박테리아를 지니고 있는데, 다행히 건강한 면역기관 덕분에 아무런 문제가 없다. 하지만 모두가 그렇게 운이 좋은 건 아니다. 특히, 카테터catheter를 이용한 수술이나 외과 수술 후 회복 중인 환자처럼 면역력이 떨어진 사람들은 이 박테리아에 감염될 위험이 크다. 첫 번째 감염 증상은 피부에 올라오는 종기이고, 다른 장기로 퍼질 수 있다. 메티실린 내성 황색포도구균은 항생제 내성이 매우 강하다.
(배율: 알 수 없음)

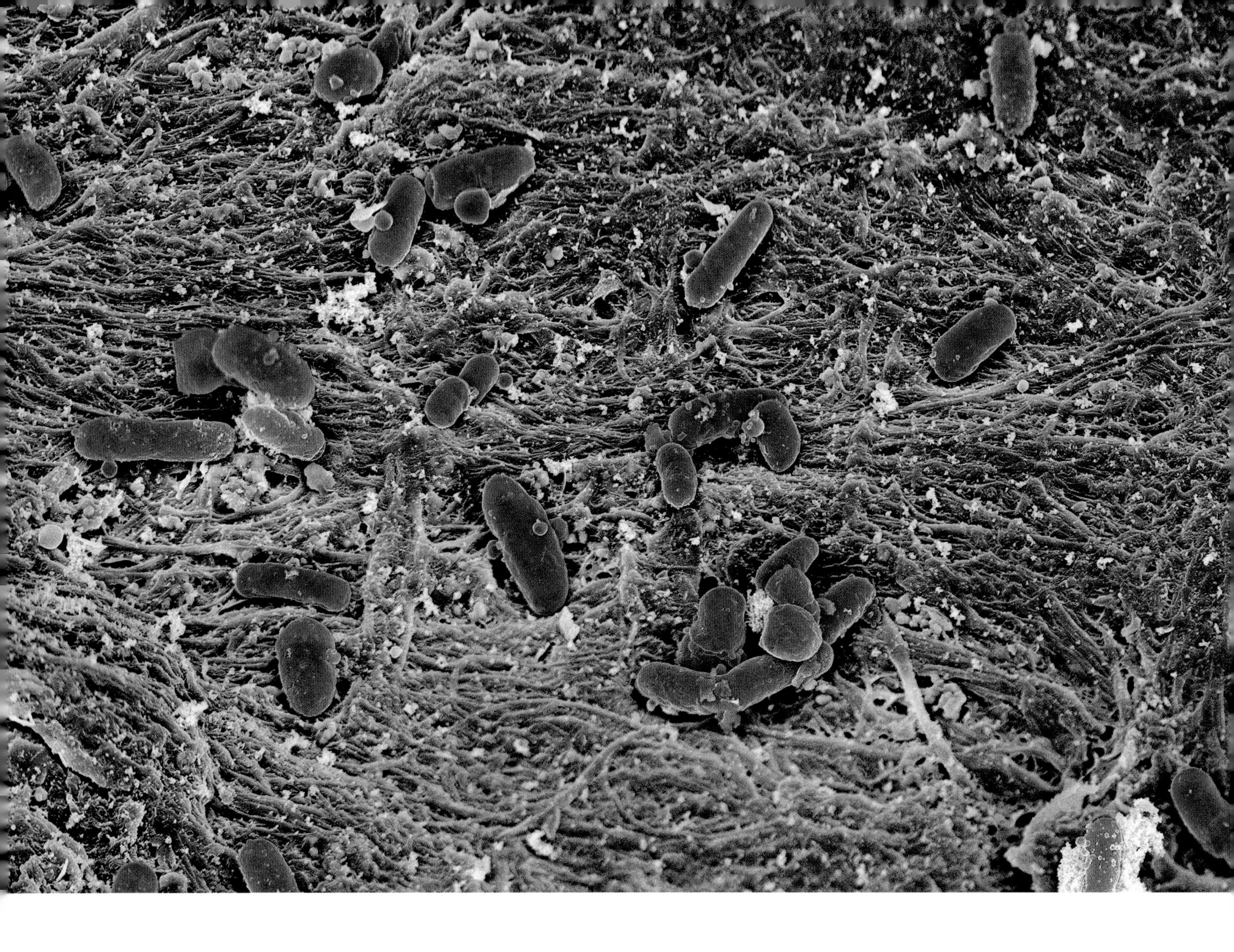

달러 지폐에 있는 대장균E. coli bacteria
인공적으로 색을 입힌 이 사진의 배경은 달러 지폐의 초록색 섬유질fibre이며, 그 위에 있는 보라색 막대 모양이 대장균Escherichia coli이다. 이들은 대장균의 균주strain로, 대부분은 해를 끼치지 않으면서 비타민 K2를 생성하고 다른 유해한 박테리아를 막아 주면서 우리 장 속에서 살아가는 것들이다. 그러나 몇몇은 상한 음식을 통해 우리 몸속으로 들어와서 설사, 열, 요로 감염증 등 심각한 증상을 유발하기도 한다. 치료는 충분한 수분 공급과 항생제 복용을 통해 이루어진다.
(배율: 알 수 없음)

전정부 선와antral crypt**의 헬리코박터 파일로리**Helicobacter pylori
헬리코박터 파일로리균은 세 사람 중 두 명이 보유하고 있지만, 그 자체로 나쁜 일이 일어나지는 않는다. 하지만 이들이 위를 둘러싸고 있는 내산성 점액을 공격하면 위궤양stomach ulcers을 일으킨다. 위궤양은 보통 성인들에게 나타나지만, 그 박테리아는 대개 어린 시절 더러운 물을 통해 들어온 것이다. 사진에서는 위 내막 안에 있는 주름에 위치한 작고 검은 점 모양의 박테리아를 확인할 수 있다.
(배율: 알 수 없음)

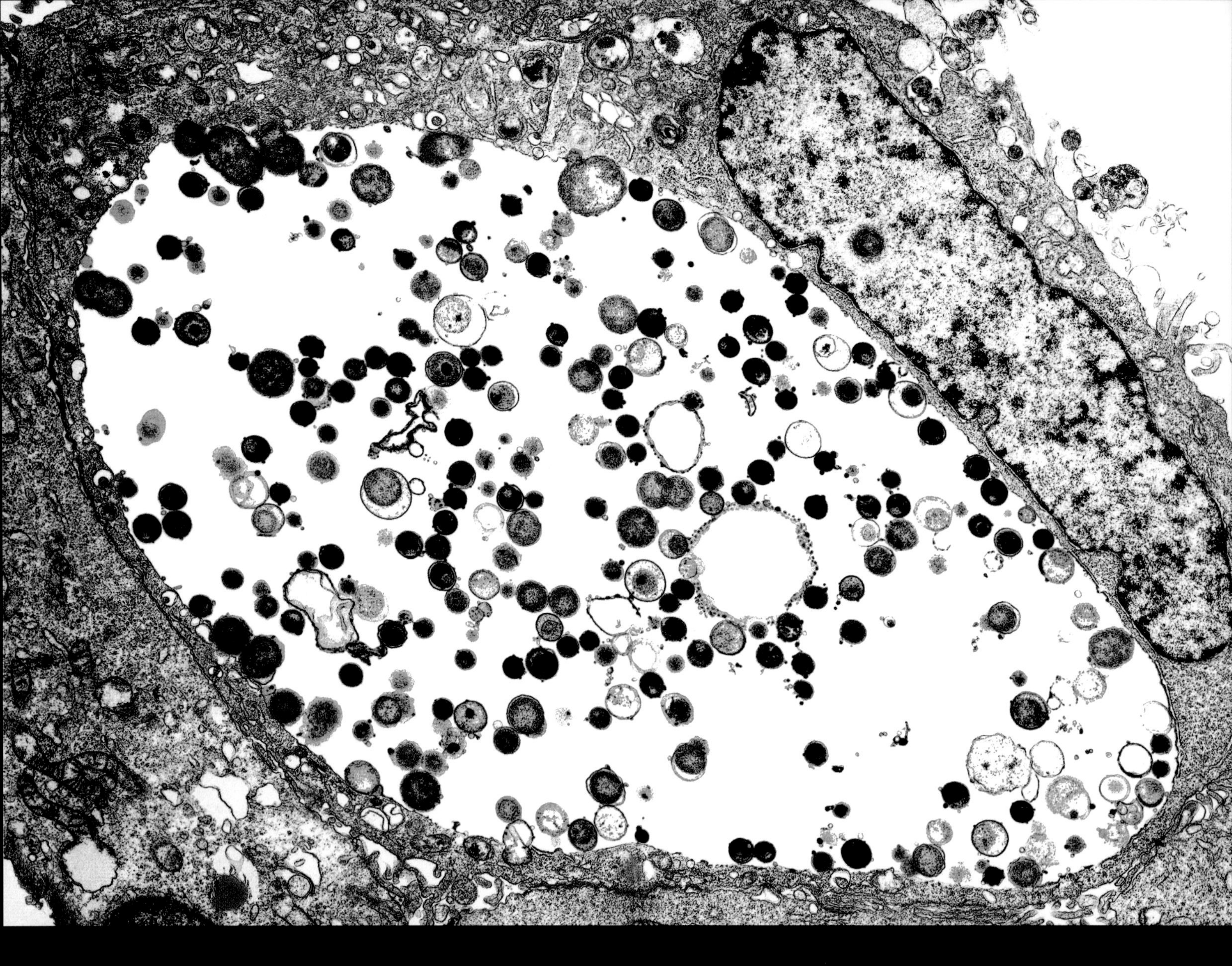

위쪽: 클라미디아 트라코마티스 박테리아 Chlamydia trachomatis bacteria **(투과전자현미경 사진)**

파란색 구는 감염된 세포(빨간색) 안에 있는 클라미디아 박테리아이다. 이 박테리아는 영양을 얻기 위해 세포의 아미노산을 이용한다. 클라미디아는 성적 접촉으로 전달되는 박테리아로, 생식기genitals, 눈eyes, 림프절lymph nodes에 질병을 일으킨다. 이 병은 항생제로 쉽게 치료할 수 있지만, 치료하지 않는다면 시력을 잃을 수 있다. 남성보다 여성에게서 3배 이상 많이 발생하므로 25세 이하 여성은 정기 검사를 받는 것을 추천한다.

(배율: 10cm 너비에서 2,000배)

오른쪽: 임질 박테리아 Gonorrhoea bacteria **(주사전자현미경 사진)**

사진은 인간 피부세포(초록색)에 있는 임질 박테리아(빨간색)이다. 임질은 성적 접촉으로 전염되는 질병으로, 생식기 통증genital pain과 분비물 배출discharge 등 클라미디아chlamydia 감염증과 유사한 증상이 나타난다. 임질은 사창가에서 발견되었기 때문에 사창가를 의미하는 프랑스의 속어 'le clapier'에서 딴 클랩clap이라고도 부른다. 임질에 걸렸는지 모를 경우, 이 병균은 신체 전반으로 퍼질 수 있고, 관절inflame joints과 심장 판막heart valves을 상하게 할 수 있다.

(배율: 알 수 없음)

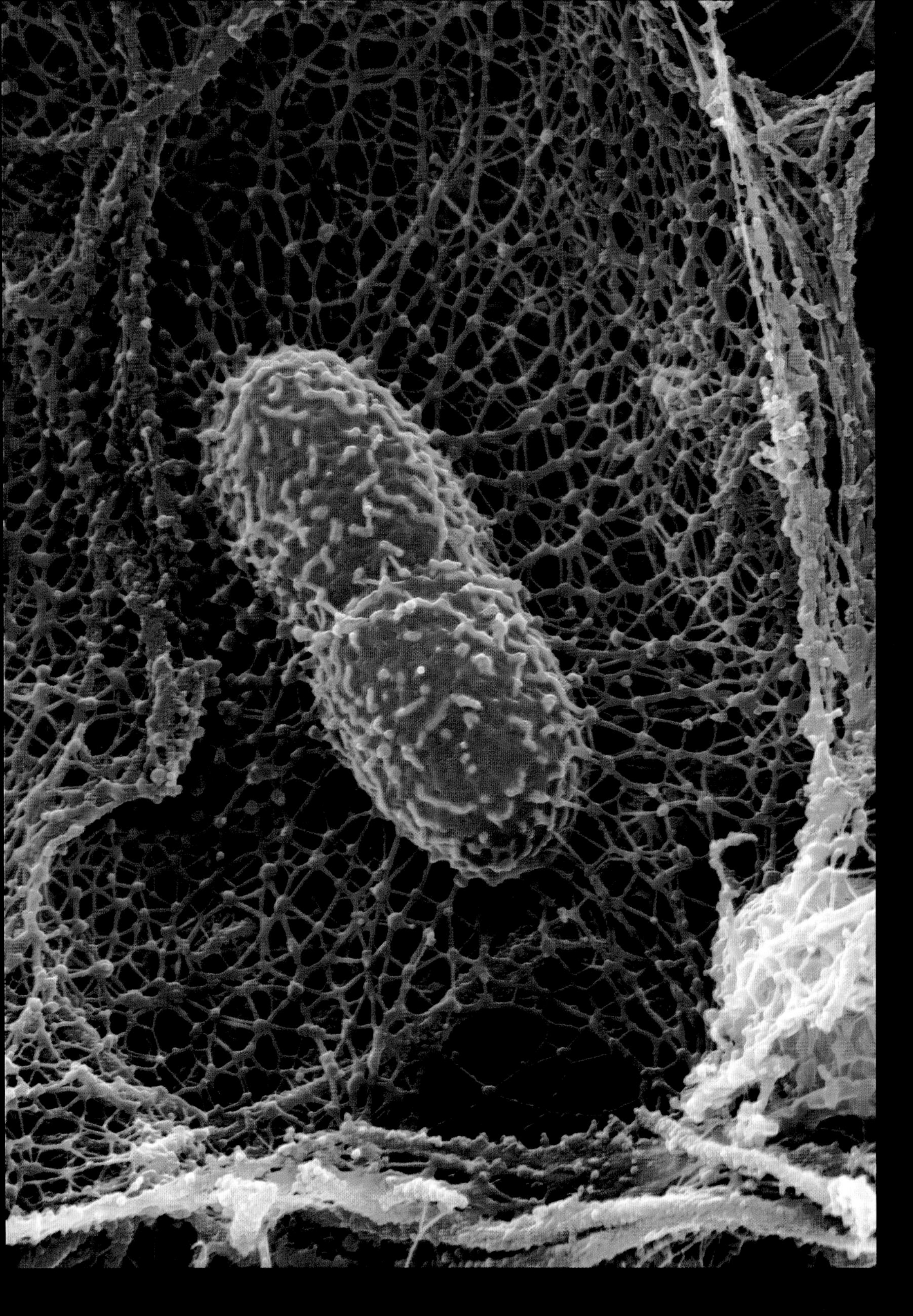

왼쪽: 폐렴간균 박테리아Klebsiella pneumoniae bacterium (주사전자현미경 사진)
폐렴간균 박테리아는 면역기관이 약해진 환자를 공격하여 폐렴pneumonia을 일으킬 수 있다. 하지만 이 사진에서는 박테리아에 적극적으로 대항하는 몸의 방어작용을 볼 수 있다. 사진은 쥐의 몸 안에서 박테리아(분홍색)가 폐조직lung tissue을 공격하고 있는 모습이다. 면역기관에서 가장 많은 세포인 호중구neutrophils는 복잡한 DNA, RNA, 그리고 단백질로 만든 복잡한 거미줄(녹색)로 외부 침입자를 잡아들여 파괴한다.
(배율: 알 수 없음)

오른쪽: 표피포도상구균Staphylococcus epidermidis bacteria (주사전자현미경 사진)
이것은 40종의 포도상구균Staphylococcus bacteria 중 하나이다. 포도상구균은 이름 그대로 '표면(표피)'에 있는 '포도 다발'을 의미한다. 자매 박테리아인 MRSA와 마찬가지로 표피포도상구균은 피부에 흔히 발생하지만 해가 없다. 하지만 면역력이 떨어졌거나 상처를 입은 부위, 또는 카테터catheter와 같은 의료용 기기를 몸에 심은 사람들은 표피포도상구균에 취약하다. 한편, 이 박테리아는 플라스틱에 결합하는 바이오 필름을 만들 수 있는 기능이 있고, 다른 박테리아들과 결합할 수 있는 놀라운 능력을 갖추고 있다.
(배율: 6cm 너비에서 5,800배)

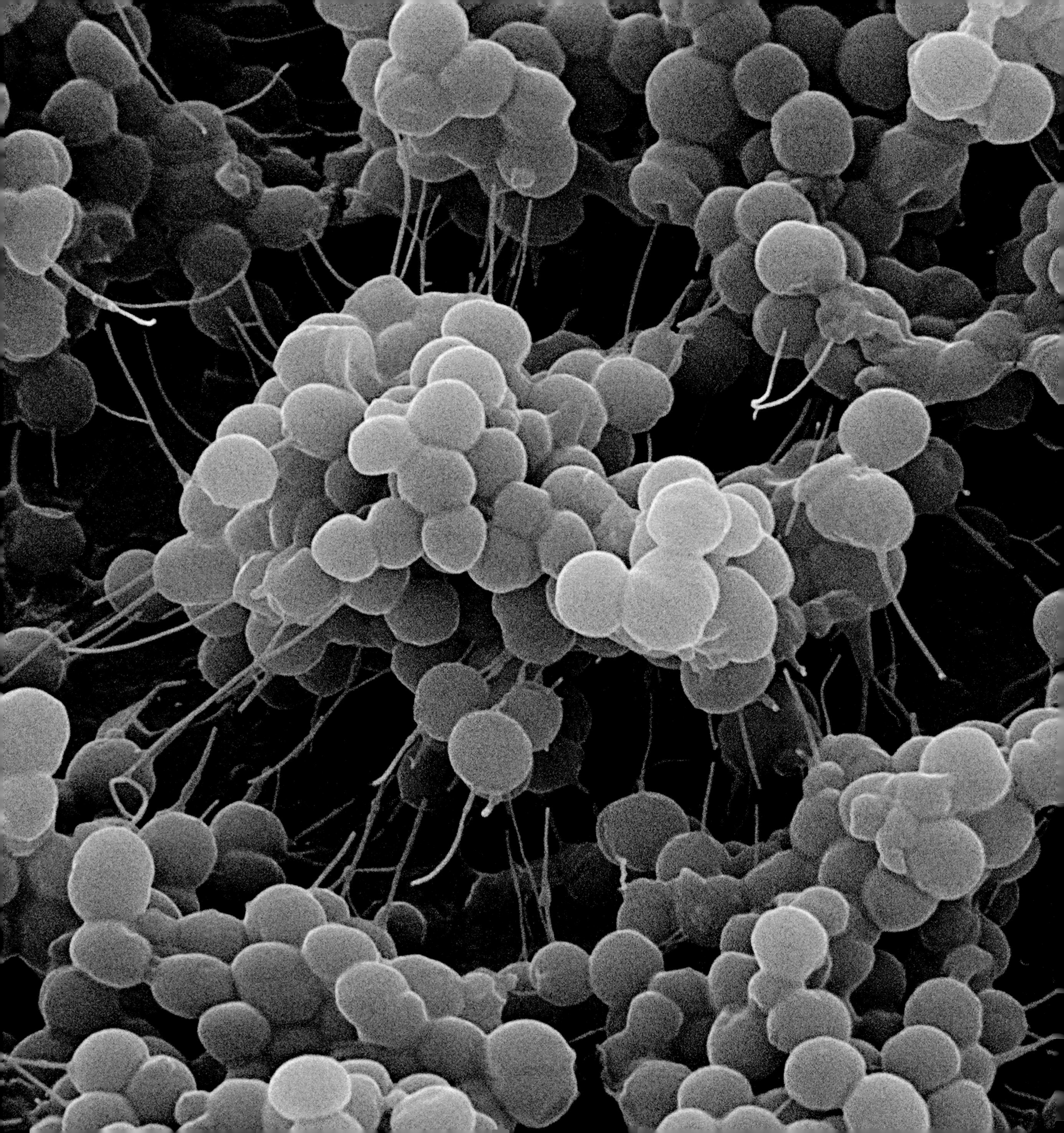

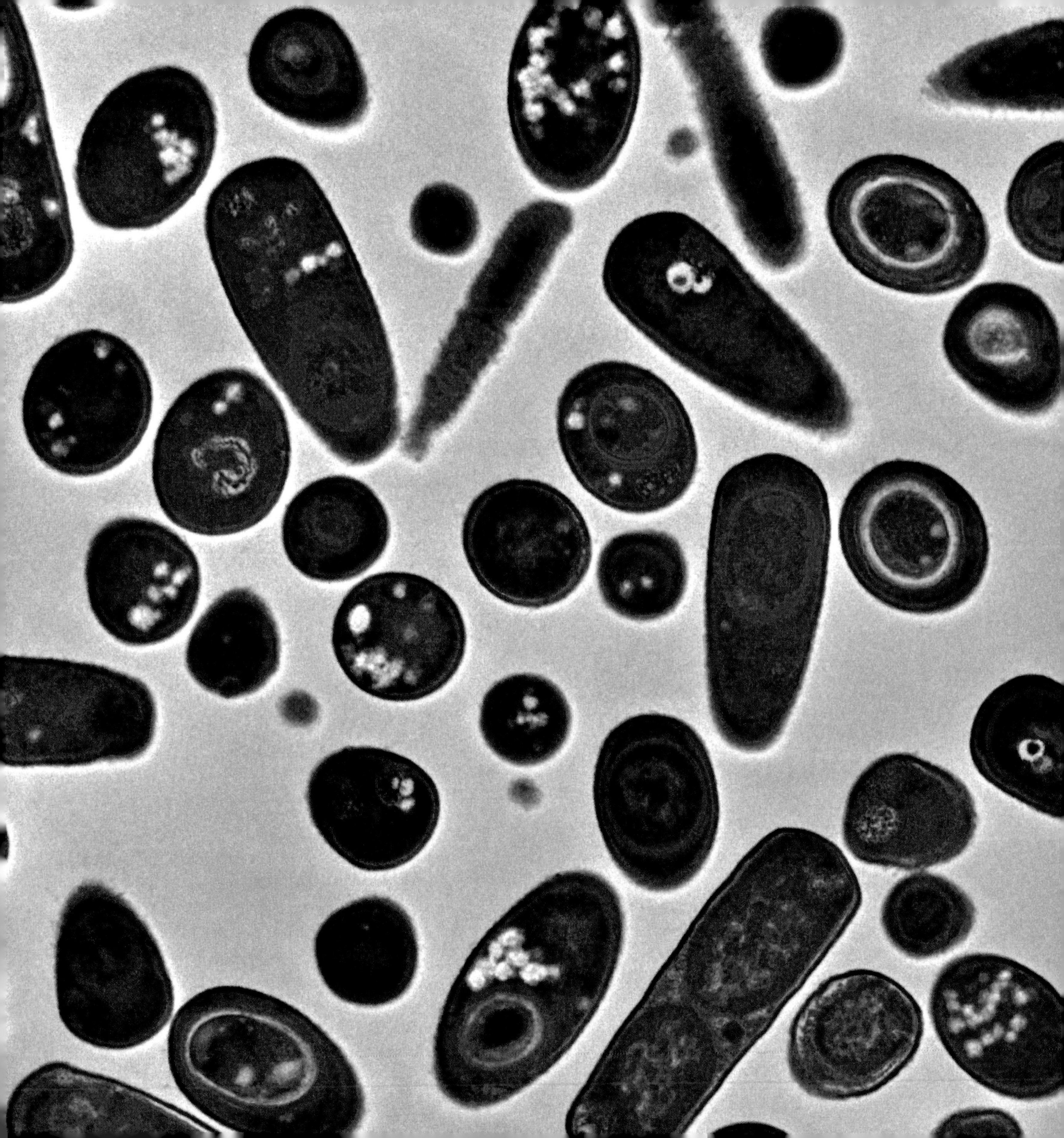

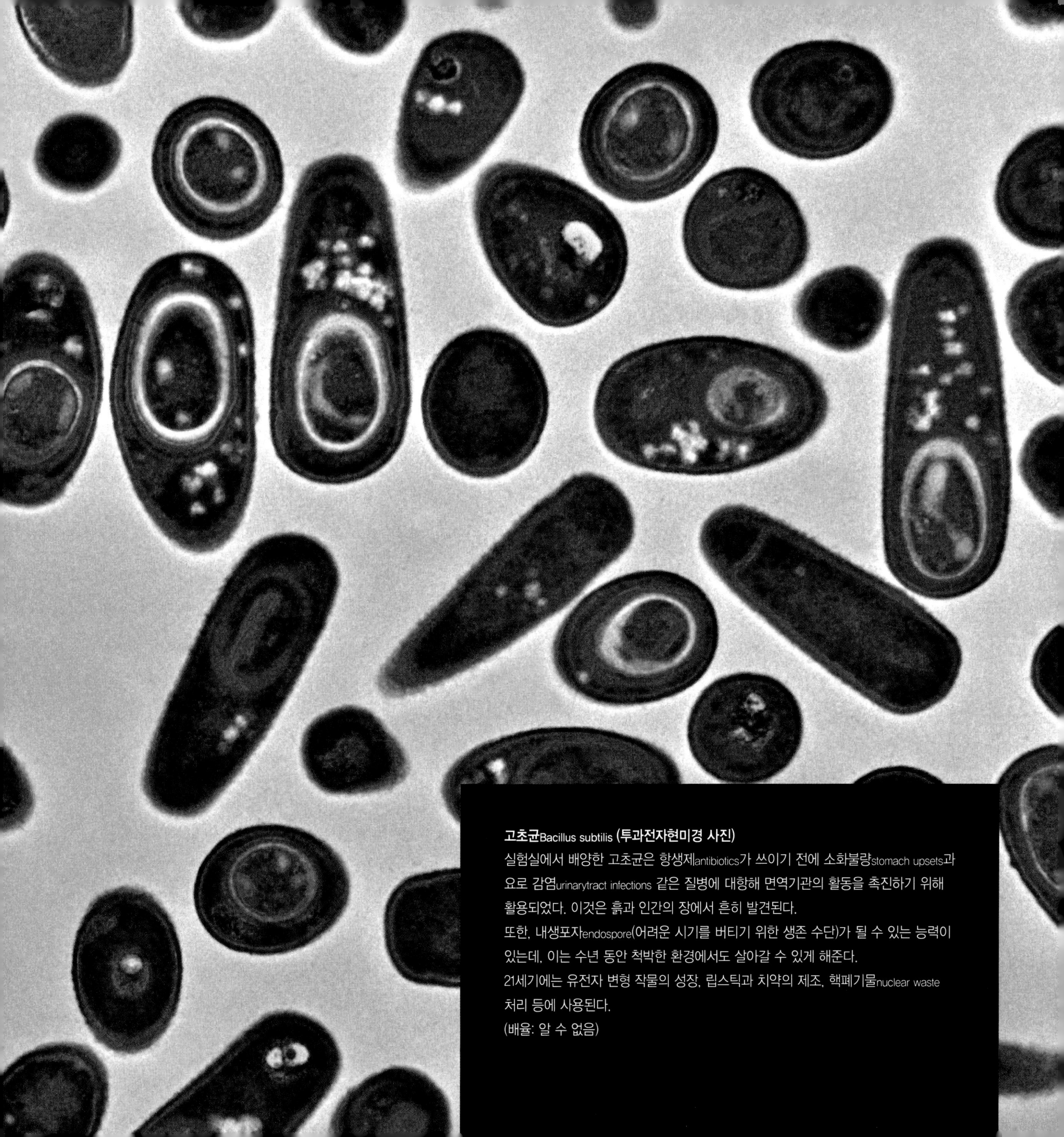

고초균Bacillus subtilis **(투과전자현미경 사진)**
실험실에서 배양한 고초균은 항생제antibiotics가 쓰이기 전에 소화불량stomach upsets과 요로 감염urinarytract infections 같은 질병에 대항해 면역기관의 활동을 촉진하기 위해 활용되었다. 이것은 흙과 인간의 장에서 흔히 발견된다.
또한, 내생포자endospore(어려운 시기를 버티기 위한 생존 수단)가 될 수 있는 능력이 있는데, 이는 수년 동안 척박한 환경에서도 살아갈 수 있게 해준다.
21세기에는 유전자 변형 작물의 성장, 립스틱과 치약의 제조, 핵폐기물nuclear waste 처리 등에 사용된다.
(배율: 알 수 없음)

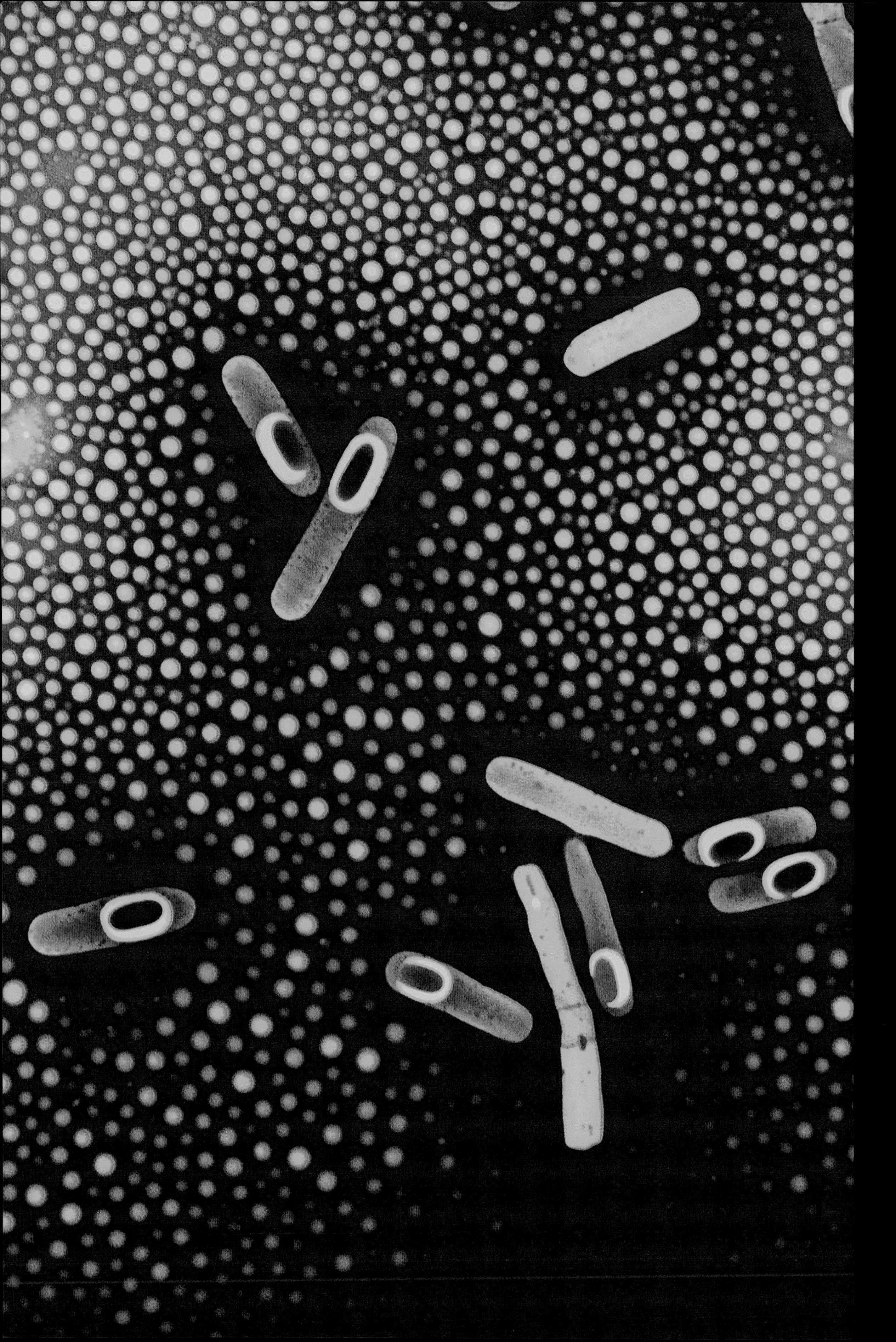

왼쪽과 오른쪽: 클로스트리듐 디피실리균 박테리아 Clostridium difficile bacteria **(투과전자현미경 사진)**
건강한 장에는 클로스트리듐 디피실리균(여기서 두 가지 이미지로 보이는)뿐 아니라 다른 많은 박테리아 개체군이 균형 있게 포함되어 있다. 그런데 (감염과 상관없이 처방된) 항생제antibiotics가 다른 박테리아들을 죽이게 되면, 항생제에 내성이 있는 클로스트리듐 디피실리균이 우위를 점하게 되어 박테리아 간의 균형이 깨지게 된다. 그 결과, 결장colon에 감염이 생겨 심한 설사가 일어나 치명적인 상태에 이르게 될 수도 있다. 왼쪽 사진의 박테리아 내부 어두운 보라색 점은 포자spore인데, 이것은 깨끗하지 않은 표피에서 몇 주간 생존할 수 있다.
(왼쪽 배율: 10cm 길이에서 2,500배, 오른쪽 배율: 10cm 길이에서 32,000배)

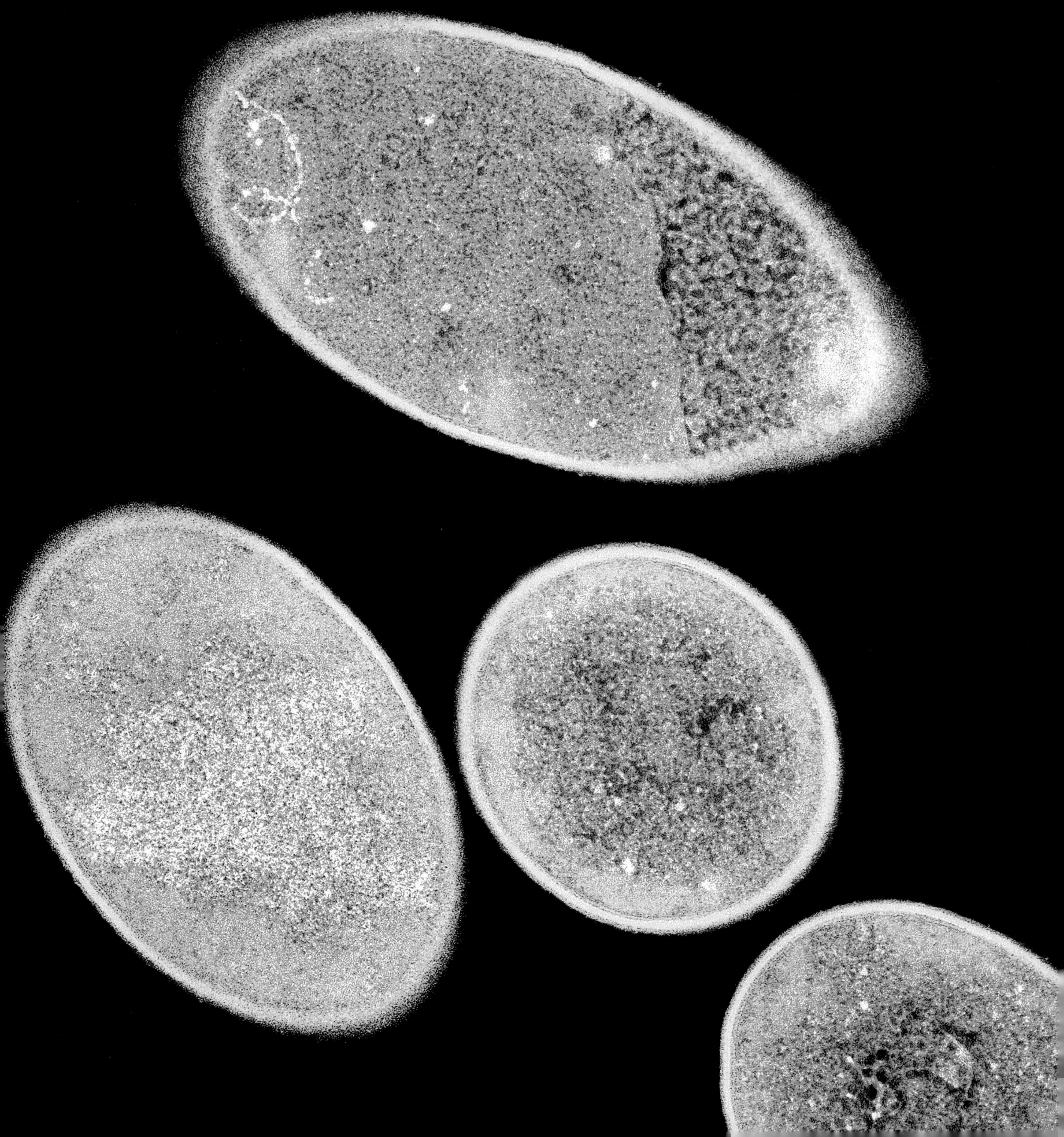

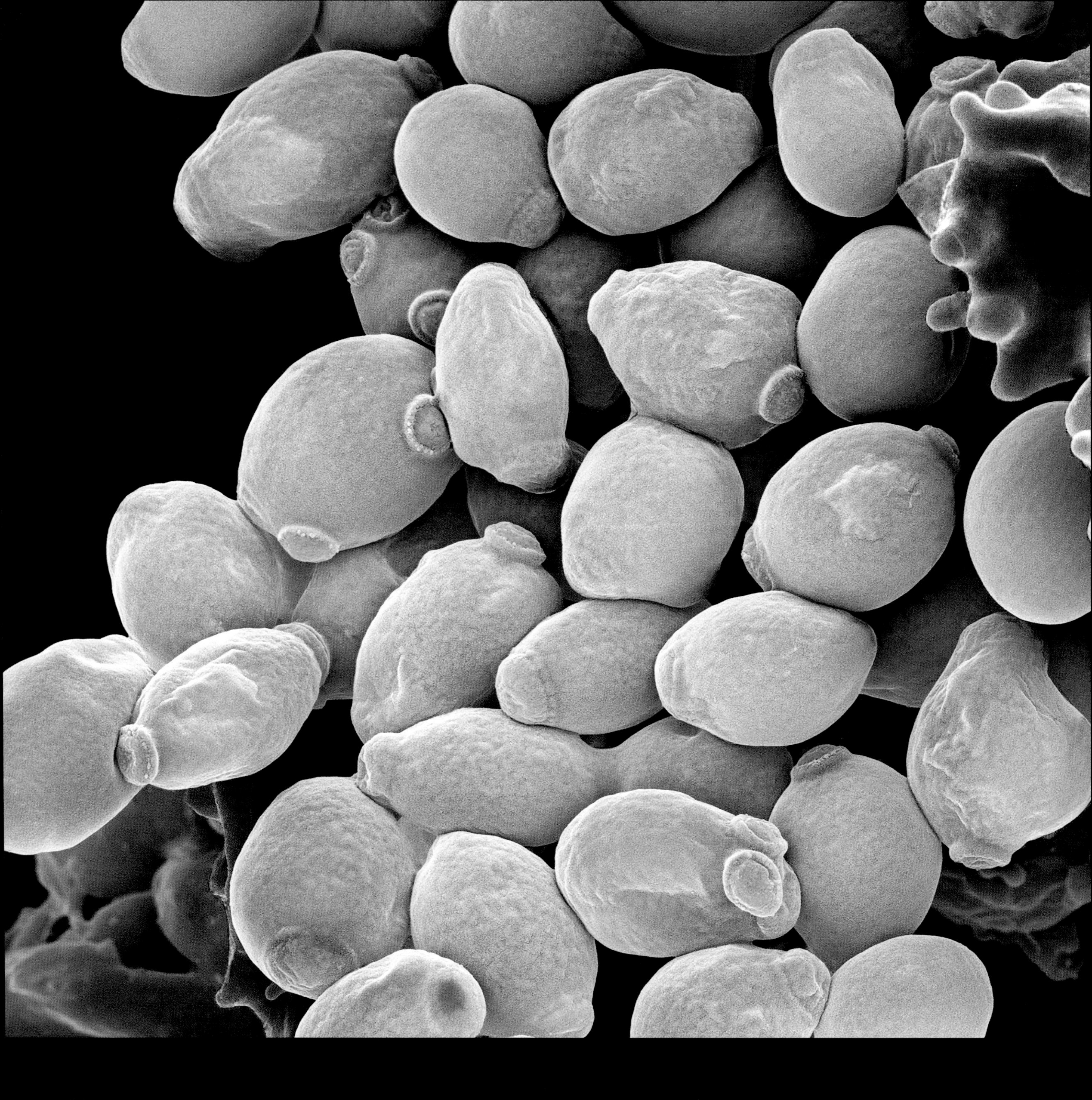

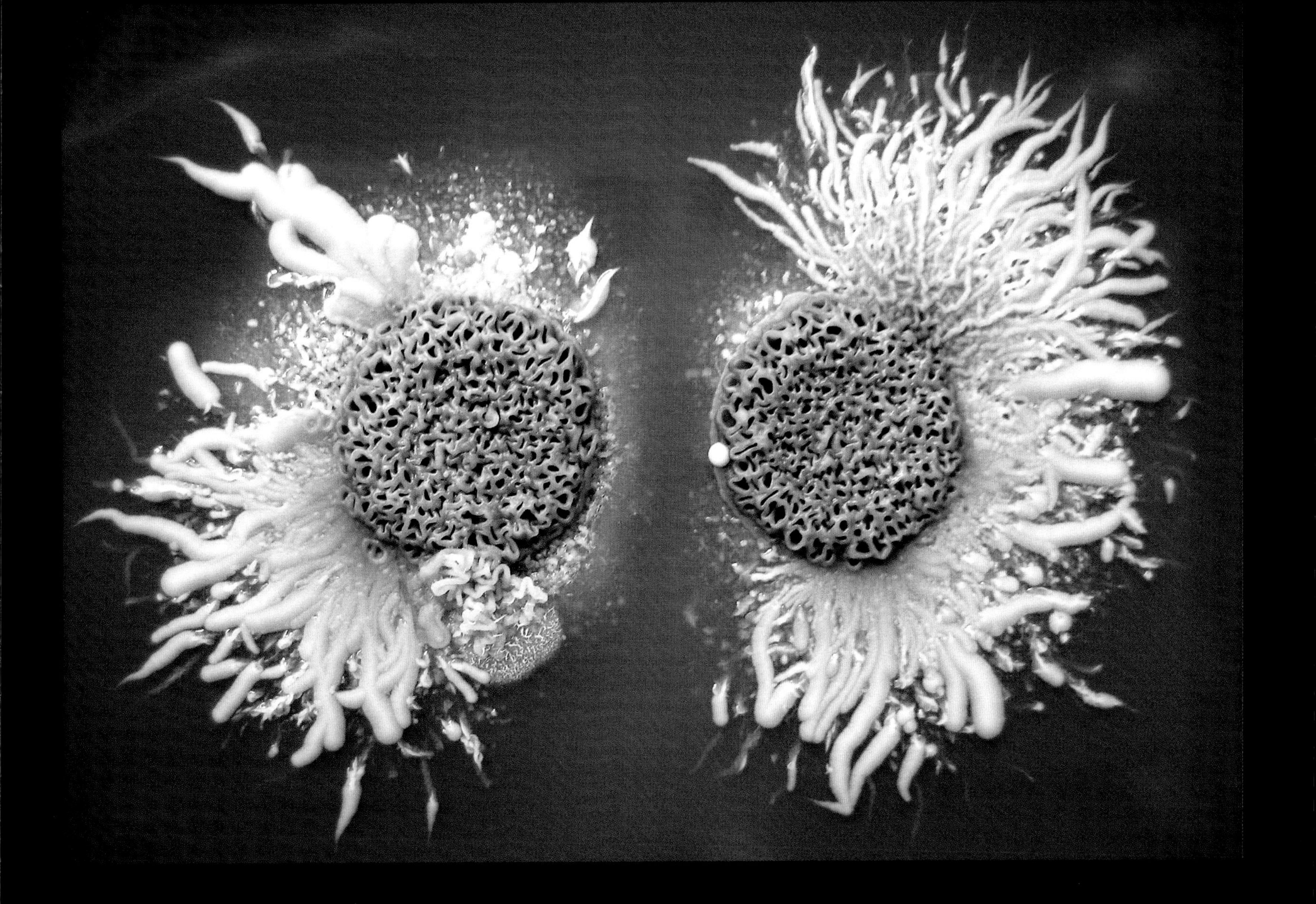

왼쪽: 칸디다 알비칸스 효모세포 Candida albicans yeast cells **(주사전자현미경 사진)**

칸디다 알비칸스는 많은 사람에게서 발견되는 효모균yeast fungus으로, 딱히 부작용이 발생하지 않는다. 그렇지만 때때로 항생제antibiotics를 복용 중이거나 면역기관이 약해진 경우에는 이 곰팡이의 성장이 촉진되어 구강 칸디다증(아구창)oral thrush, 질 칸디다증vaginal thrush, 기저귀 발진nappy rash 등이 일어날 수 있다. 한편, 이 균이 과도하게 성장하면 칸디다 알비칸스Candida albicans의 변형이 일어나 그 결과로 단일 세포 곰팡이는 보통 다세포가 되고, 항진균제와 항생제 치료에 내성을 갖게 된다. 사진은 요로urinary tract 감염에 걸린 사람의 소변 표본에 있는 칸디다 알비칸스의 모습이다.

(배율: 10cm 너비에서 4,000배)

위쪽: 칸디다 알비칸스 곰팡이 Candida albicans fungus **(접사 촬영)**

사진은 실험실에서 배양한 2종의 칸디다 알비칸스의 콜로니(군체)이다. 이들은 보통 탁한 녹색을 띠는 조류algae에서 분리한 한천agar에서 성장한다. 칸디다 알비칸스는 주변 환경의 pH 수치를 높이는 데 효과적으로, 산성이 줄어들고 알칼리성이 늘어나게 만든다. 이 과정에서 한천은 파란색으로 변한다. 또한, 콜로니의 하얀색 부분은 영양분을 얻기 위해 한천과 접촉해 있지만, 그 주변에 있는 콜로니 방향으로는 나지 않는 모습을 확인할 수 있다.

(배율: 알 수 없음)

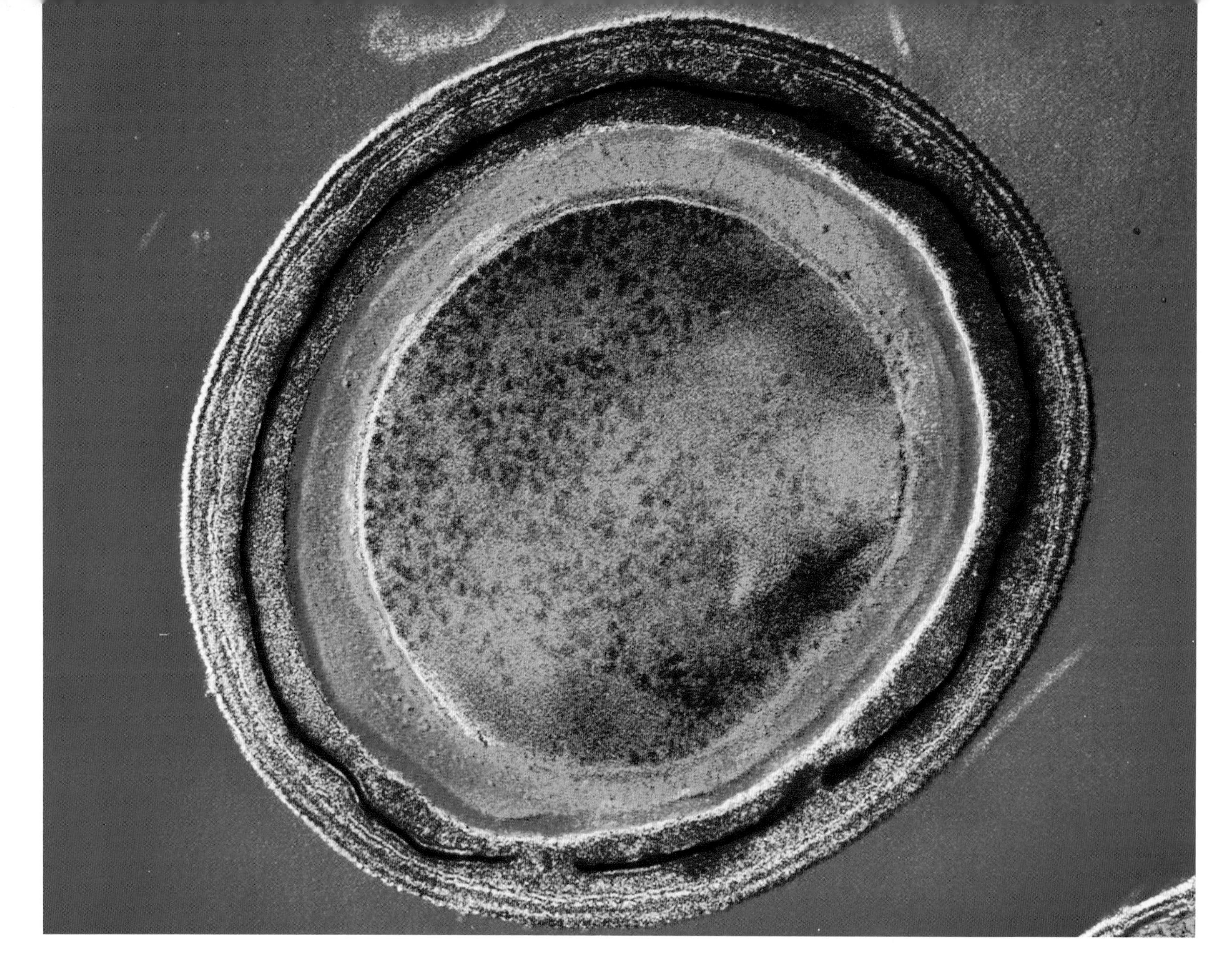

위쪽: 파상풍균 박테리아 포자Clostridium tetani bacterial spore (투과전자현미경 사진)
많은 박테리아는 포자 상태spore state로 진입할 수 있다. 이는 발아germination를 위해 더 좋은 환경이 될 때까지 자신을 보호하며 겨울잠에 드는 상태이다. 사진에서는 파상풍균 박테리아Clostridium tetani bacterium(오렌지색과 초록색)의 포자가 겹겹의 막membrane(보라색)으로 코팅되어 있다. 파상풍균은 주로 토양soil과 창자intestine에 존재한다. 상처로 침입하기 전까지는 해가 없지만, 상처에 침입하게 되면 입벌림장애lockjaw로 알려진 파상풍tetanus을 일으키며 때로는 근육경련이 일어나는 등 치명적인 상태에 이르게 된다. 파상풍은 백신 접종으로 예방할 수 있다.
(배율: 10cm 너비에서 12,150배)

오른쪽: 백일해균 박테리아Bordetella pertussis bacteria (투과전자현미경 사진)
이 현미경 사진은 백일해whooping cough를 유발하는 박테리아의 횡단면이다. 가운데 노란색 물질은 세포벽으로 둘러싸인 박테리아의 DNA이다. 백일해 기침이라는 이름은 기침 끝에 들이마시는 소리(whooping)에서 유래된 것이다. 박테리아는 기도를 감염시키며, 어린 신생아에게 더욱 치명적일 수 있다. 항생제antibiotics는 감염 후에 사용하면 효과가 제한적이지만, 예방 백신은 효과적이다.
(배율: 6cm 너비에서 9,000배)

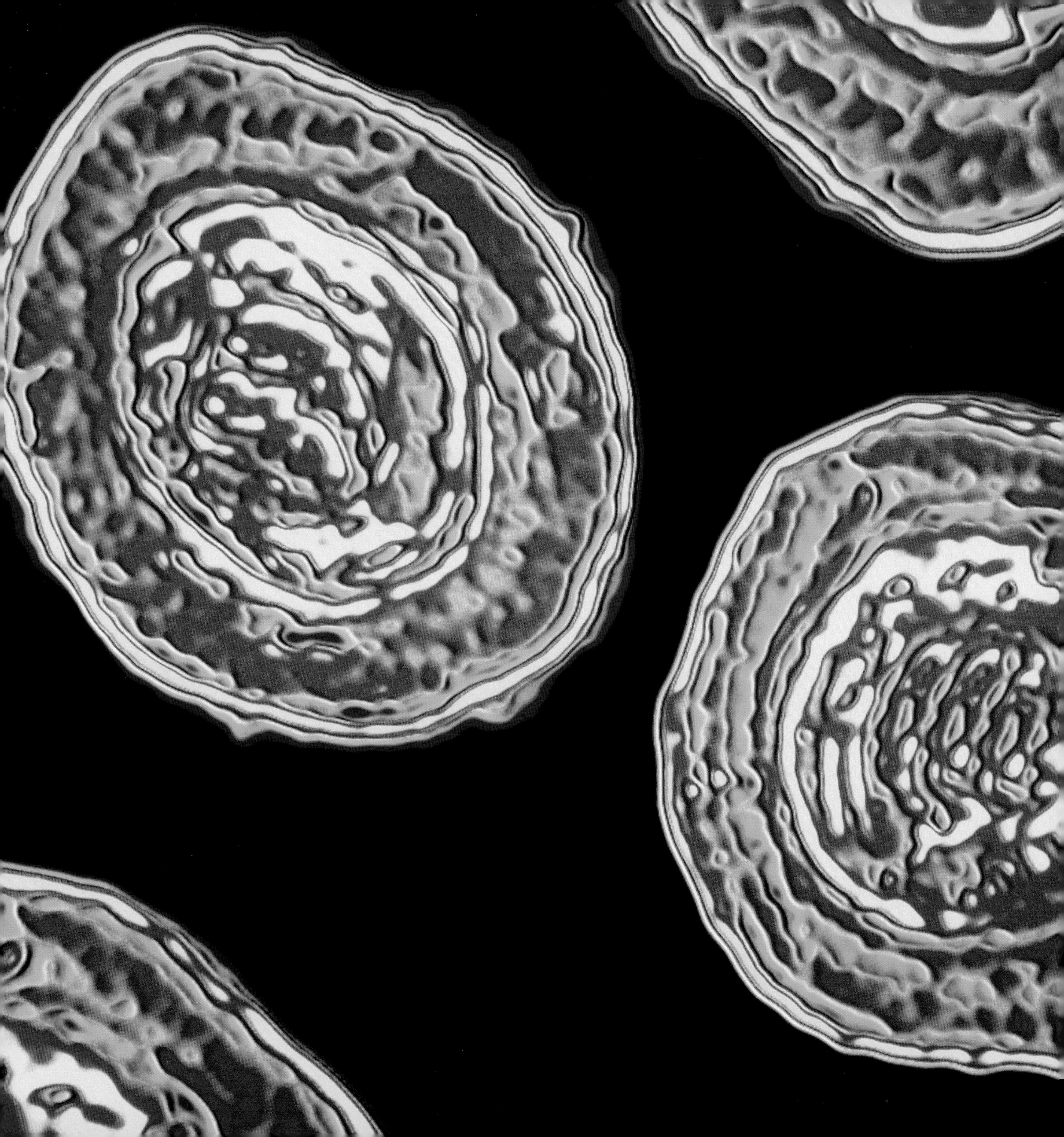

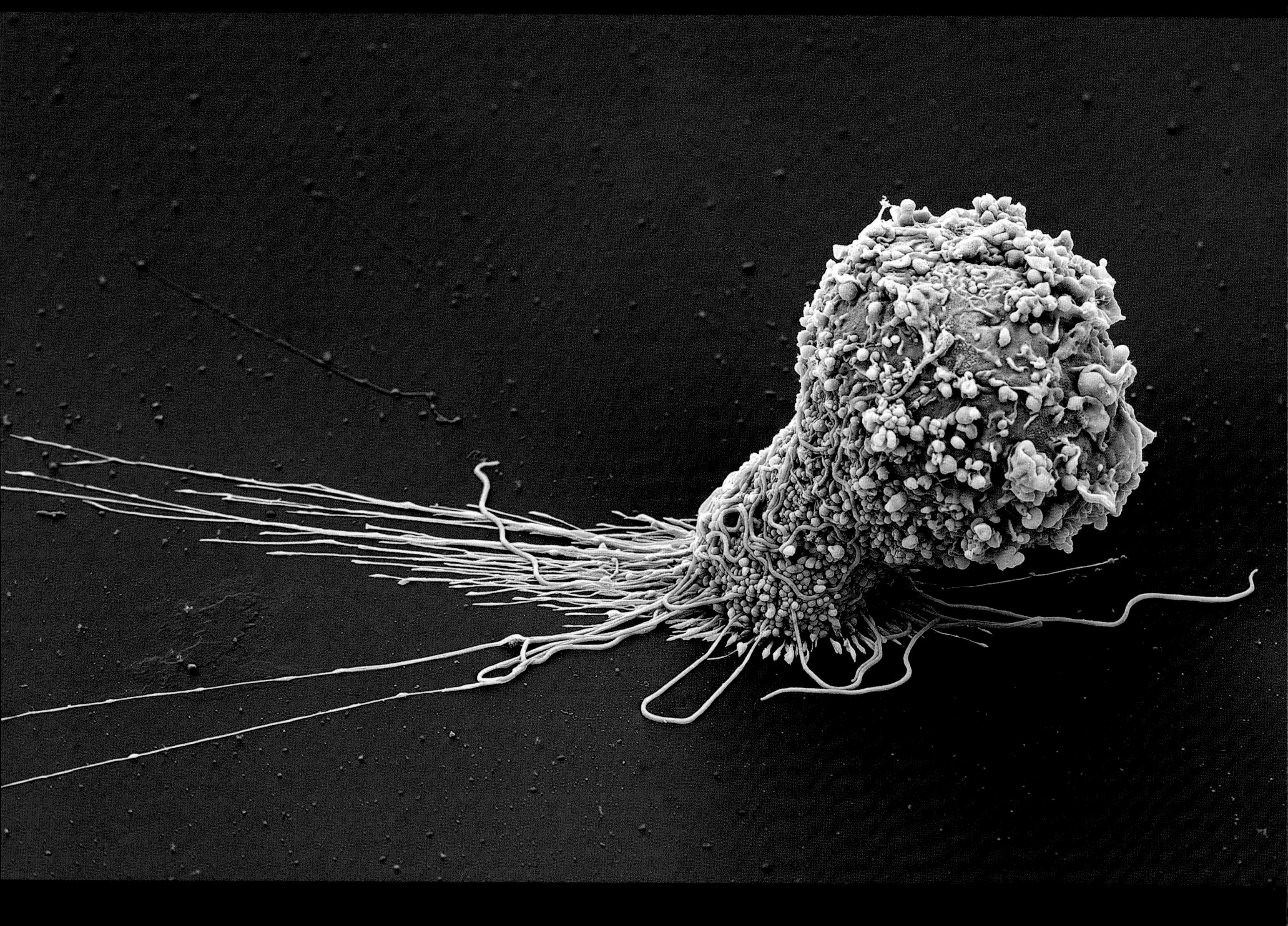

위쪽: 박테리아를 잡아먹는 대식세포macrophage (주사전자현미경 사진)
대식세포는 박테리아에 대항하여 방어 기능을 발휘하는 백혈구white blood cell이다. 이들의 임무는 잠재적으로 해가 되는 박테리아를 혈류bloodstream에서 찾아내 파괴하는 것이다. 이 이미지에서는 대식세포(노란색)가 보렐리아 박테리아Borrelia bacterium(파란색)를 잡아서 감아 버리기 위해 덩굴손을 사용한다. 보렐리아 부르그도르페리Borrelia burgdoferi는 진드기ticks나 이lice에게서 발견되며, 라임병Lyme disease을 유발할 수 있다. 사진에서는 대식세포가 적을 포위해 무력화시키는 모습을 확인할 수 있다.
(배율: 10cm 너비에서 2,080배)

오른쪽: 백혈구white blood cell에게 잡히는 항생제 내성 세균MRSA (주사전자현미경 사진)
사진에서 보이는 울퉁불퉁한 노란색 구는 메티실린내성 황색포도구균methicillin-resistant Staphylococcus aureus(MRSA)이다. 이는 병원에서 수술 후에 회복 중이거나 에이즈에 걸린 환자의 약한 면역체계를 이용해서 활동한다. MRSA는 항생제에 내성이 강하지만 건강한 면역기관을 가진 몸에서는 활동할 수 없다. 사진에서는 식균작용phagocytosis이라 부르는 과정이 일어나 백혈구가 MRSA 박테리아를 잡아먹는 모습을 볼 수 있다. 한편, 백혈구는 인체 면역기관의 최전선에서 활동하는 세포이다.
(배율: 알 수 없음)

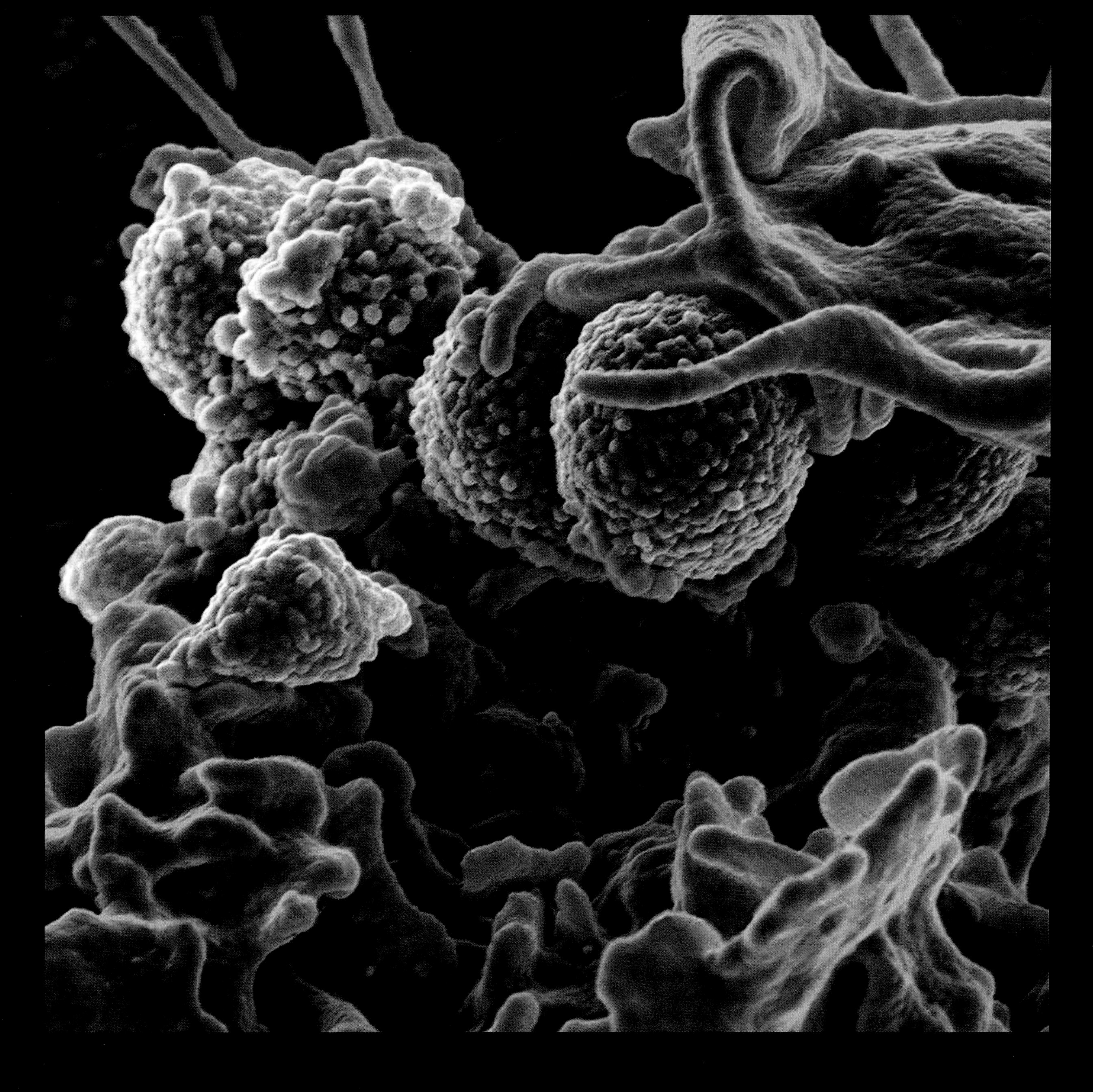

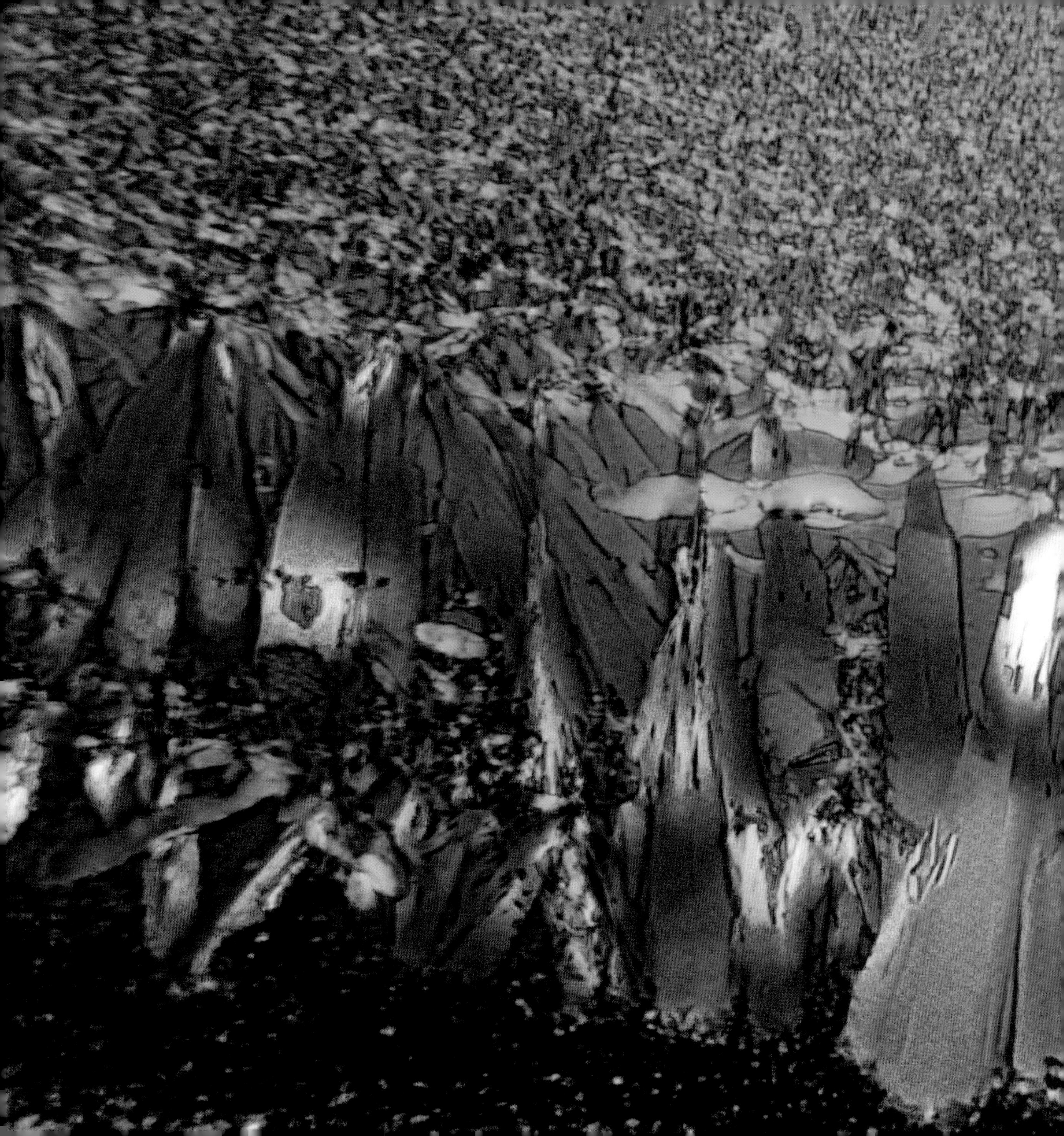

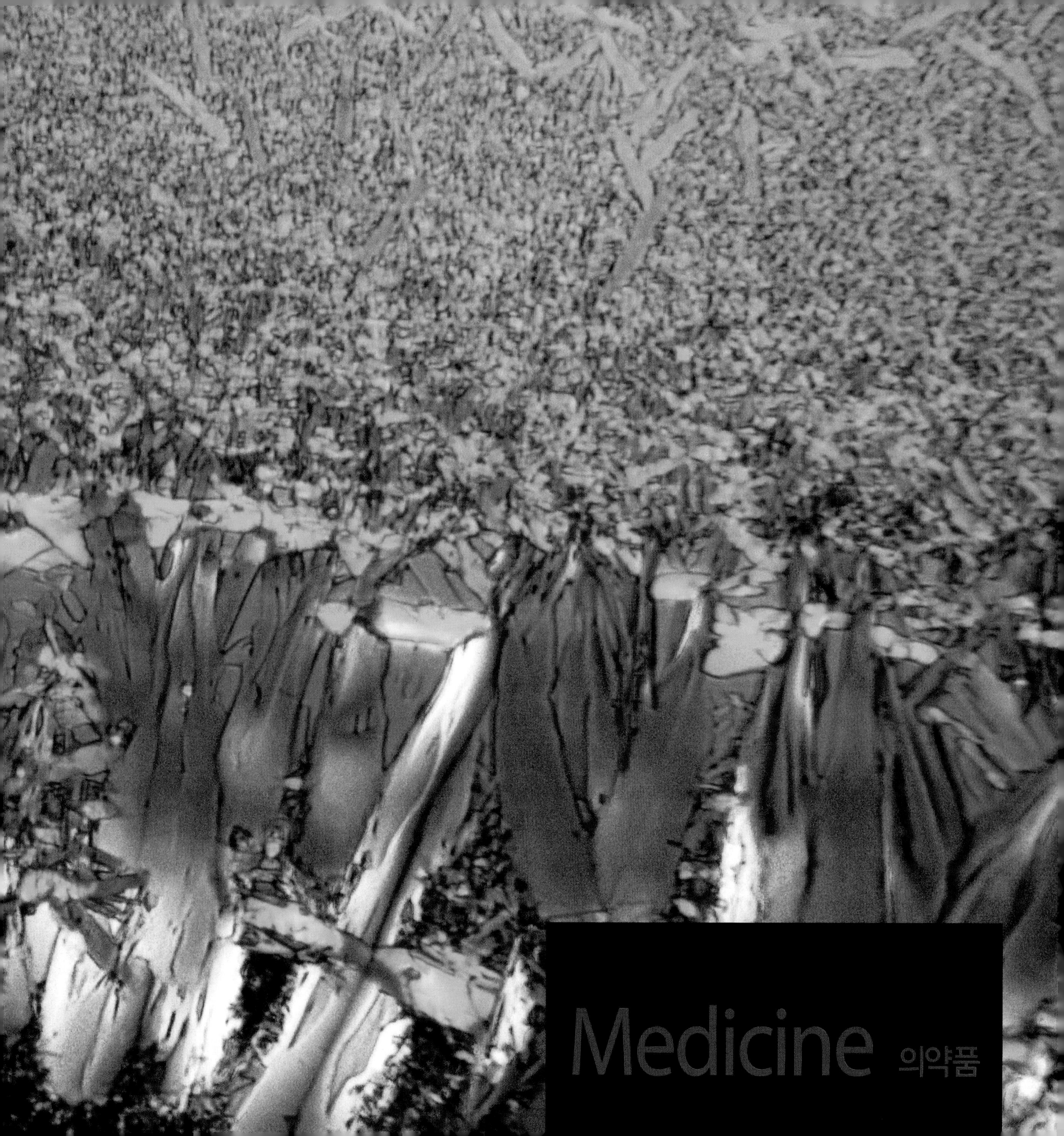
Medicine 의약품

이전 페이지: 페니실린Penicillin (편광현미경 사진)
페니실린은 의학적으로 최초로 발견(1928년 알렉산더 플레밍Alexander Fleming)된 지 약 14년 후에 포도상구균staphylococcal과 연쇄상구균streptococcal 박테리아bacteria 감염을 치료하는 데 사용된 초기 항생제 중 하나이다. 초기에는 페니실린 곰팡이로부터 항생제를 분리했지만, 지금은 의학적으로 그 과family를 대량으로 합성해 얻는다. 하지만 변종이 생장하면 내성이 있는 박테리아가 된다.
(배율: 10cm 너비에서 70배)

위쪽: 베클로메타손Beclometasone 결정체 (주사전자현미경 사진)
베클로메타손은 코르티코스테로이드corticosteroid로, 우리 몸이 스트레스에 반응할 때 부신피질adrenal cortex에서 자연적으로 생성되는 합성 물질이다. 이는 천식asthma 환자가 폐에 염증을 가라앉히기 위해 사용하는 구강 스프레이의 활성 성분이다. 코 스프레이에도 이용되는 베클로메타손은 코에서 감염을 오래 지속시키는 비대한 비용종nasal polyp을 줄여 주는 효과가 있다.
(배율: 알 수 없음)

배아줄기세포Embryonic stem cells (주사전자현미경 사진)

배아줄기세포(ES 세포)는 우리 몸의 구성 요소building block이다. 인간의 생명이 시작되는 순간에 만들어진 이 세포는 모든 조직으로 분화할 수 있는 능력인 전분화능pluripotency을 가졌다. 즉, 배아줄기세포는 이 세포에서 시작해서 자궁womb에서 받는 생화학적 신호biochemical signals를 통해 몸을 구성하는 모든 조직으로 발전할 수 있다. 이론상으로는 질병으로 인해 손상된 조직을 복구할 수 있지만, 줄기 세포stem-cell의 연구는 배아를 파괴해야 하기 때문에 이에 대한 논쟁이 분분하다.

(배율: 10cm 너비에서 1,500배)

코카인Cocaine (편광현미경 사진)

코카 식물coca plant에서 추출한 코카인은 의학 분야에서 수술 전에 코나 입으로 주입하는 마취제로 사용된다. 또한, 혈관을 좁게 만들어 출혈을 줄이는 역할도 한다. 하지만 코카인이 소위 기분전환용 마약으로 사용되는 이유는 세로토닌serotonin, 도파민dopamine, 노르에피네프린norepinephrine의 재흡수를 줄이기 때문이다. 이는 뇌에 신경전달물질neurotransmitter이 고농도로 남도록 해 단시간에 엄청난 각성 효과와 행복감을 불러일으킬 수 있다.
(배율: 알 수 없음)

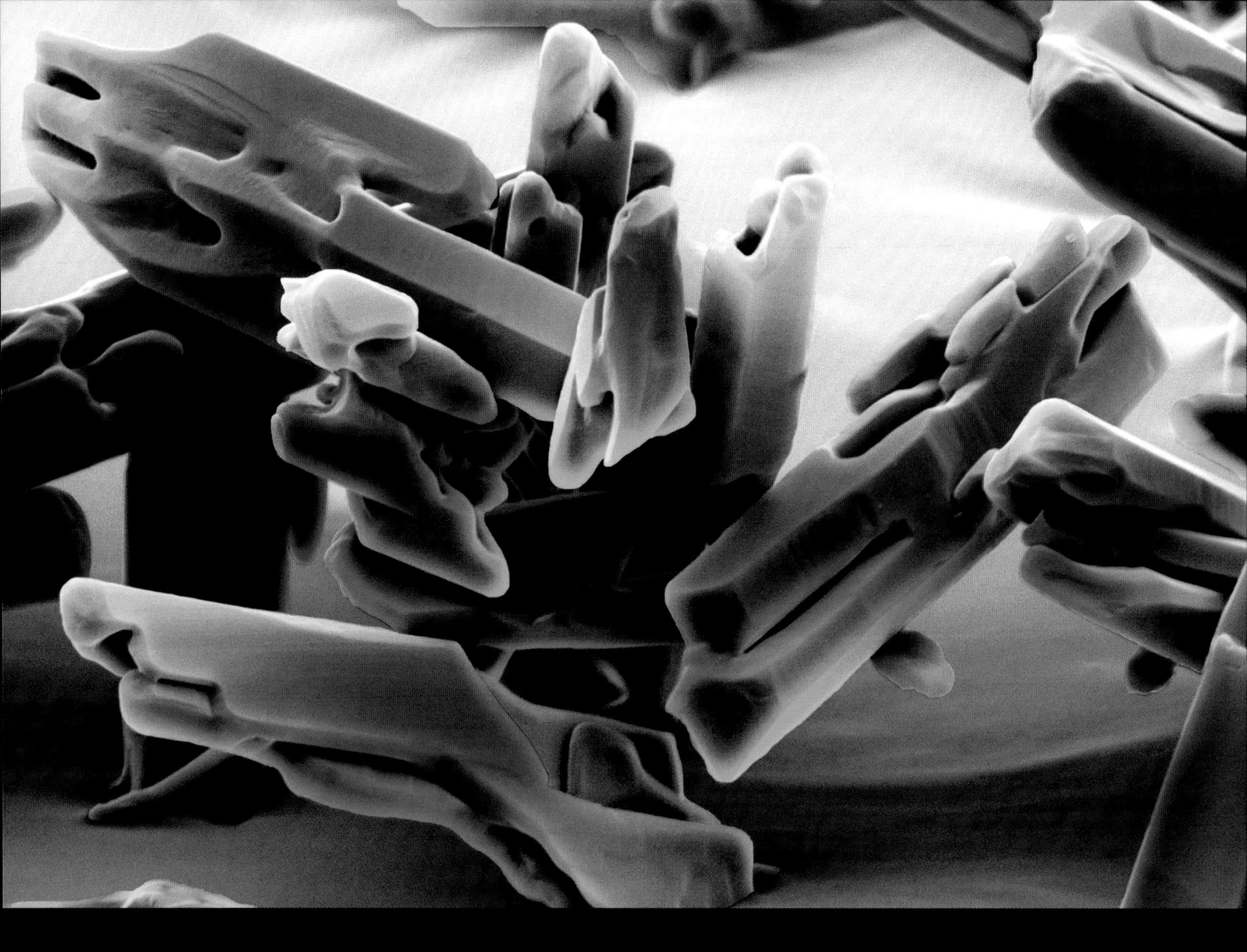

위쪽: 모르핀morphine 결정체 (주사전자현미경 사진)
모르핀을 기분전환용으로 오용하면 현실과 동떨어진 극도의 희열euphoria이 발생하고, 코카인cocaine 복용과 마찬가지로 중독과 내성이 찾아와 점점 더 많은 양을 요구하게 된다. 의학적으로 모르핀은 신경기관nervous system의 리셉터에 직접 작용하는 매우 귀한 약품이다. 이 리셉터는 사실상 일반적으로 엔돌핀endorphin(신체에서 자연적으로 생성되는 진통제)에 의해 유발되는 것이다. 한편, 모르핀은 심근경색heart attack을 겪은 후나 임산부가 진통할 때 고통을 줄여 주기 위해 정식적인 절차를 거쳐 사용된다.
(배율: 알 수 없음)

오른쪽: 옥시토신Oxytocin 결정체 (편광현미경 사진)
시상하부hypothalamus에서 생성되고 뇌하수체pituary gland에서 분비되는 옥시토신은 여성의 몸 안에서 자연적으로 발생하는 물질이다. 옥시토신은 놀라울 정도로 사회성을 높이고, 애착과 성행동에 영향을 미치며, 집단 내 유대감이나 엄마와 아이 사이의 친밀감을 향상시키는 역할을 한다. 한편, 생리학적으로 옥시토신은 출산 시 태아의 두뇌에 신호를 보내고, 수축을 일으키며, 모유 분비lactation를 유발한다. 합성된 옥시토신은 의학적으로 출산을 유도하고, 태반을 내보내며 모유의 생산을 촉진하기 위해 사용된다.
(배율: 알 수 없음)

위쪽과 오른쪽: 인슐린Insulin 결정체 (편광현미경 사진)

인슐린은 이자pancreas에서 생성되는 단백질이며 혈당 수치를 조절한다. 인슐린이 부족하면 혈액에 포도당glucose이 쌓여 당뇨병diabetes이 발생하고, 인슐린 주사를 통해 이를 치료해야 한다. 인슐린은 보통 돼지나 소의 이자pancreas에서 분리해 낸 것이며, 혈액에서 칼륨pottasium의 수치가 높을 때 치료제로 사용되기도 한다. 그러나 이 경우에는 심계항진palpitations(가슴 두근거림)과 근육muscle의 약화를 발생시킬 수 있다.
(배율: 알 수 없음)

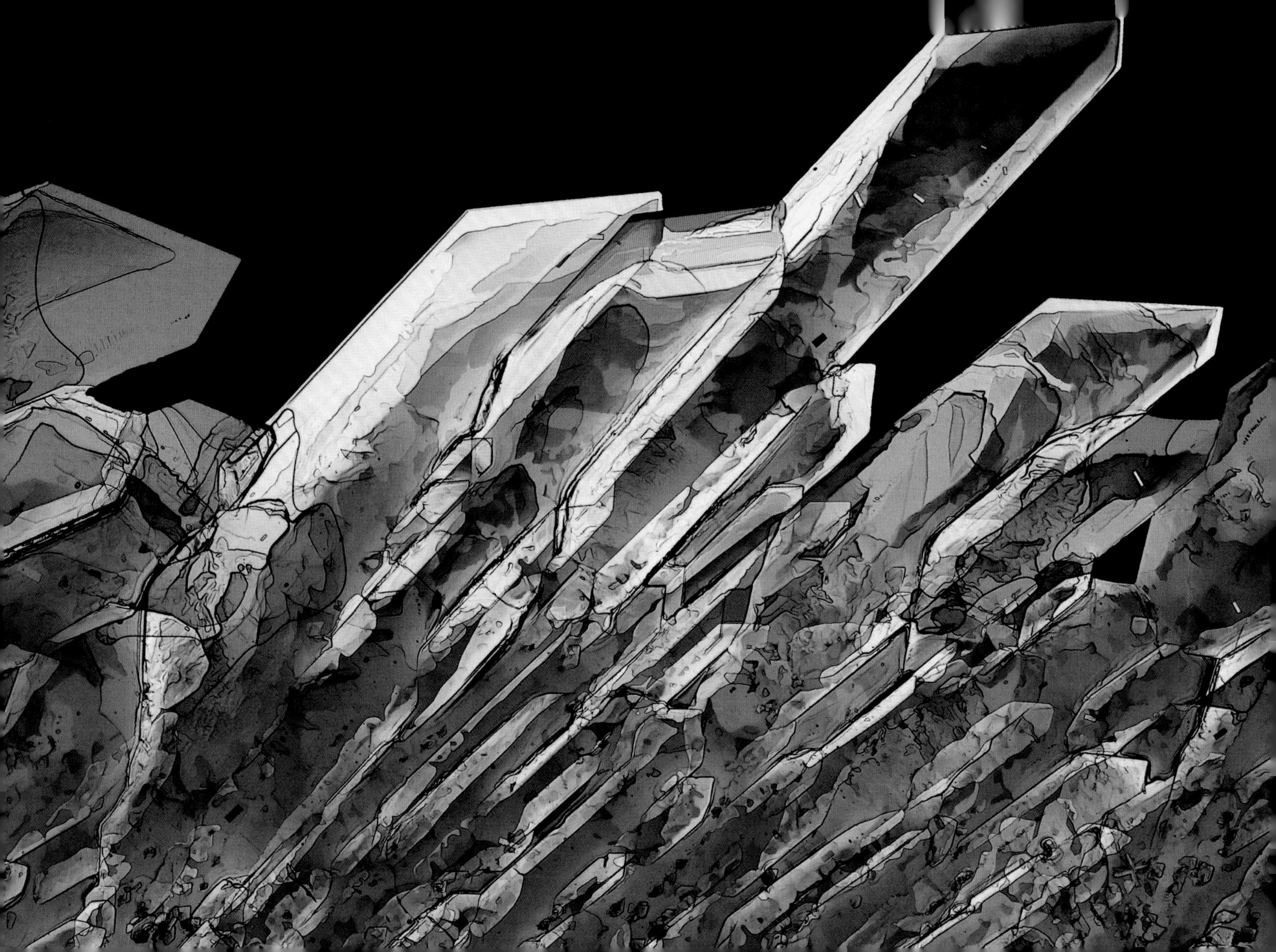

코르티솔Cortisol (편광현미경 사진)
스테로이드steroid는 특별한 분자구조를 갖는 유기화합물organic compound을 의미한다. 코르티솔은 부신adrenal gland에서 생성되는 스테로이드 호르몬으로, 스트레스를 받았을 때 신체의 균형을 다시금 조절할 수 있도록 아드레날린adrenaline을 분비한다. 장기적으로 이는 조직을 회복시키고 염증을 줄이며 감염에 저항하는 몸의 방어기제를 높인다. 코르티솔을 의약품으로 제재한 것이 히드로코르티손hydrocortisone이며, 감염된 상처나 류머티즘 환자에 사용한다.
(배율: 7cm 너비에서 24배)

위쪽과 오른쪽: 테스토스테론 호르몬 Testosterone hormone **(편광현미경 사진)**
테스토스테론은 인체에서 남성성을 발달시키는 호르몬이다. 테스토스테론이
5-알파-리덕타아제5-alpha-reductase라는 효소와 상호작용하면, 이 호르몬의 더 강한

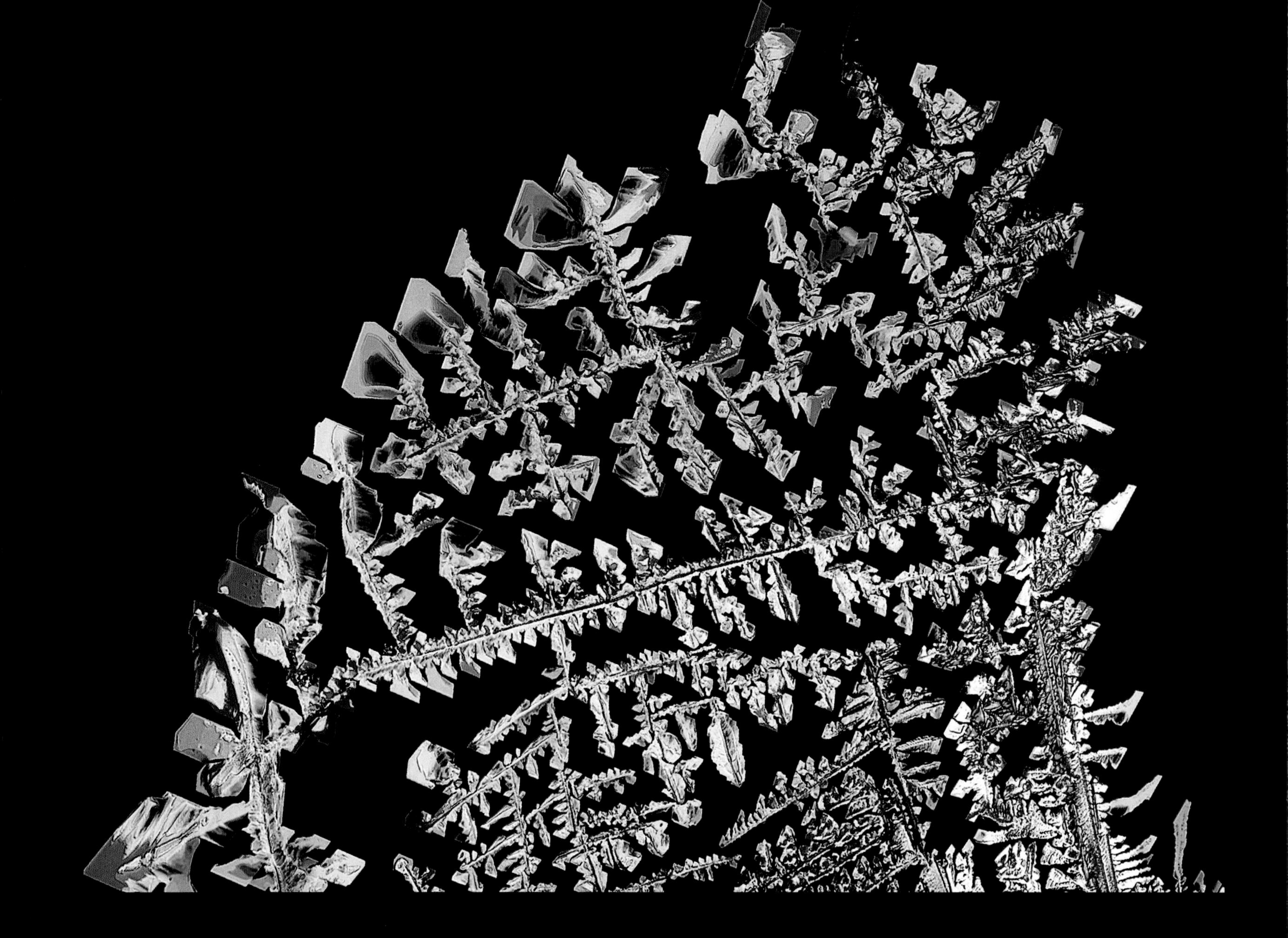

위쪽과 오른쪽: 여성호르몬female sex hormone (편광현미경 사진)
에스트라디올Oestradiol은 인체에서 여성의 특징을 발달시키는 호르몬이다. 6가지 에스트로겐oestrogen 중 가장 강력하고, 여성성female genitalia과 다른 특성들의 발달을 조절한다. 에스트라디올 의약품은 폐경 여성menopausal women과 성전환 수술을 한 사람maleto-female gender에게 호르몬 대체 치료제hormone replacement로 이용된다. 그리고 유방암과 전립선암을 치료하는 데 사용되고 있다. 또한, 피임제로 사용되기도 하지만 이와 대조적으로 불임 치료제로도 이용된다.
(위쪽 배율: 알 수 없음, 오른쪽 배율: 알 수 없음)

도파민제Dopamine drug 결정체 (편광현미경 사진)
도파민은 세포brain cell 사이의 신호를 주고받는 뇌에서 자연적으로 발생하는 화학물질이다. 기쁨pleasure과 보상reward은 도파민을 자극하며, 잠재적으로 중독성을 가지고 있다. 한편, 도파민은 움직임을 조절하는 데 일부 역할을 담당하고, 도파민 기능장애는 파킨슨병Parkinson's Disease과 주의력결핍 과잉행동장애attention deficit hyperactivity disorder와 관련이 있다. 이 약물은 저혈압 자극제로 사용되거나 심정지가 일어났을 때 의학적으로 이용된다.
(배율: 알 수 없음)

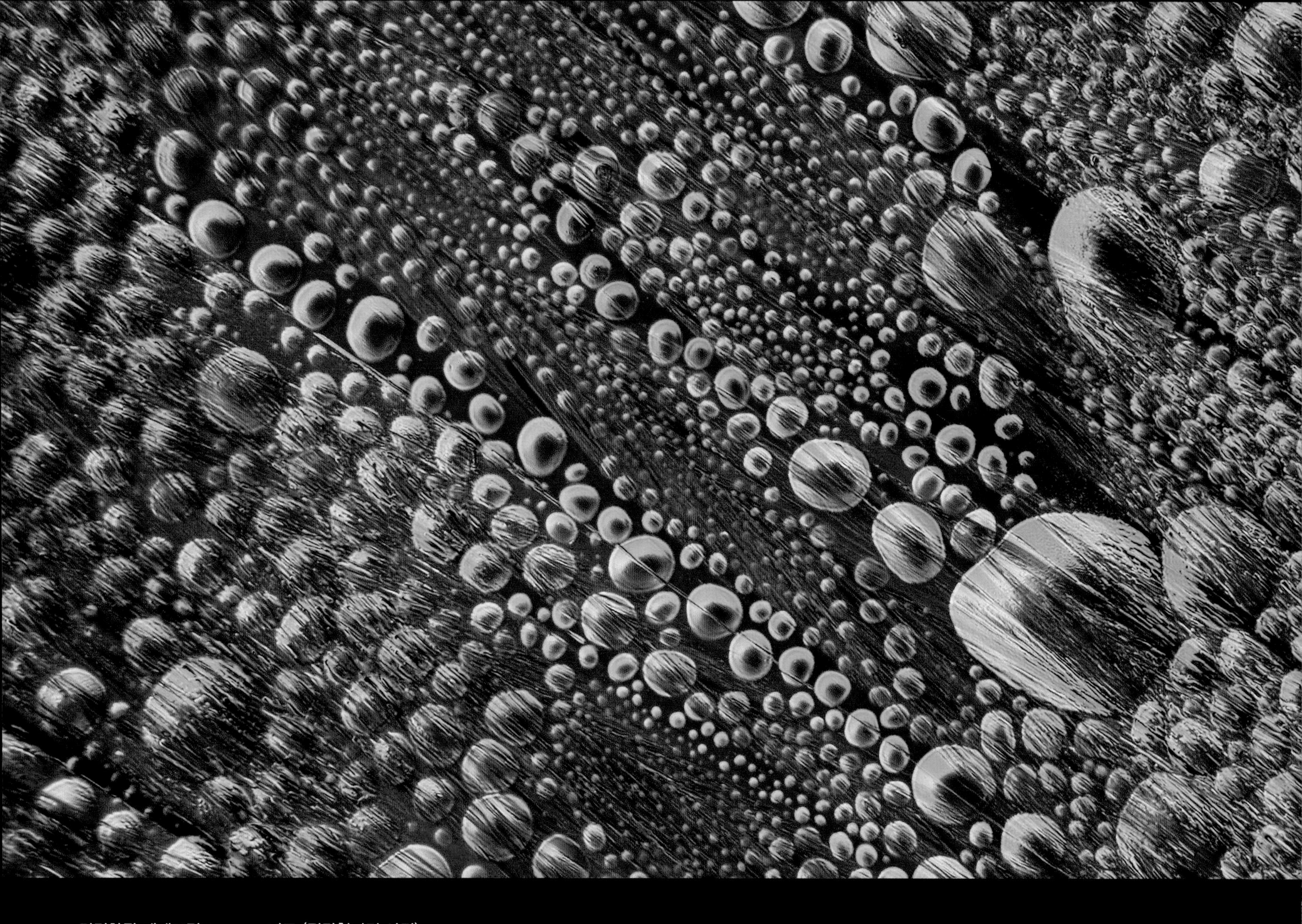

결정화된 에페드린Ephedrine 기포 (편광현미경 사진)

에페드린은 1881년에 최초로 분리하여 개발되었지만, 사실 약 6만 년 동안
의학적으로 사용된 물질이다. 에페드라Ephedra 과family 식물에서 추출할 수 있는
에페드린은 마황(joint pine 또는 joint pin)이라고도 한다. 최근 에페드린은 천식asthma과

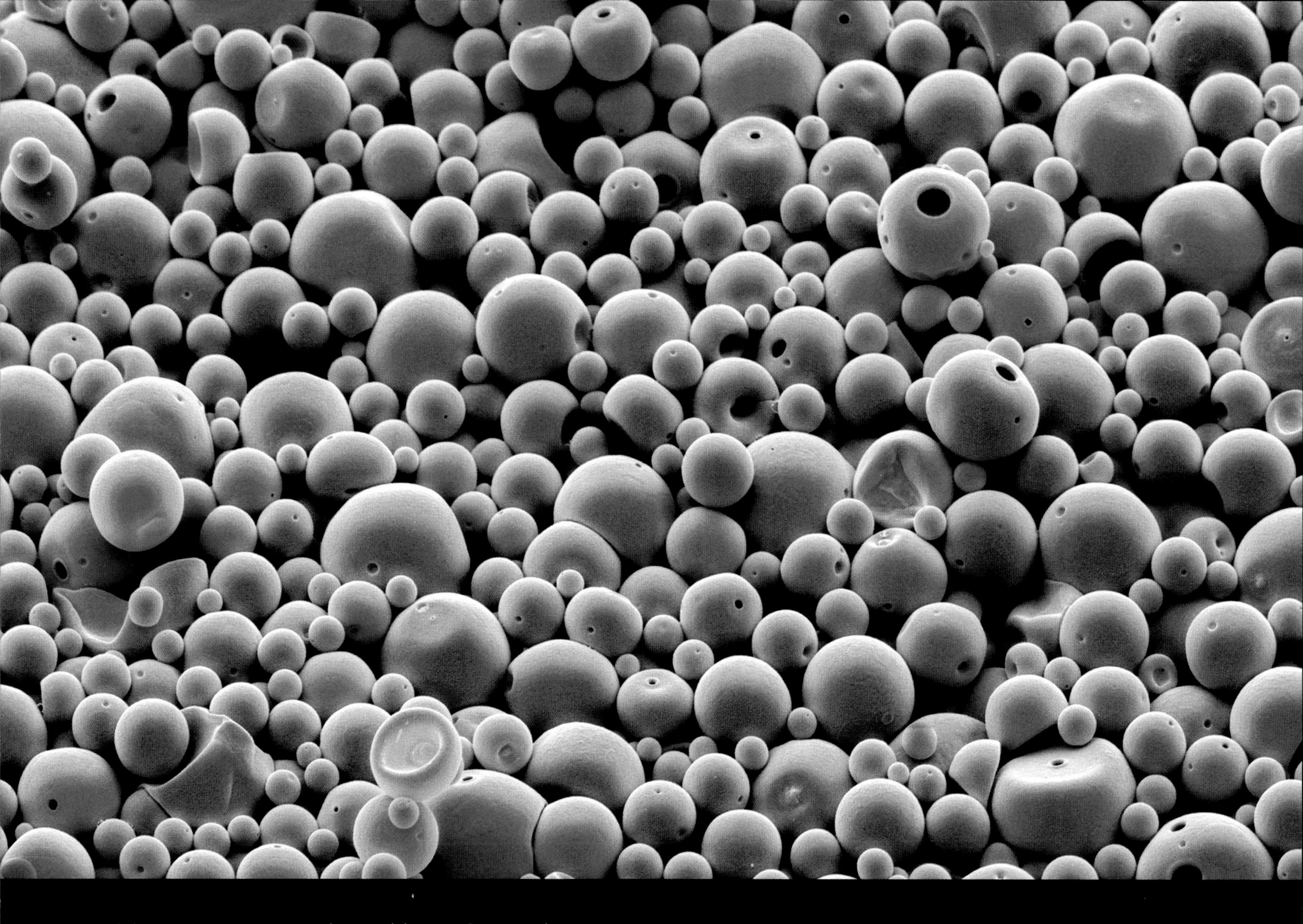

PLGA 마이크로스피어PLGA microspheres**(미소입자) (주사전자현미경 사진)**
이것은 정확히 말하자면 약품이 아니라 우리 몸에서 필요한 곳에 약물을 전달해 주는 수단이다. 마이크로스피어(미소입자)는 약품과 동봉해서 특별한 단백질로 코팅하는데, 이것이 몸에서 최종 목적지로 향할 수 있게 식별하는 단서가 된다.

퀴닌Quinine (편광현미경 사진)

토닉워터tonic water에 첨가하는 퀴닌은 처음에는 술에 타 먹기 위한 것이 아니라
말라리아malaria 치료를 위해 개발된 것이다. 퀴닌은 페루비안 키나Peruvian cinchona
나무껍질에서 유래하는 것으로, 17세기 이후부터 말라리아 치료에 사용되었다.

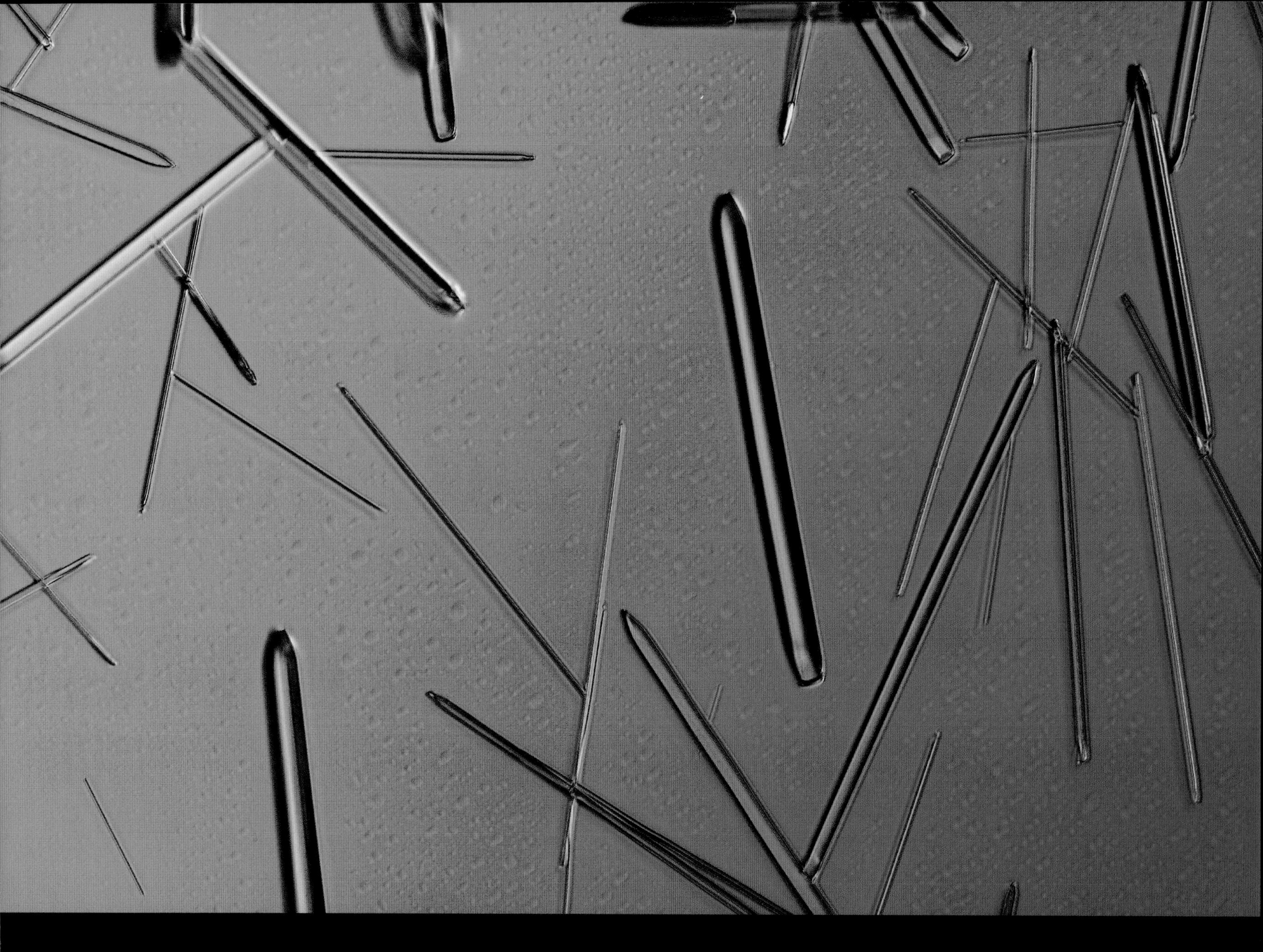

아목실린Amoxicillin 결정체 (편광현미경 사진)

아목실린은 귀, 코, 목구멍, 피부(라임병Lyme disease 포함)의 박테리아 감염을 치료하는 항생물질인 페니실린penicillin 과family의 하나이다. 이 중 클라뷰란산clavulanic acid과 결합한 것을 코-아목시클라브co-amoxiclav라고 하는데, 이는 결핵에

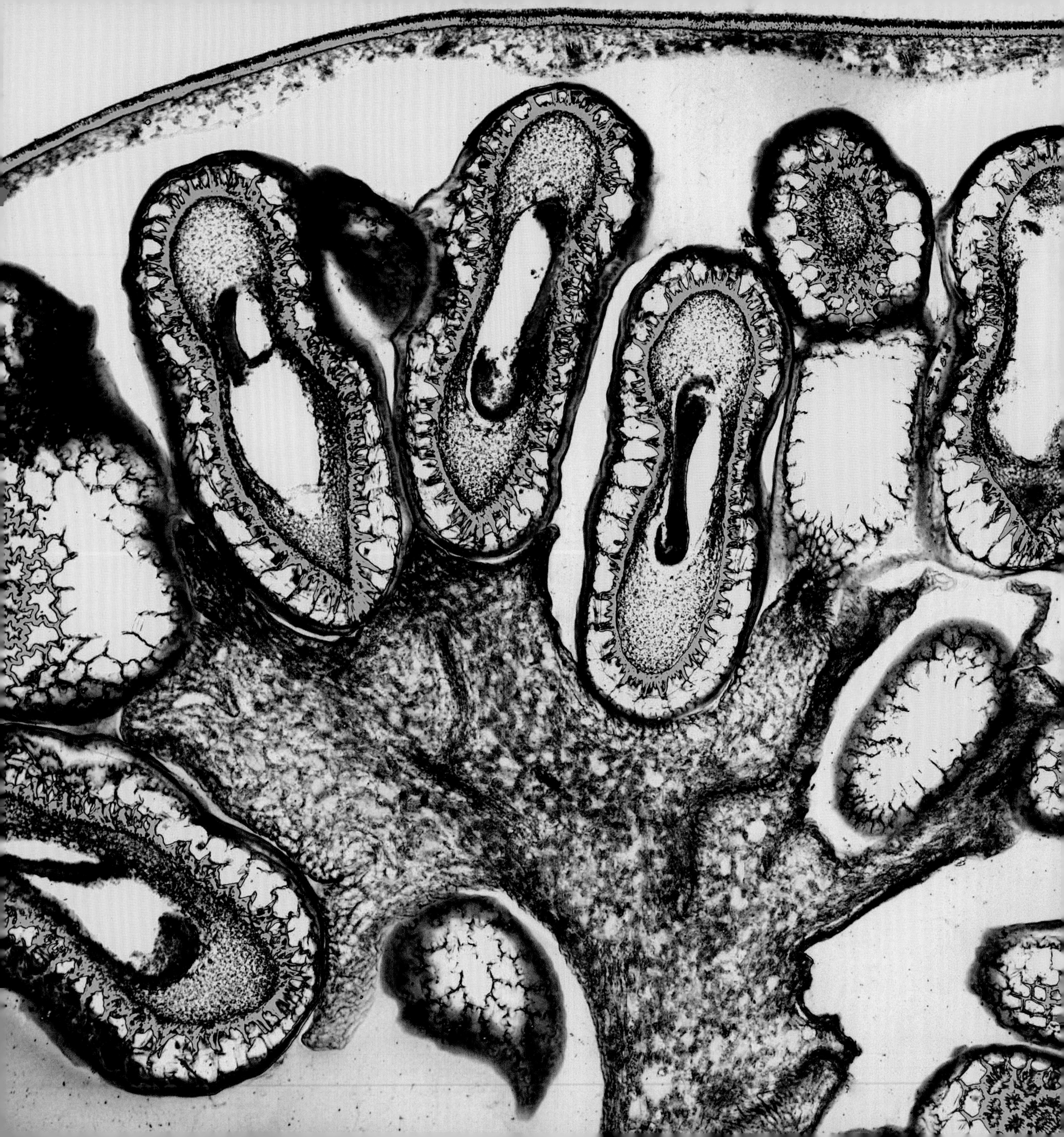

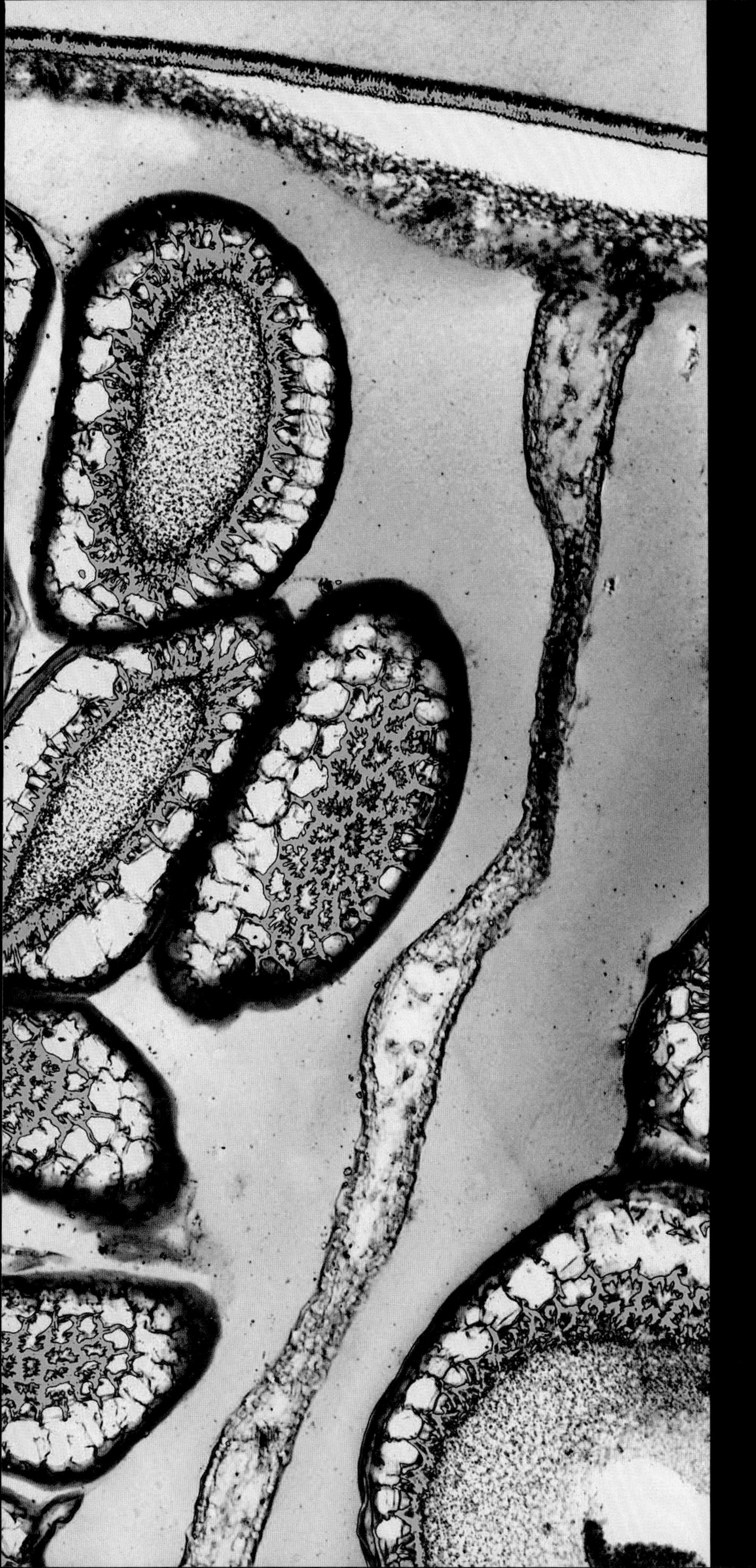

벨라도나Deadly nightshade Atropa belladonna **(색을 입힌 광학현미경 사진)**
가짓과에 속하는 벨라도나 씨의 횡단면은 명확하게 씨 내부 모습을 보여 준다. 벨라도나과는 토마토와 감자를 포함하며, 그 이름(Deadly nightshade)은 치명적인 균주의 독소로 인해 붙여진 것이다. 고대에는 이를 화살 끝에 묻혀서 사용했으며, 이 치명적인 독이 두 명의 로마 황제 부인을 죽이기도 했다. 적은 용량으로 마취제anaesthetics(심장박동을 조절)로써 사용되고, 위염과 월경 증후군의 치료를 위한 소염제의 원료로도 쓰인다.
(배율: 알 수 없음)

왼쪽: 비타민Vitamin A 결정체 (편광현미경 사진)

비타민 A는 성장, 면역체계, 그리고 시력(특히 색깔을 구분하는 것과 어두울 때 보는 것)에 매우 중요한 요소로, 과도하게 결핍될 경우 시력을 잃을 수도 있다. 비타민 A는 유제품, 음식물, 물고기(특히 참치), 그리고 고기(특히 간)를 포함한 동물성 식품에 들어 있다. 하지만 최고의 원료는 케일이나 당근 같은 채소에서 발견되는 식물색소인 베타카로틴beta-carotene이다. 그래서 당근은 어두운 곳에서 잘 볼 수 있도록 도와주는 채소라 부르는 것이다.
(배율: 알 수 없음)

오른쪽: 비타민Vitamin E 결정체 (편광현미경 사진)

비타민 E는 동물성 지방과 식물성 지방에서 용해되어 발생한다. 호두의 씨와 기름에 비타민 E가 풍부하며, 인체에서 항산화제antioxidants 작용을 한다. 다시 말해, 비타민 E는 세포의 마모를 줄여 주어 노화 방지에 효과가 있다. 한편, 비타민 E를 이용해서 만든 클레임Claim이라는 제품은 주름을 펴 주고 피부와 머리카락을 부드럽게 하며 화상과 상처를 재생시키는 데 효과적으로 작용한다.
(배율: 10cm 너비에서 10배)

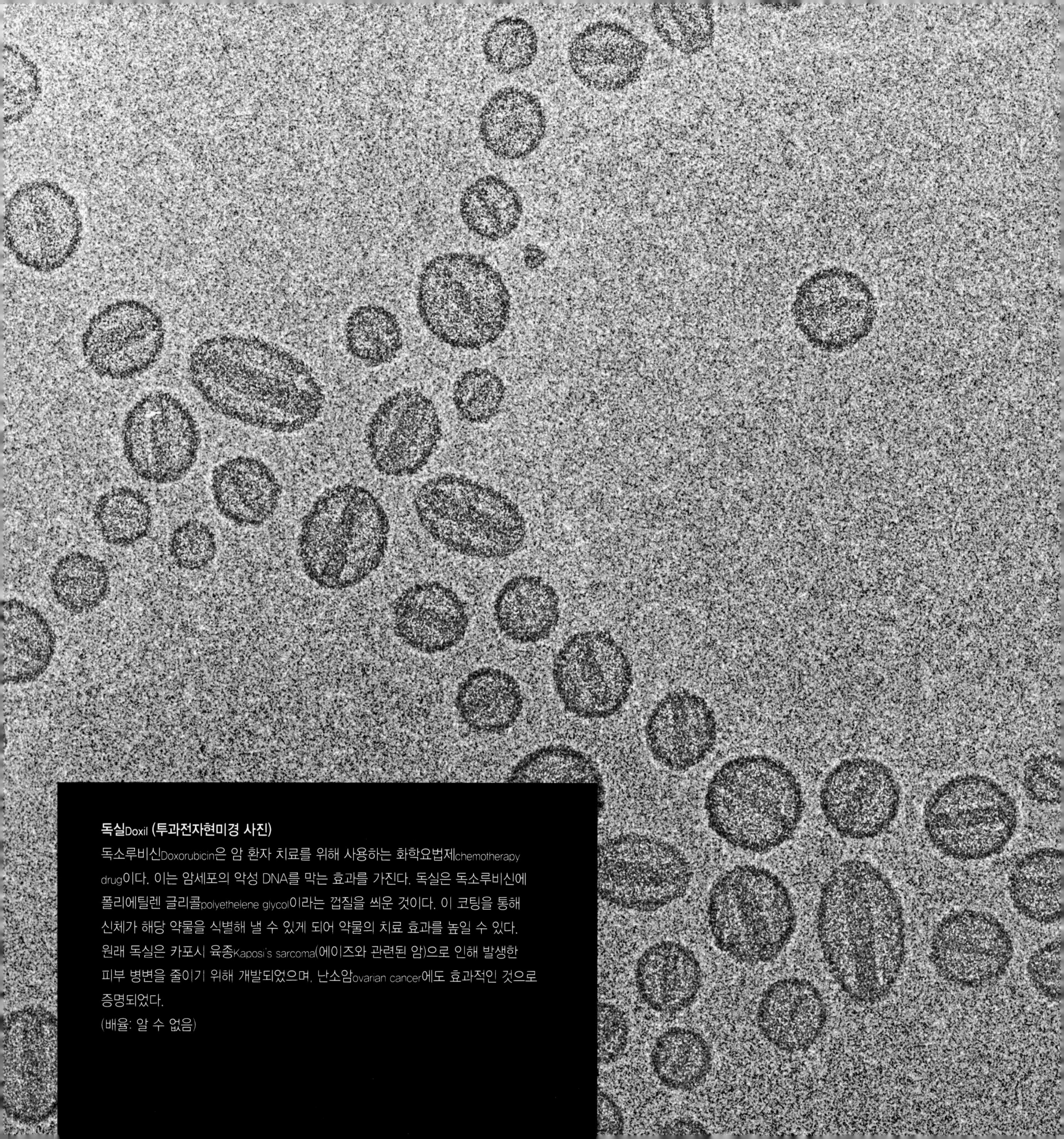

독실Doxil (투과전자현미경 사진)

독소루비신Doxorubicin은 암 환자 치료를 위해 사용하는 화학요법제chemotherapy drug이다. 이는 암세포의 악성 DNA를 막는 효과를 가진다. 독실은 독소루비신에 폴리에틸렌 글리콜polyethelene glycol이라는 껍질을 씌운 것이다. 이 코팅을 통해 신체가 해당 약물을 식별해 낼 수 있게 되어 약물의 치료 효과를 높일 수 있다. 원래 독실은 카포시 육종Kaposi's sarcoma(에이즈와 관련된 암)으로 인해 발생한 피부 병변을 줄이기 위해 개발되었으며, 난소암ovarian cancer에도 효과적인 것으로 증명되었다.

(배율: 알 수 없음)

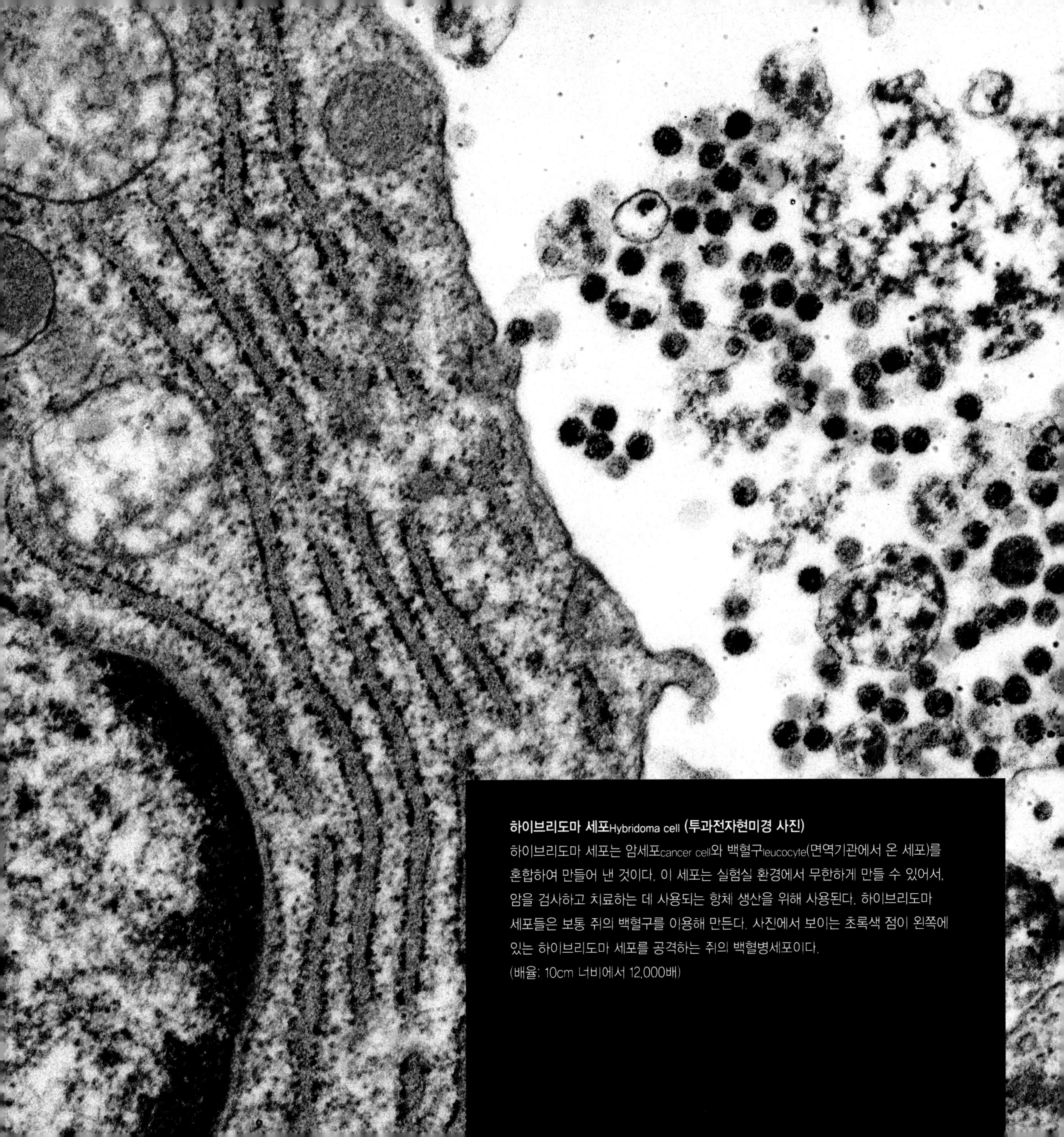

하이브리도마 세포 Hybridoma cell **(투과전자현미경 사진)**

하이브리도마 세포는 암세포cancer cell와 백혈구leucocyte(면역기관에서 온 세포)를 혼합하여 만들어 낸 것이다. 이 세포는 실험실 환경에서 무한하게 만들 수 있어서, 암을 검사하고 치료하는 데 사용되는 항체 생산을 위해 사용된다. 하이브리도마 세포들은 보통 쥐의 백혈구를 이용해 만든다. 사진에서 보이는 초록색 점이 왼쪽에 있는 하이브리도마 세포를 공격하는 쥐의 백혈병세포이다.
(배율: 10cm 너비에서 12,000배)

엽산Folic acid 결정체 (편광현미경 사진)

비타민 B9인 엽산은 혈액 내 단백질과 헤모글로빈의 발달에 매우 중요한 엔자임co-enzyme이다. 임신 시 배아 단계embryonic stage에서 엽산이 결핍되면 태아의 뇌 손상과 척추갈림증spina bifida과 같은 척추의 결함을 유발할 수 있다. 그러므로 임신한 여성은 임신 중에 충분한 엽산을 섭취해야 한다. 몇몇 연구에 따르면 정기적인 엽산의 섭취는 뇌졸중stroke과 심근경색heart attack의 발생 가능성을 낮춰 준다고 한다. (배율: 10cm 너비에서 60배)

왼쪽과 위쪽: 플루옥세틴 제제Fluoxetine drug (편광현미경 사진)

프로작Prozac이라는 이름으로 널리 알려진 항우울제anti-depressant 약품의 성분이 바로 플루옥세틴 염산염Fluoxetine hydrochloride이다. 이는 선택적 세로토닌 재흡수 차단제selective serotonin reuptake inhibitor(SSRI)로, 뇌세포brain cell 사이의 신호 전달을 향상시키기 위해 우리 뇌에 더 많이 남아있도록 하는 세로토닌의 재흡수를 제한한다. 세로토닌은 행복감을 느끼도록 해 주기 때문에 플루옥세틴과 같은 SSRI는 공황증panic, 우울증depression, 강박증obsessive-compulsive disorder을 치료하는 데 사용된다.

(왼쪽 배율: 알 수 없음, 위쪽 배율: 알 수 없음)

실데나필 구연산염 제제Sildenafil citrate drug (편광현미경 사진)

예리한 비늘 모양의 이미지는 비아그라Viagra라는 약품명으로 잘 알려진 실데나필 구연산염sildenafil citrate의 결정체이다. 이는 남성의 발기부전증erectile dysfunction에 사용되는 것으로, 페니스penis의 근육을 이완시켜 혈액이 그 안으로 흘러 들어가서 확장시키는 작용을 한다. 또한, 실데나필은 폐혈관의 높은 혈압으로 인해 발생하는 폐동맥 긴장항진증pulmonary arterial hypertension을 이완하기 위한 용도로 사용된다. 그리고 2007년에 햄스터로 연구한 결과, 이것이 시차증jet lag을 완화하는 데 효과가 있다고 밝혀졌다.

(배율: 알 수 없음)

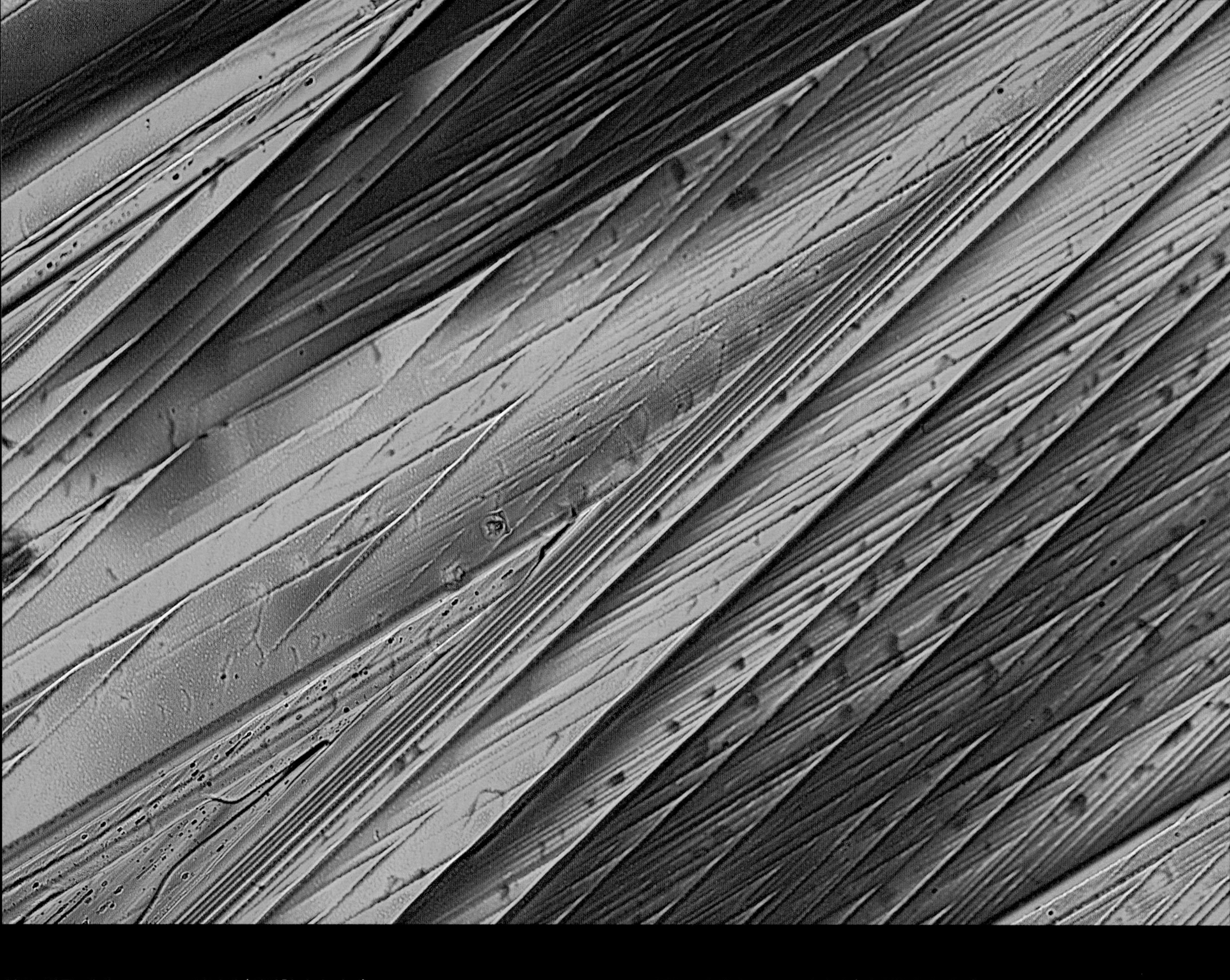

위쪽: 발륨 제제Valium drug 결정체 (편광현미경 사진)

발륨은 신경안정제tranquiliser인 디아제팜diazepam의 약품명으로, 1960년에 사용 허가를 받은 이후에 최초로 시판되었다. 발륨은 불면증, 현기증 그리고 다른 불안증으로 고통받는 사람들에게 처방되는 제제이다. 또한, 디아제팜은 특정 상황certain condition에서 일어나는 근육 발작을 치료하는 데 사용된다. 알코올alcohol, 모르핀morphine, 바르비투르 약제barbiturates(진정제, 수면제)처럼 발륨 제제는 쾌락과 보상을 담당하는 뇌의 시스템에 작용하고, 약물 중독에 걸릴 가능성도 있다. 그러나 적절한 지도 하에 복용할 경우 중독으로 인한 금단현상을 완화할 수 있다.

오른쪽: 카페인Caffeine 결정체 (편광현미경 사진)

카페인은 인지와 의식에 영향을 미치는 정신활성제psychoactive drug이다. 많은 사람이 일의 수행능력을 높이기 위해 자극적인 커피, 차, 콜라, 여러 에너지드링크제에 의존한다. 하지만 이러한 음료들을 과용하면 불면증insomnia, 심계항진증palpitations, 방향감각 상실disorientation, 망상delusions, 그리고 (극단적인 경우) 사망death에까지 이를 수 있다. 또한 카페인으로 인해 조산아premature baby가 태어나거나 태아의 호흡 곤란breathing problem을 유발할 수 있다. 반면 카페인은 노인들의 언어 능력과 인지 기능의 퇴화를 더디게 만들기도 한다.

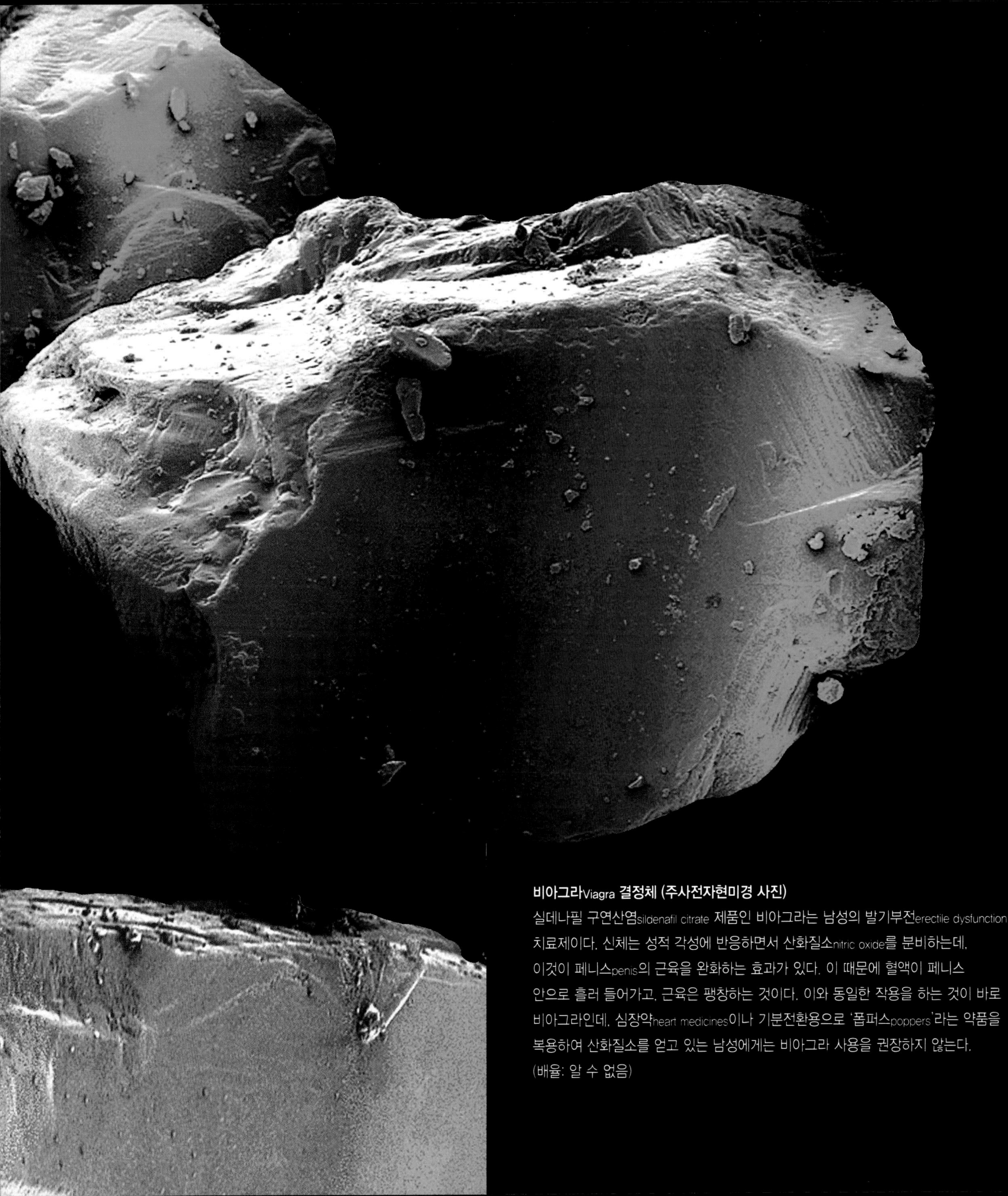

비아그라Viagra 결정체 (주사전자현미경 사진)

실데나필 구연산염sildenafil citrate 제품인 비아그라는 남성의 발기부전erectile dysfunction 치료제이다. 신체는 성적 각성에 반응하면서 산화질소nitric oxide를 분비하는데, 이것이 페니스penis의 근육을 완화하는 효과가 있다. 이 때문에 혈액이 페니스 안으로 흘러 들어가고, 근육은 팽창하는 것이다. 이와 동일한 작용을 하는 것이 바로 비아그라인데, 심장약heart medicines이나 기분전환용으로 '폽퍼스poppers'라는 약품을 복용하여 산화질소를 얻고 있는 남성에게는 비아그라 사용을 권장하지 않는다. (배율: 알 수 없음)

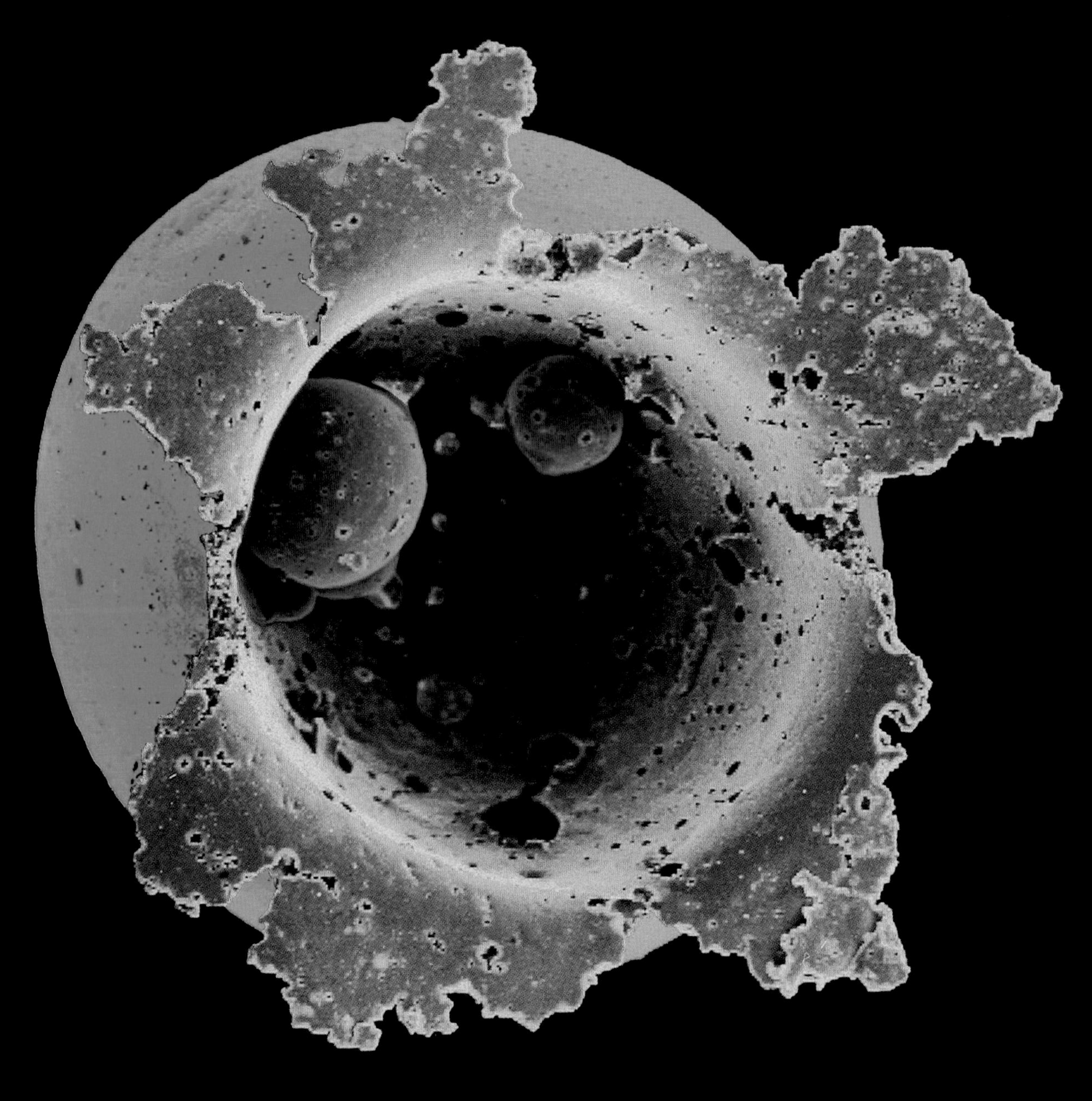

왼쪽: 약품 전달을 위한 폴리머 스피어 Polymer sphere **(주사전자현미경 사진)**
폴리머 스피어(구 모양)는 우리 몸이 필요하다고 하는 곳으로 약품을 정확하게 전달하기 위해 사용하는 장치이다. 이것은 신체가 식별할 수 있는 코팅제를 화학적으로 특수하게 덧입혀 이루어진다. 즉, 몸은 그 코팅제를 식별해 정확한 위치로 보내고, 그곳에서 코팅제는 용해되어 스피어가 열리면 그 안의 내용물이 나오게 된다. 한편, 스피어는 약품을 운반할 뿐 아니라 필요한 위치로 더 멀리 보내기 위해 더 작은 스피어(더 짙은 파란색)를 운반하기도 한다. (배율: 10cm 너비에서 3,000배)

오른쪽: 살부타몰황산염 Salbutamol sulphate **결정체 (주사전자현미경 사진)**
살부타몰Salbutamol은 벤톨린Ventolin이나 다른 제품명으로 판매되고 있으며, 염증으로 인해 기도가 좁아져서 호흡하기 어려운 환자들을 위해 처방되는 제제이다. 이러한 증상은 특히 천식asthma이나 만성기관지염chronic bronchitis 환자들이 힘에 부치는 작업을 한 경우에 발생할 수 있다. 이 약품은 보통 흡입기inhaler로 자가관리self-administered된다. 한편, 단백질 결핍으로 인해 발생하는 희귀성 유전적 소모성질환inherited wasting disease인 척추 근육 위축증spinal muscular atrophy 치료약품 개발의 시험단계에 있다.
(배율: 알 수 없음)

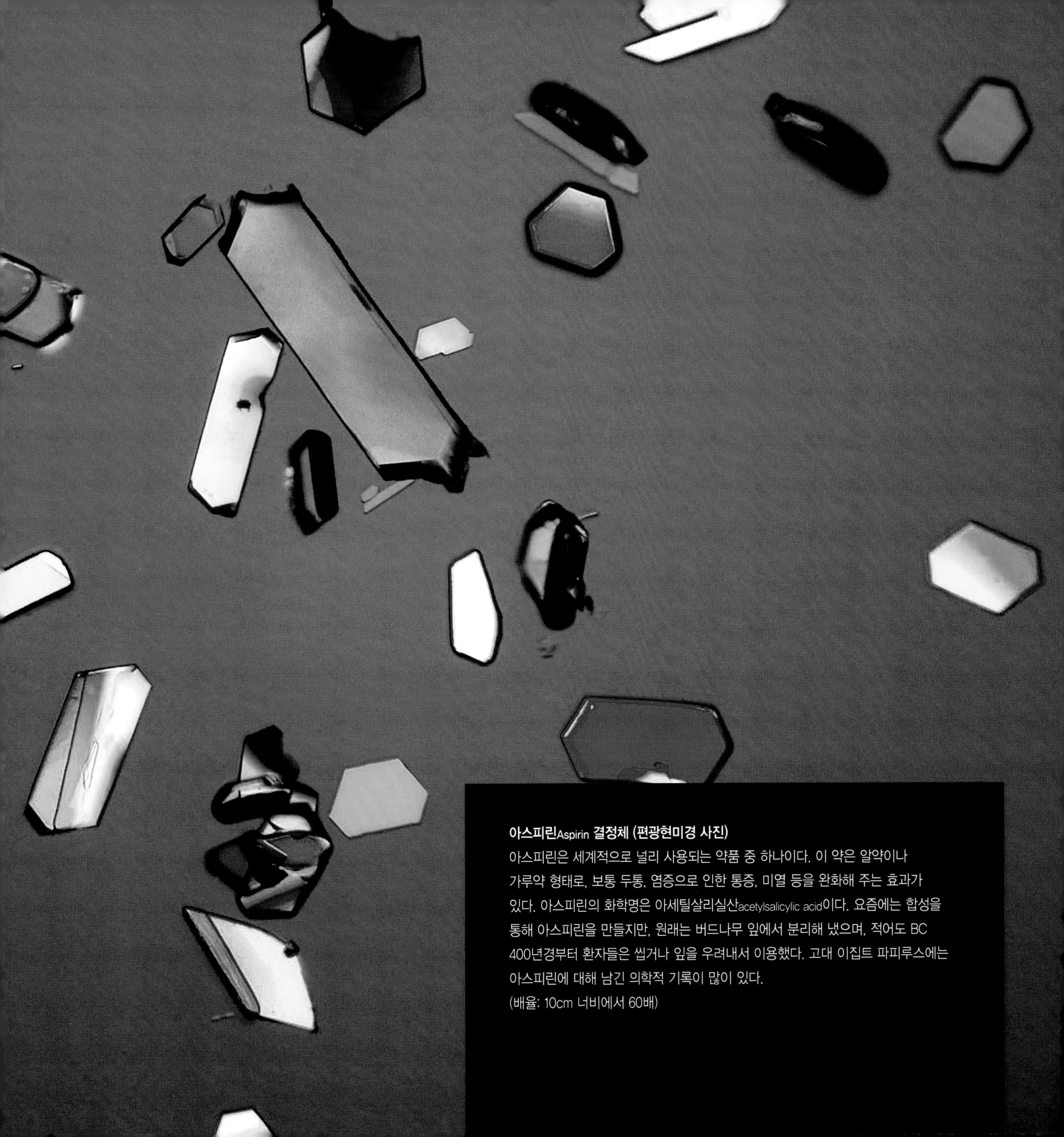

아스피린Aspirin 결정체 (편광현미경 사진)

아스피린은 세계적으로 널리 사용되는 약품 중 하나이다. 이 약은 알약이나 가루약 형태로, 보통 두통, 염증으로 인한 통증, 미열 등을 완화해 주는 효과가 있다. 아스피린의 화학명은 아세틸살리실산acetylsalicylic acid이다. 요즘에는 합성을 통해 아스피린을 만들지만, 원래는 버드나무 잎에서 분리해 냈으며, 적어도 BC 400년경부터 환자들은 씹거나 잎을 우려내서 이용했다. 고대 이집트 파피루스에는 아스피린에 대해 남긴 의학적 기록이 많이 있다.

(배율: 10cm 너비에서 60배)

왼쪽: 스트렙토마이신Streptomycin 결정체 (편광현미경 사진)

결핵을 치료하는 항생제인 스트렙토마이신은 1943년 제2차 세계대전 기간에 뉴저지에 있는 루트겔스 대학교의 학생이 최초로 분리해 냈다. 응용제품은 미국 군대에서 개발해서 전쟁 후에 고통받는 군 환자들에게 임상시험을 했는데, 그 과정에서 초기 환자들은 사망에 이르거나 시력을 잃는 고통스러운 과정을 견뎌야만 했다. 한편, 스트렙토마이신을 분리해 낸 학생의 담당 교수는 학생의 업적 덕분에 노벨상을 받았다.

(배율: 3.5cm 너비에서 33배)

위쪽: 비다자Vidaza 약품의 결정체 (컬러를 입힌 광학현미경 사진)

비다자(골수이형성증후군 치료제)는 항암제인 아자시티딘 제제의 제품명이다. 이 약은 골수형성이상증후군myelodysplastic syndromes(MSDs)으로 알려진 혈액 장애blood disorder를 치료하기 위해 사용하는 약품이다. MSDs는 골수bone marrow에서 성숙하지 않은 혈액세포blood cell의 발달을 저해하여 혈소판platelet, 적혈구red blood cell, 백혈구white blood cell에 기형을 일으키고 생성 숫자도 낮추는 결과를 유발한다. 수혈blood transfusion이 기본적인 치료방법이지만 2004년에 비다자가 소개된 후에는 수혈은 더는 필수적이지 않게 되었다. 비다자는 보통 혈액세포의 생성을 자극하고 악성 혈액세포를 파괴하는 기능을 한다.

(배율: 알 수 없음)

왼쪽: 아스피린Aspirin (편광현미경 사진)

아스피린은 일상적인 통증을 치료하는 약품으로, 스테로이드가 없는 소염제non-steroid antiinflammatory drug(NSAID)이다. 이 약은 혈액을 묽게 만들어 심근경색heart attack을 방지할 수 있고, 대장암colorectal cancer 발병 가능성을 낮출 수 있다. 아스피린은 이 약을 제조한 회사인 바이엘 사의 제품명이다. 여전히 바이엘이 아스피린(Aspirin)이라는 이름의 소유권을 가지고 있지만, 아스피린(aspirin, *a*가 소문자)은 많은 나라에서 고통을 줄여 주는 약품을 대표하는 일반명사가 되었다.
(배율: 알 수 없음)

오른쪽: 조비락스Zorvirax 결정체 (transmitted 광학현미경 사진)

조비락스는 아시클로비어acyclovir라는 항바이러스성 약품antiviral drug의 제품명이다. 1977년에 발견된 아시클로비어는 헤르페스 바이러스herpes virus의 균주를 치료하고, 이를 예방하는 데 사용한다. 여기에 속하는 것으로는 생식기 헤르페스genital herpes, 입가의 발진cold sores, 수두chickenpox, 만성적인 눈가의 헤르페스chronic eye herpes 등이 있다. 캐리비안 해면Caribbean sponge이 약품의 원래 재료로, 감염되지 않은 세포에 손상을 주지 않고 타깃 바이러스에 선택적으로 침투할 수 있다.
(배율: 알 수 없음)

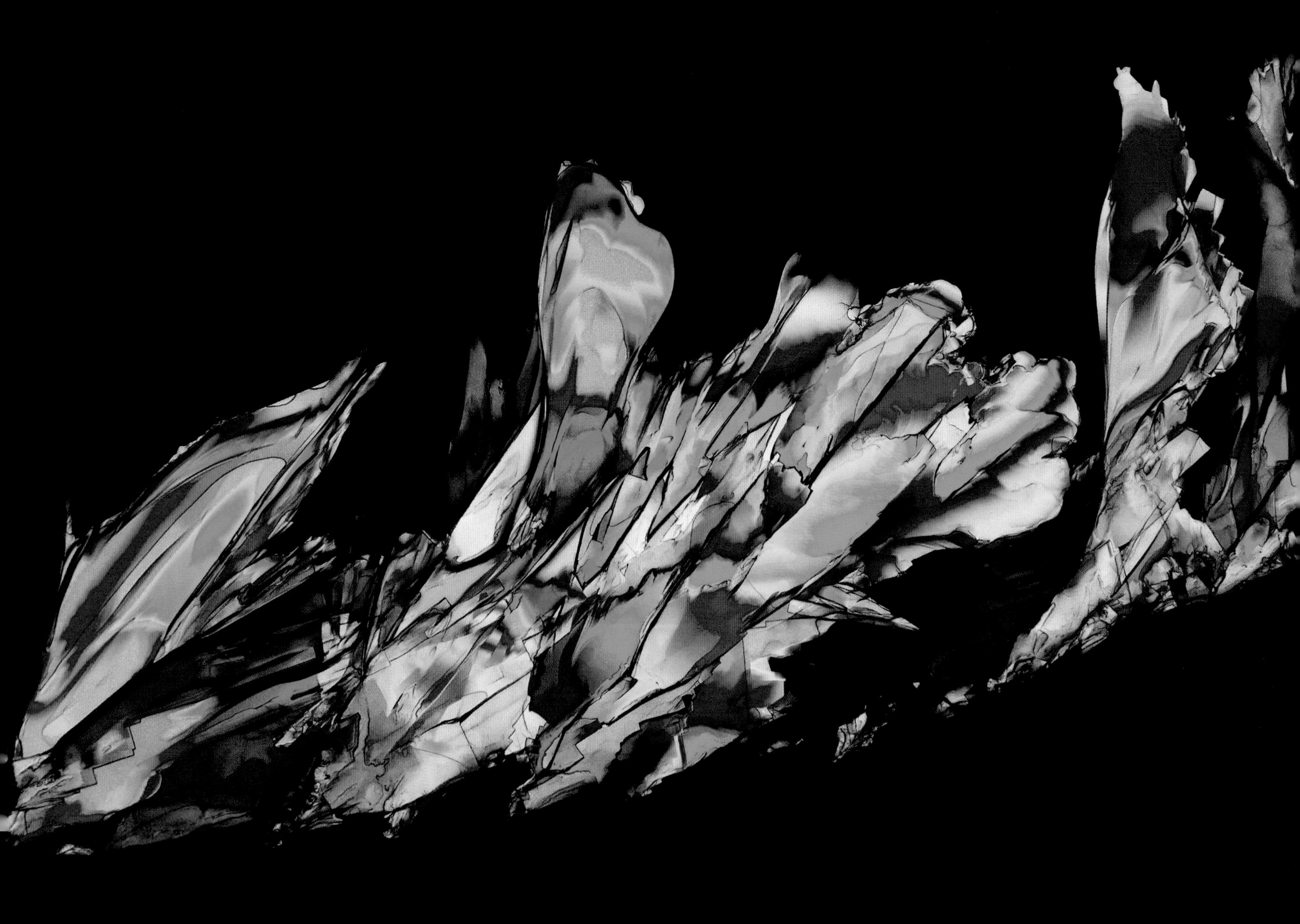

위쪽: 도파민제Dopamine drug 결정체 (편광현미경 사진)
도파민은 뇌에서 자연적으로 발생하는 신경전달물질neurotransmitter로, 쾌락과 보상의 중심체를 조절하는 일을 돕는다. 특이하게도 이 약품은 인간의 뇌에서 나오는 형태를 발견하기(1957년)도 전에 합성되었다(1910년). 도파민은 박테리아를 포함한 동물 대부분에게서 발견된다. 바나나를 포함한 많은 식물 역시 도파민을 합성할 수 있다. 그러나 식물 도파민은 혈액-뇌 장벽blood-brain barrier을 통과할 수 없다. 이 때문에 바나나를 먹는다고 해서 행복해지지는 않는 것이다.
(배율: 알 수 없음)

오른쪽: 대마Cannabis sativa (주사전자현미경 사진)
인공적으로 염색한 대마 표면의 융기는 모상체trichome라고 하는 샘gland으로, 기분 전환을 위해 약물을 사용하는 사람들에게 하시시hashish(대마초 꽃봉오리로 만든 마약)로 알려진 대마 수지cannabis resin를 분비한다. 대마초Marijuana는 식물의 꽃과 잎에서 분리된다. 그리고 키프Kief(쾌락을 뜻하는 아라비아 단어)는 대마 꽃, 잎, 모상체에서 얻어진 분말 가루이다. 의학 분야에서 대마는 투렛 증후군Tourette's syndrome의 틱tic 증상을 포함한 근육 발작muscle spasms과 만성 통증chronic pain을 완화하는 기능을 한다. 또한, 항암화학요법chemotherapy의 부작용으로 나타나는 메스꺼움을 완화하는 역할도 있다.
(배율: 10cm 너비에서 35배)

에페드린 제제 Ephedrine drug **결정체 (편광현미경 사진)**

에페드린은 혈압을 높이기 위해 의학적으로 사용되고, 종종 천식 환자asthma sufferer나 다른 환자들의 기도airway를 열기 위해 처방한다. 에페드린은 카페인caffeine(자연적으로 커피와 그 외의 식품에서 발견된)과

판토텐산Pantothenic acid **결정체 (편광현미경 사진)**

예술적으로 배열된 결정체는 비타민 B5인 판토텐산의 모습이다. 어린이, 노약자, 임신부, 산모처럼 비타민이 필요한 사람들이 먹으면 기력을 회복하는 데 유용한 제제이다. 판토텐산은 지방, 탄수화물, 단백질의 작용을 돕는다. 판토텐이라는 이름은 '모든 곳에서부터from everywhere'라는 뜻의 그리스어이며, 판토텐산은 대부분 식품에서 발견된다. 간, 신장, 난황, 땅콩에 풍부하게 들어 있다.

(배율: 알 수 없음)

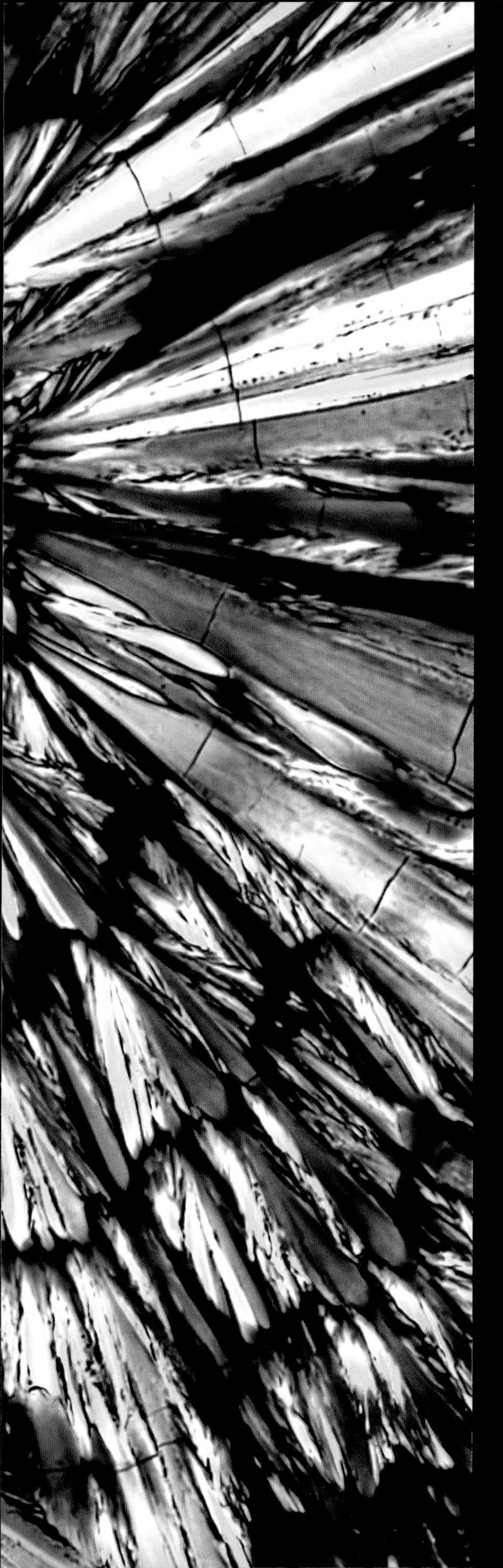

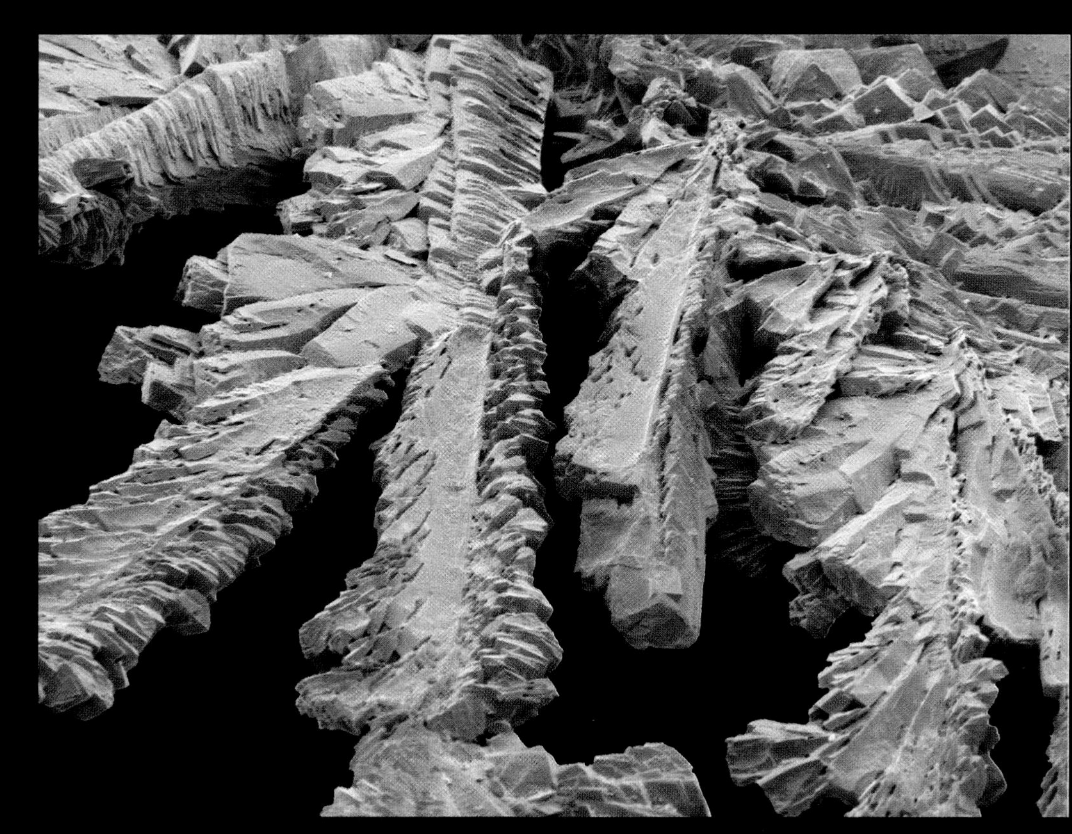

위쪽: 항히스타민제Antihistamine drug 결정체 (주사전자현미경 사진)

히스타민histamine은 꽃가루pollen와 같은 알레르겐allegen(*알레르기성 질환의 원인이 되는 항원)의 침입을 방어하기 위해 인체 내 면역기능이 발휘될 때 방출된다. 이들은 체액을 인체 조직에 분비하는데, 이것이 눈물과 콧물이 흐르는 전형적인 원인이다. 그렇지만 조직tissue이 부풀고 자극을 받게 되면 오히려 코가 막히고 간지럼을 느낄 수 있다. 항히스타민제는 바로 이러한 방어기제로 인해 발생하는 반응을 막아 준다. 그 약품은 꽃가루열hayfever(건초열)을 치료하는 데 사용되는데, 이로 인해 환자는 아낙필락시스 쇼크anaphylactic shock라는 치명적인 알레르기allergies 반응을 일으킬 수 있다.

(배율: 알 수 없음)

왼쪽: 케타민Ketamine 결정체 (편광현미경 사진)

케타민은 병원의 응급 상황이나 전쟁터의 긴급 상황에서 진정과 통증 완화pain relief를 위해 사용하는 제제이다. 이는 다른 몇몇 마취제anaesthetics보다 심장박동heartbeat이나 호흡breathing과 같은 반사작용을 방해할 가능성이 낮다. 케타민은 가수상태를 유도하기 때문에 기분 전환이 필요한 사람들이 케타민 약물을 경험해 보고자 하는데, 진단 없이 비의료적으로 사용할 때에는 많은 경우 부주의로 인해 사망을 초래할 수 있다. 또한, 때때로 분리된 환각 증세를 초래할 수 있으며, 몇몇 사용자들은 익사하거나 독살과 같은 사고에 처할 수 있다.

(배율: 알 수 없음)

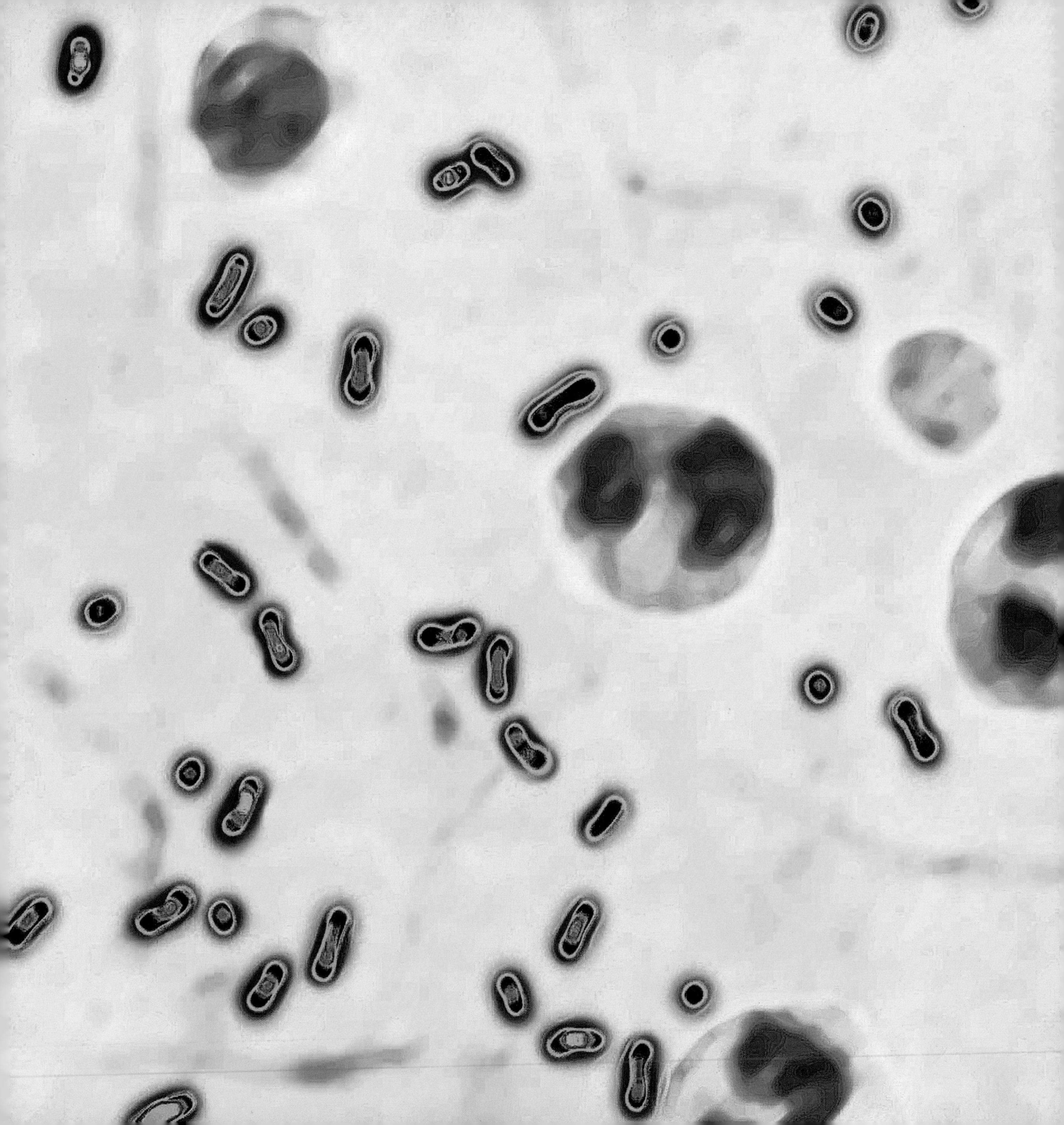

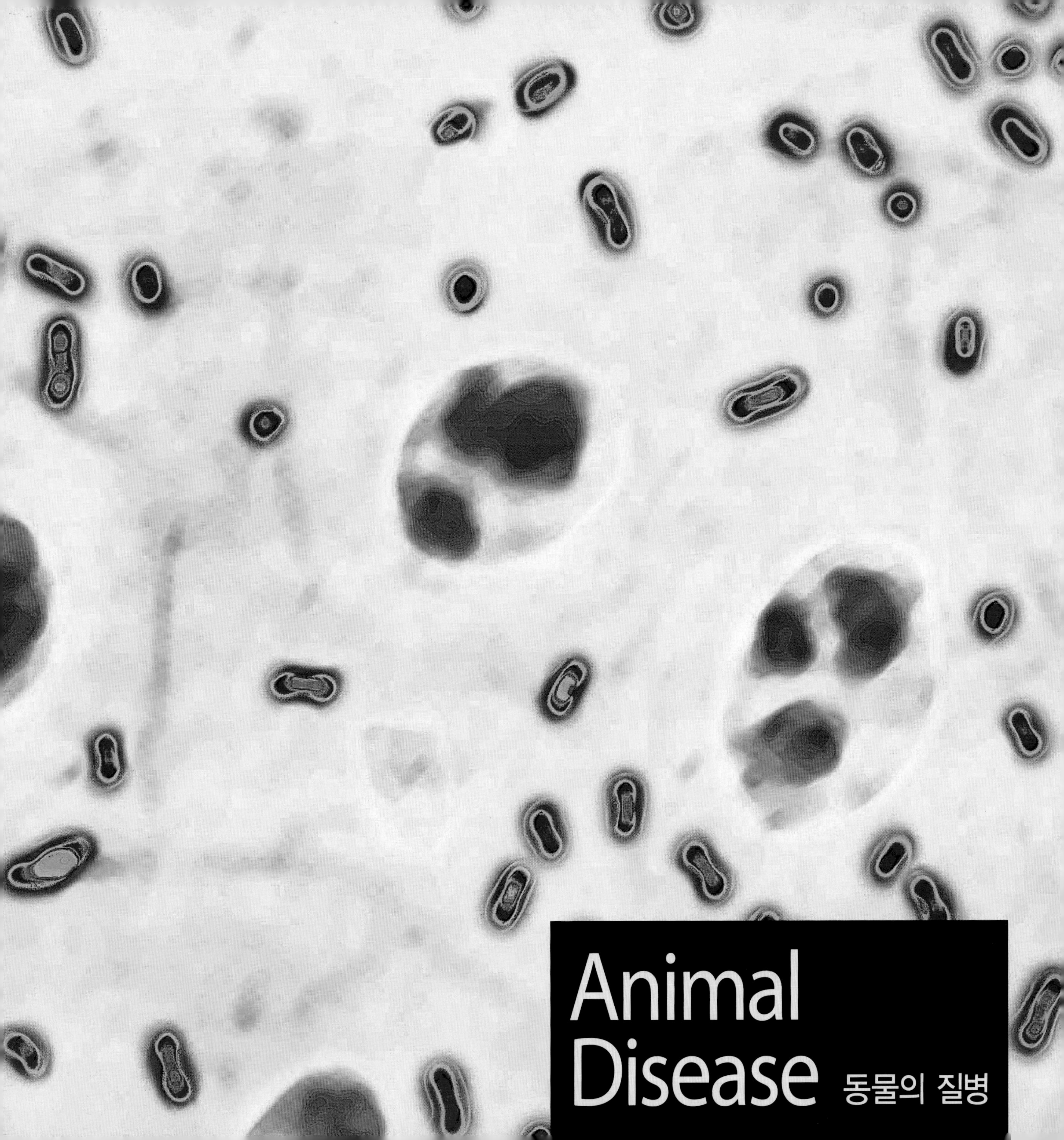
Animal
Disease 동물의 질병

이전 페이지: 페스트균Yersinia pestis (광학현미경 사진)

흑사병Black Death으로 알려진 선페스트bubonic plague(림프절 페스트, 흑사병의 변형 중 하나)는 14세기에 발생해 당시 세계 인구의 3분의 1이 사망에 이르게 한 것으로 추정된다. 사진에서 보이는 작은 파란색 타원형이 페스트균Yersinia pestis 박테리아이다. 박테리아의 숙주host는 쥐에 붙은 벼룩flea이었고, 군대, 교역, 그리고 (아이러니하게도) 전염병을 피하기 위해 만든 경로를 따라 퍼져 나갔다.
(배율: 알 수 없음)

오른쪽: 페스트균 박테리아Yersinia pestis bacteria (주사전자현미경 사진)

선페스트bubonic plague는 감기와 비슷한 증상으로 시작해 쥐의 벼룩flea이 감염시킨 피부에 부스럼이 생기며 마무리된다. 이 확대한 사진에서는 페스트균(노란색 쌀알 모양)이 기생하는 동양쥐벼룩oriental rat flea(여기서 보라색)의 척추spine를 볼 수 있다. 이 박테리아는 선페스트, 폐페스트pneumonic plague, 패혈증성 페스트septicaemic plague라는 세 가지 전염병 형태로 퍼진다. 수천 가지의 사례가 매년 보고되고 있지만, 현대 의학에서는 환자들이 좋은 예후를 보인다.
(배율: 알 수 없음)

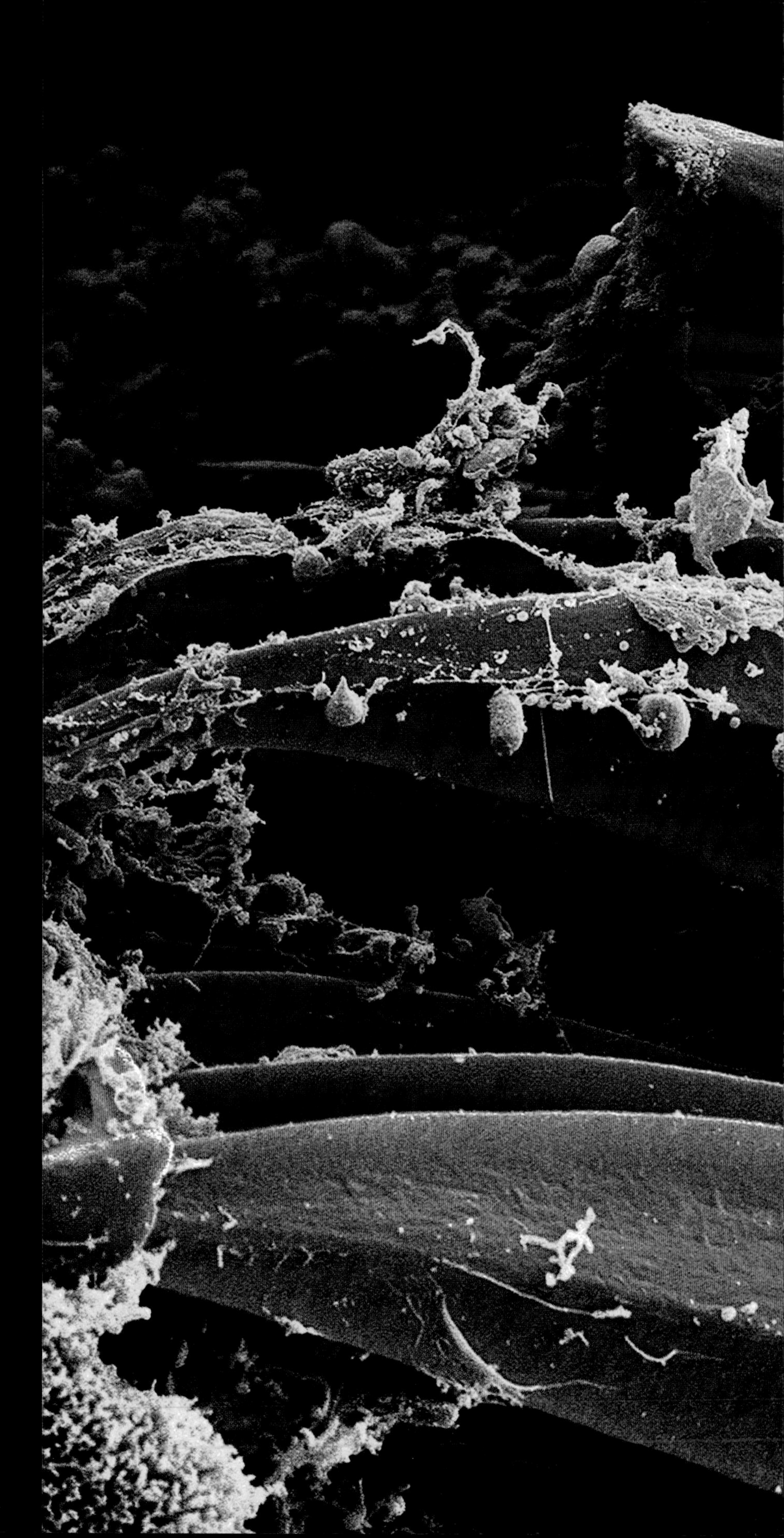

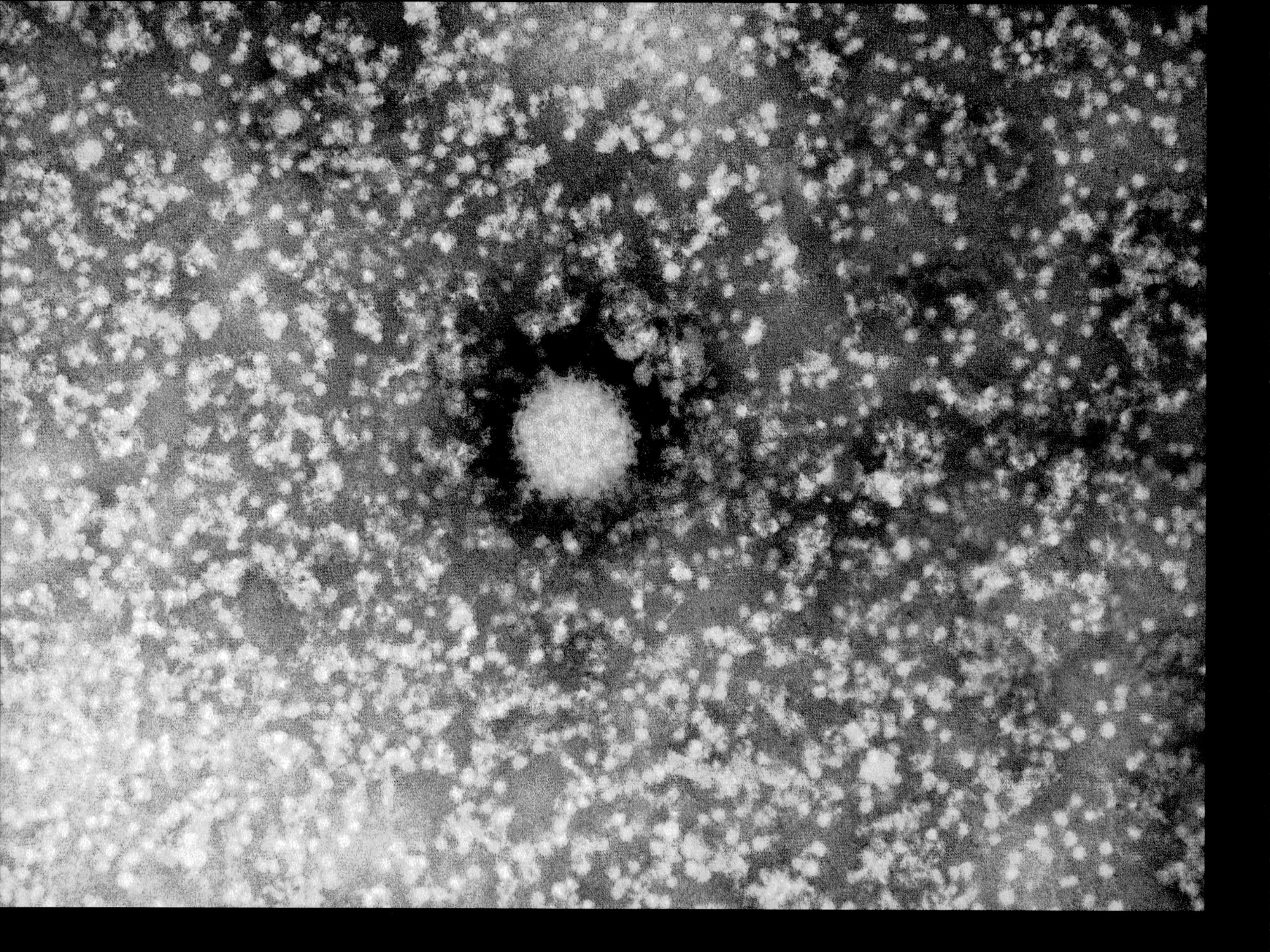

위쪽: 슈말렌베르그 바이러스 Schmallenberg virus **(투과전자현미경 사진)**
녹색으로 빛나는 하늘에 뜬 주황색 태양처럼 보이는 게 바로 농장 가축병을 일으키는 슈말렌베르그 바이러스의 단일 입자이다. 이 이름은 2011년에 이 바이러스가 최초로 확인된 북독일의 휴양지 이름을 딴 것이다. 그 이후로 유럽 여러 나라에서 이에 대한 보고가 15번 이상 이루어진 바 있다. 깔따구midge에 의해 옮겨지는 이 바이러스는 가축의 사산stillbirth과 선천적 기형congenital deformity을 유발한다. 이와 유사한 바이러스를 예방하는 백신이 슈말렌베르그 바이러스에도 효과적으로 작용할 것으로 기대하고 있다.
(배율: 10cm 너비에서 106,000배)

오른쪽: 페스트균 Yersinia pestis **(형광현미경 사진)**
형광 항체fluorescent antibody는 감염된 쥐 벼룩에게 물려 인간에게 옮겨진 페스트균의 무리를 더욱 잘 드러나게 해준다. 이 박테리아는 세계적으로 선페스트bubonic plague를 일으켜 역사적인 유행병andemic으로 기록되었다. 하지만 현대에는 항생제를 이용해 매우 즉각적인 치료를 하여 대부분은 죽음을 면할 수 있게 되었다.
(배율: 알 수 없음)

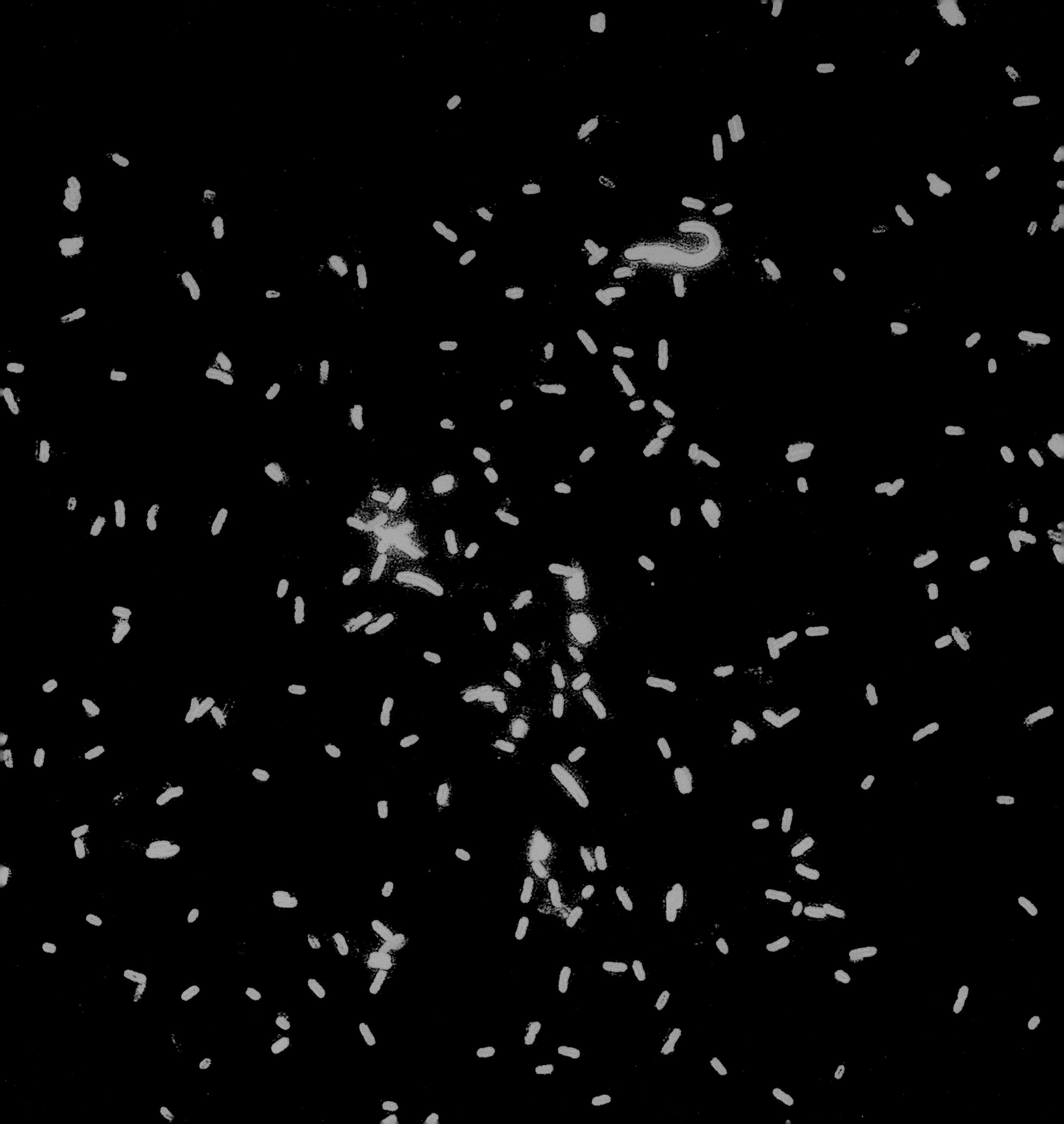

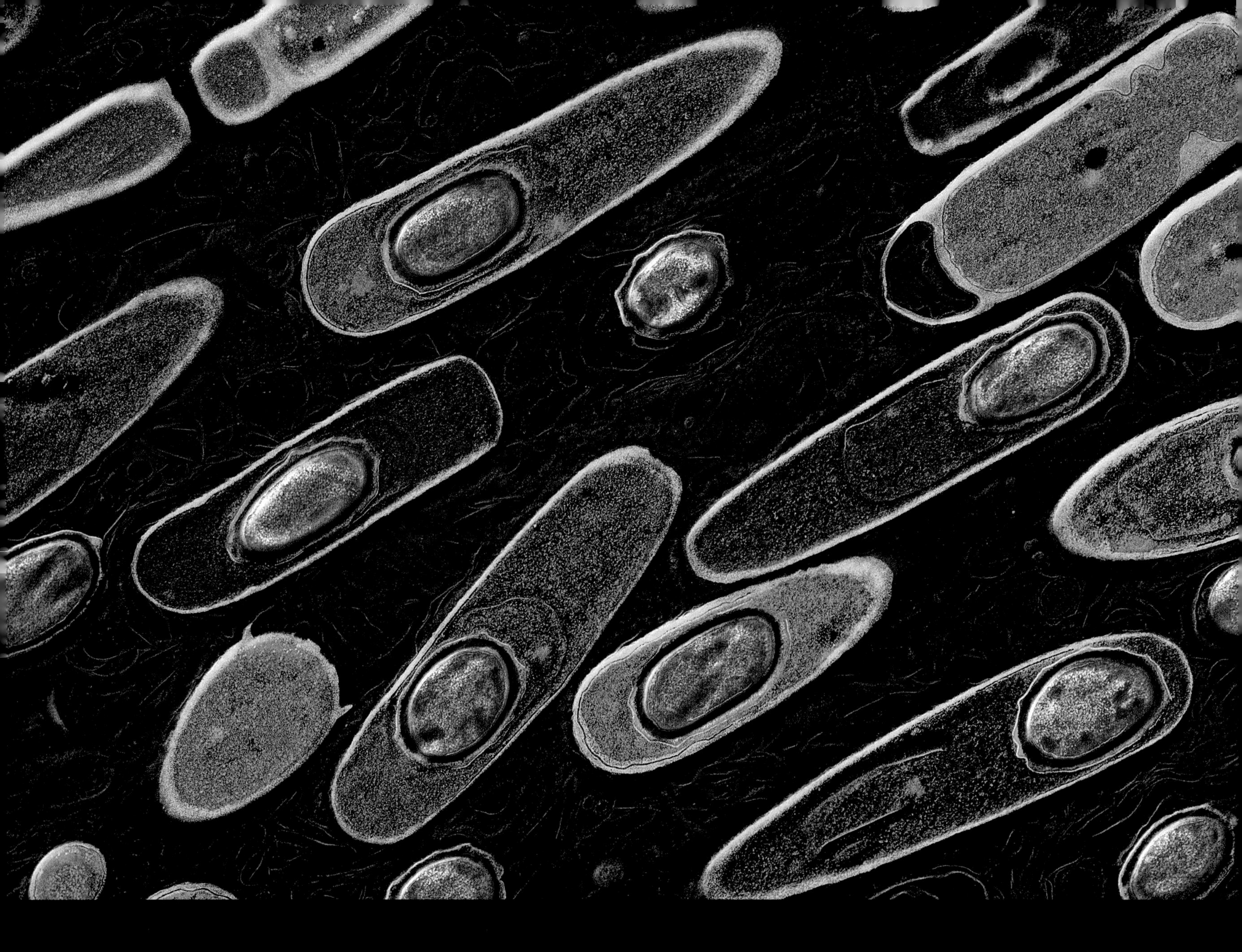

위쪽과 오른쪽: 탄저병 박테리아Anthrax bacteria (투과전자현미경 사진)
빨간색과 분홍색 원형은 탄저병을 일으키는 탄저균Bacillus anthracis(바실루스 안스라시스)의 포자spores이다. 몇몇 포자들은 바깥쪽 껍질로 싸여 있지만, 몇몇은 그렇지 않다. 포자는 환경이 적당해서, 번식할 수 있을 때까지 수년 동안 휴면상태dormant state로 껍질 안에서 생존할 수 있다. 전염성이 강한 이 질병은 동물로부터 전염되는데, 보통 포자를 들이마시거나 감염된 고기를 먹을 경우, 또는 피부의 직접적인 접촉을 통해 전염된다.
(위쪽 배율: 10cm 길이에서 9,300배, 오른쪽 배율: 10cm 길이에서 10,000배)

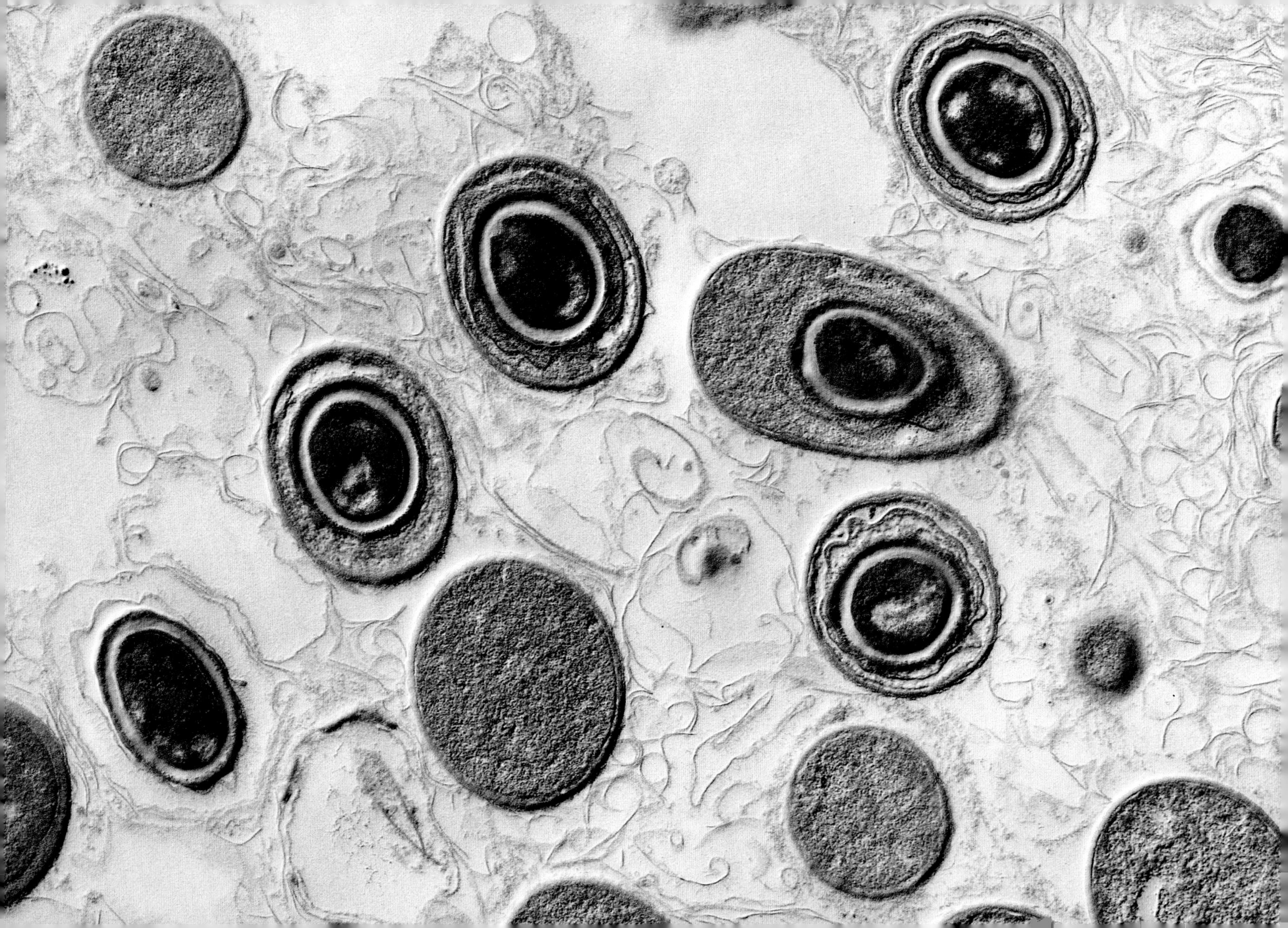

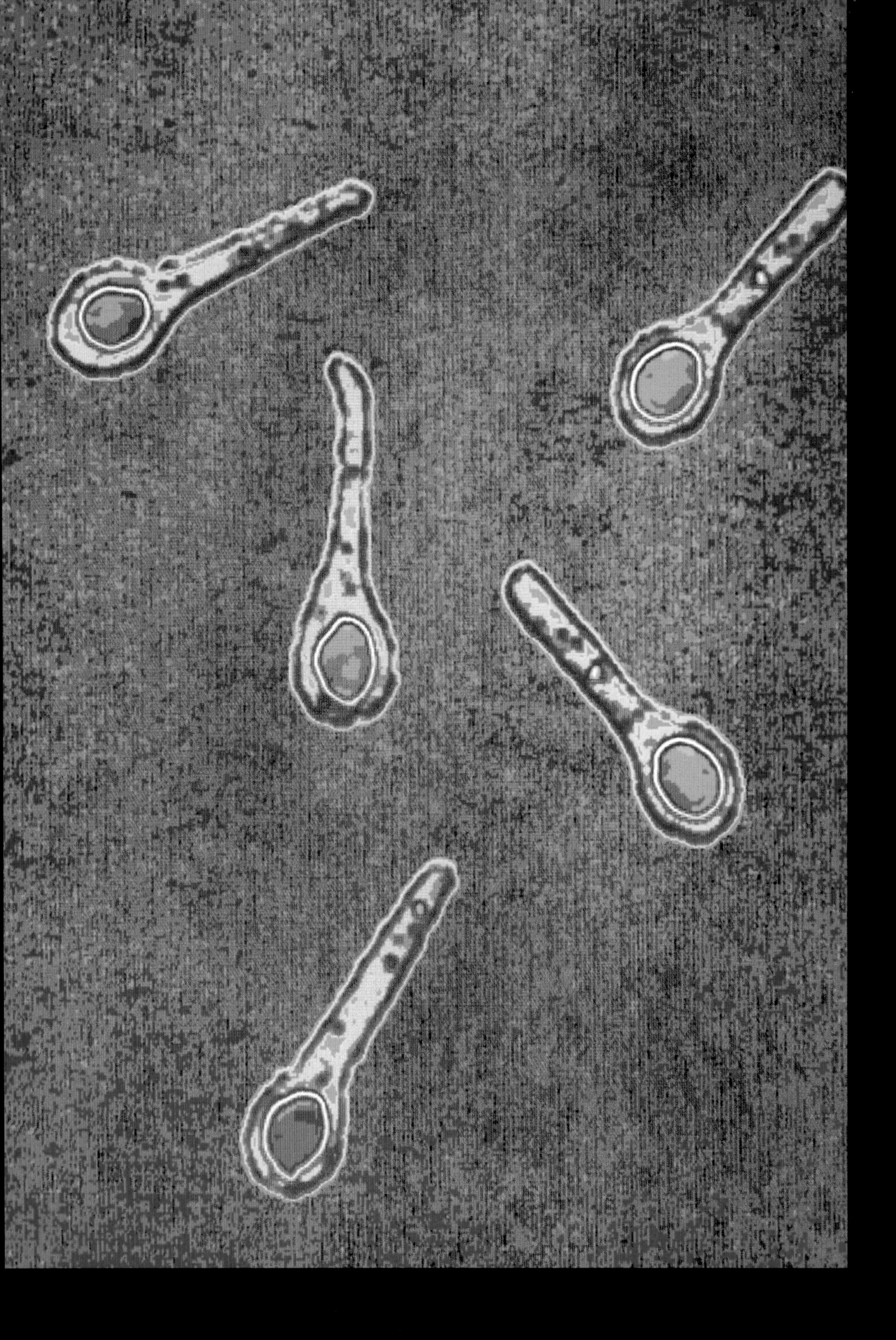

왼쪽: 파상풍균 박테리아 Clostridium tetani bacteria
(투과전자현미경 사진)
이 박테리아는 토양과 동물의 내장gut에서 살아간다. 만일 이 박테리아가 상처 입은 곳을 통해 몸속으로 침투하면 파상풍tetanus을 일으킬 수 있는데, 고통스러운 근육 발작과 호흡 곤란 증상을 유발하게 된다. 박테리아에 의해 생성되는 독소toxin는 용량에 따라 서로 다른 결과가 나타나는데, 그중 가장 확실하게 알려진 것은 몸무게 당 2.5 나노미터의 용량이 치명적이라는 사실이다. 한편, 1924년에 개발된 백신은 제2차 세계대전 중 부상을 입은 수많은 사람의 목숨을 구해냈다.
(배율: 알 수 없음)

오른쪽: 톡소플라스마toxoplasma**에 감염된 세포**
(투과전자현미경 사진)
사진에서 커다란 초록색 경계 안에 있는 작은 분홍색 원반 모양이 인체 세포 안에 서식하고 있는 기생충parasite이다. 기생충인 톡소플라스마원충Toxoplasma gondii은 야생고양이나 집고양이의 몸속에서만 번식할 수 있지만 모든 정온동물에게서 발견되는 개체이다. 이 기생충은 건강한 성인에게서는 대부분 증상이 발현하지는 않는 질병인 톡소플라스마증toxoplasmosis을 일으킨다. 하지만 면역이 약한 사람에게는 졸도와 마비 등을 유발할 수 있다. 한편, 여성들은 태어날 아이에게 이 바이러스를 전달하게 될 수도 있다.
(배율: 10cm 너비에서 4,170배)

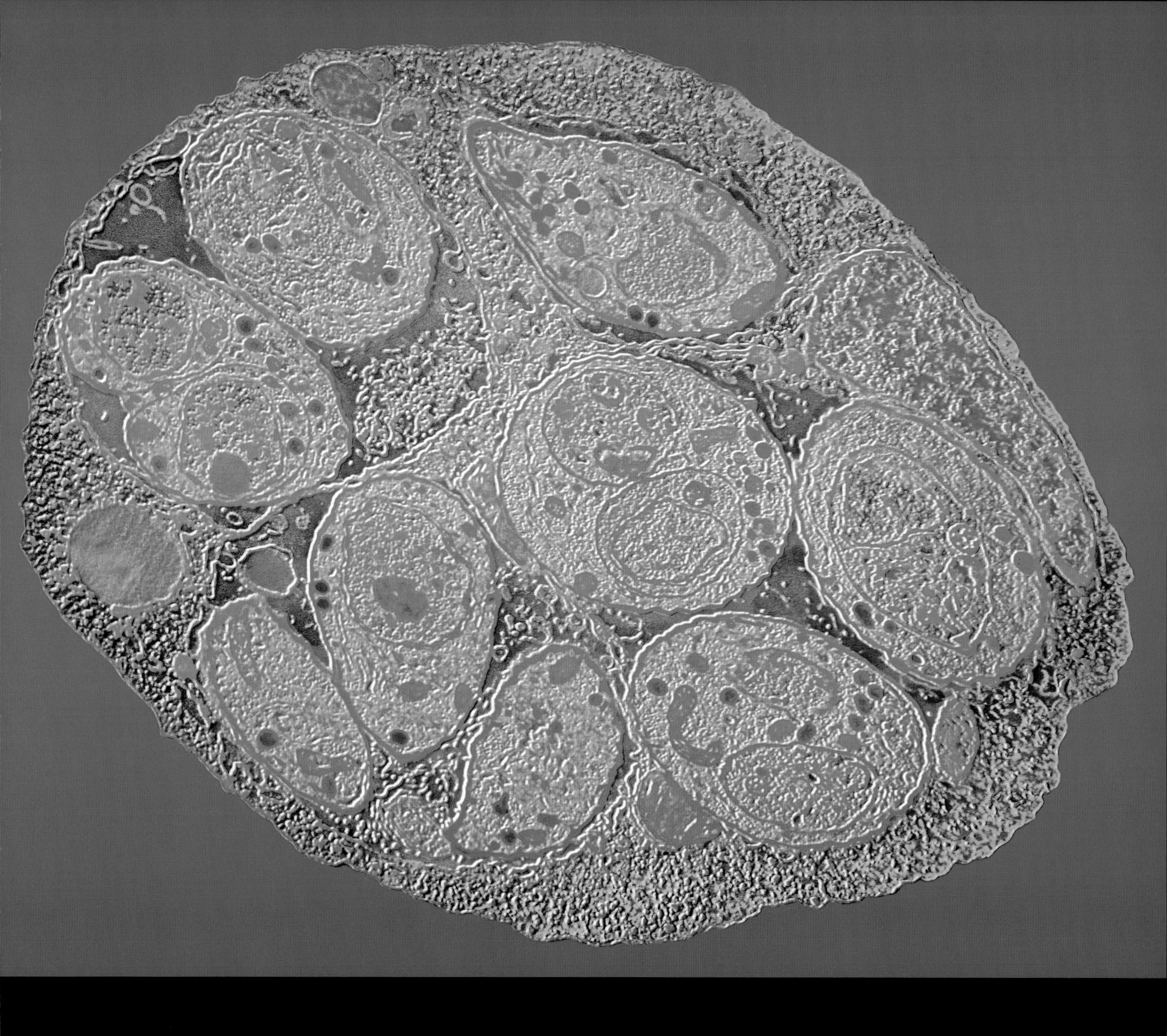

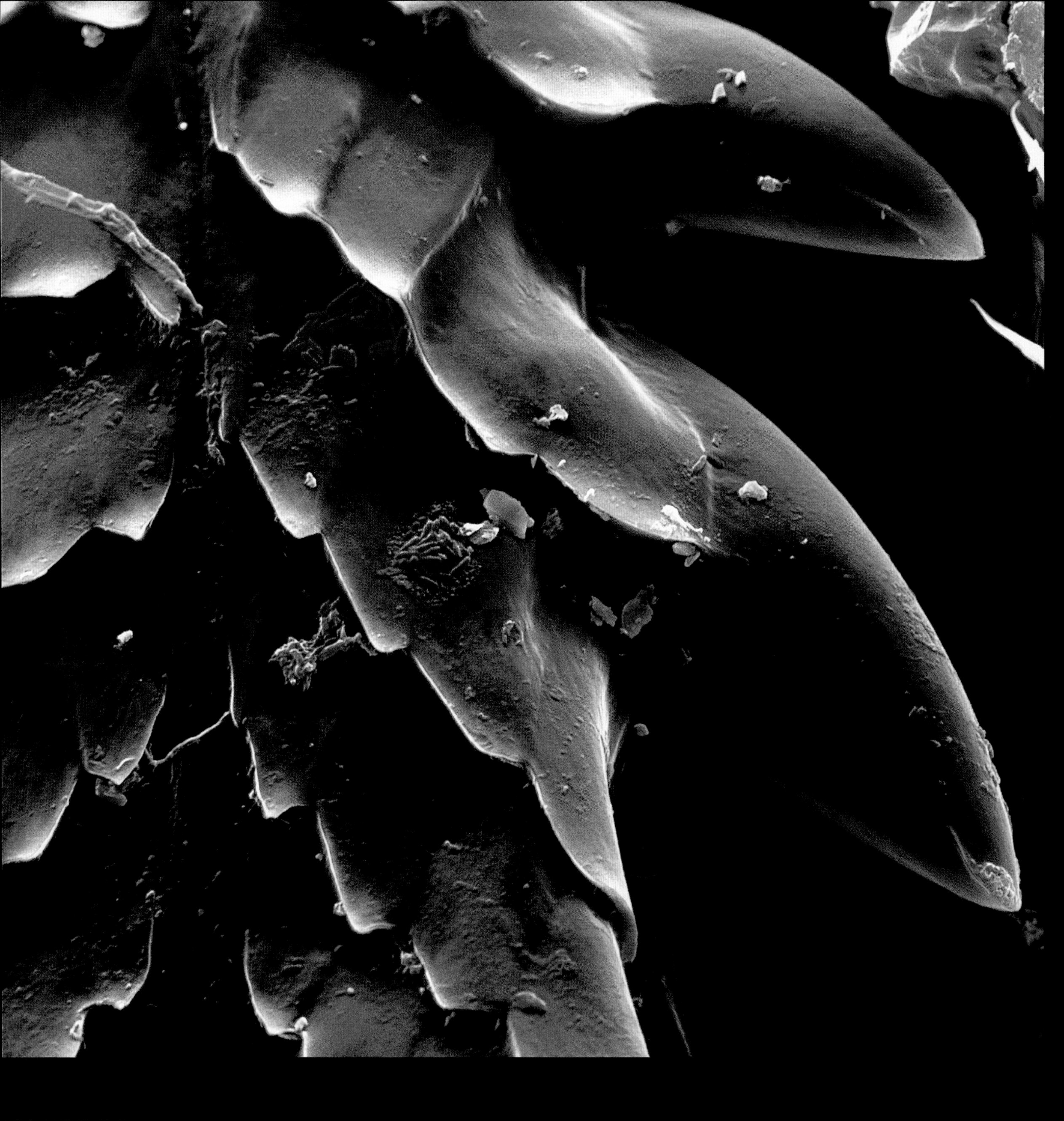

왼쪽: (양에 기생하는) 진드기의 라임병Lyme disease 박테리아 (주사전자현미경 사진)
사진에서 톱니 모양의 가장자리는 양에 기생하는 진드기sheep tick의 기다란 턱이고, 작고 빨간 막대 모양은 라임병을 일으키는 보렐리아 부르그도르페리Borrelia burgdorferi이다. 진드기ticks는 조류, 파충류, 포유류의 피를 빨아먹고 살아간다. 진드기가 피부를 물면 보통 하루나 이틀 동안 들러붙어 있고 난 후에 퍼지게 된다. 라임병은 불쾌한 증상들이 나타나고, 초기에 감염된 후 재발할 수도 있다.
(배율: 6cm 너비에서 550배)

오른쪽: 개촌충Dog tapeworm 액취rostellum (컬러를 입힌 광학현미경 사진)
이 특이한 파란색의 별 모양은 개촌충의 부리 또는 돌출부이다. 개촌충은 원 모양의 고리를 이용해 숙주host의 내장에 달라붙기 때문에 먹이나 배설물에 의해 떨어져 나가지 않는다. 각 고리는 240마이크로미터 또는 100분의 1인치 정도이다. 촌충tapeworm과 대조적으로 개촌충은 2미터까지 자랄 수 있다.
(배율: 알 수 없음)

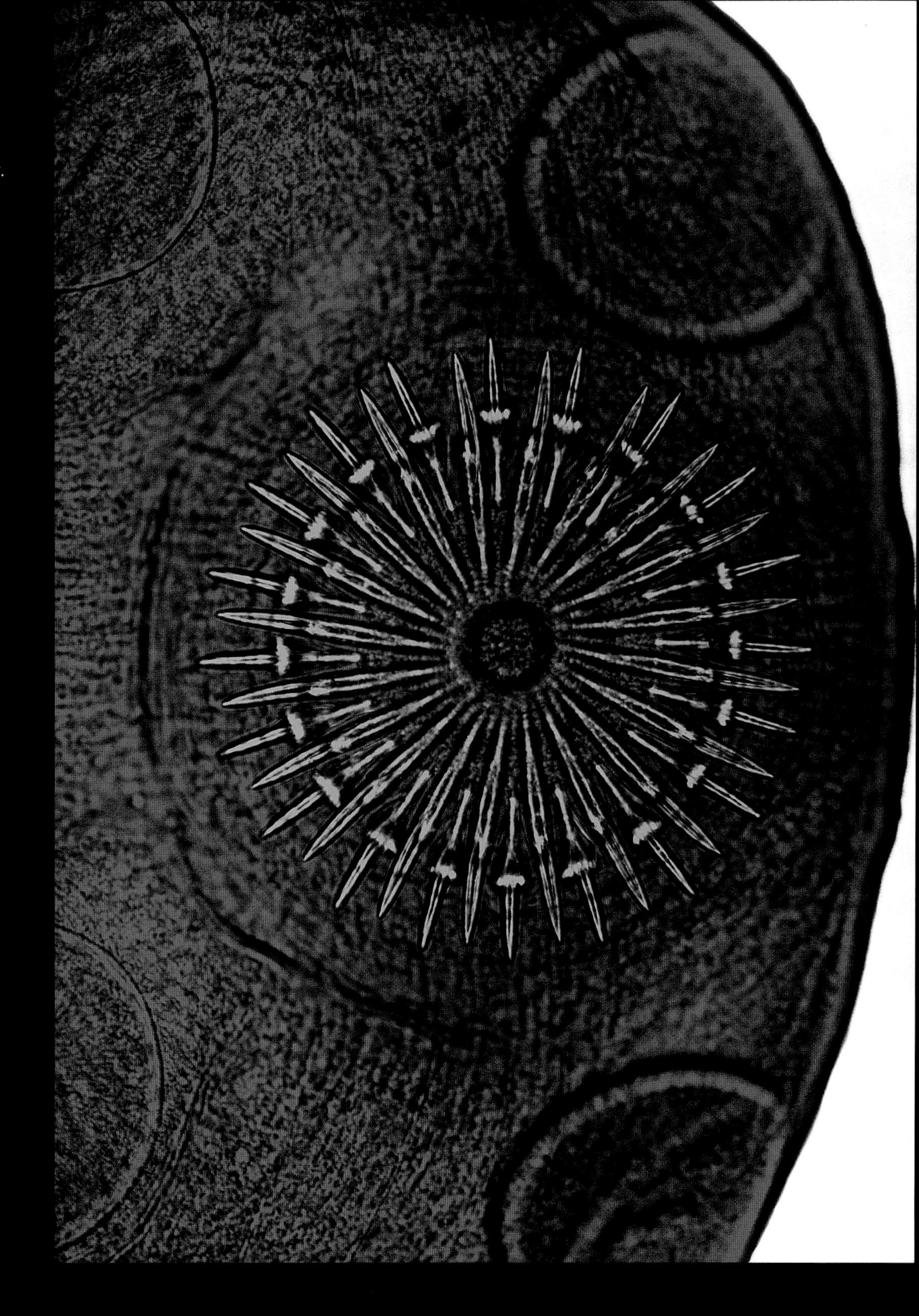

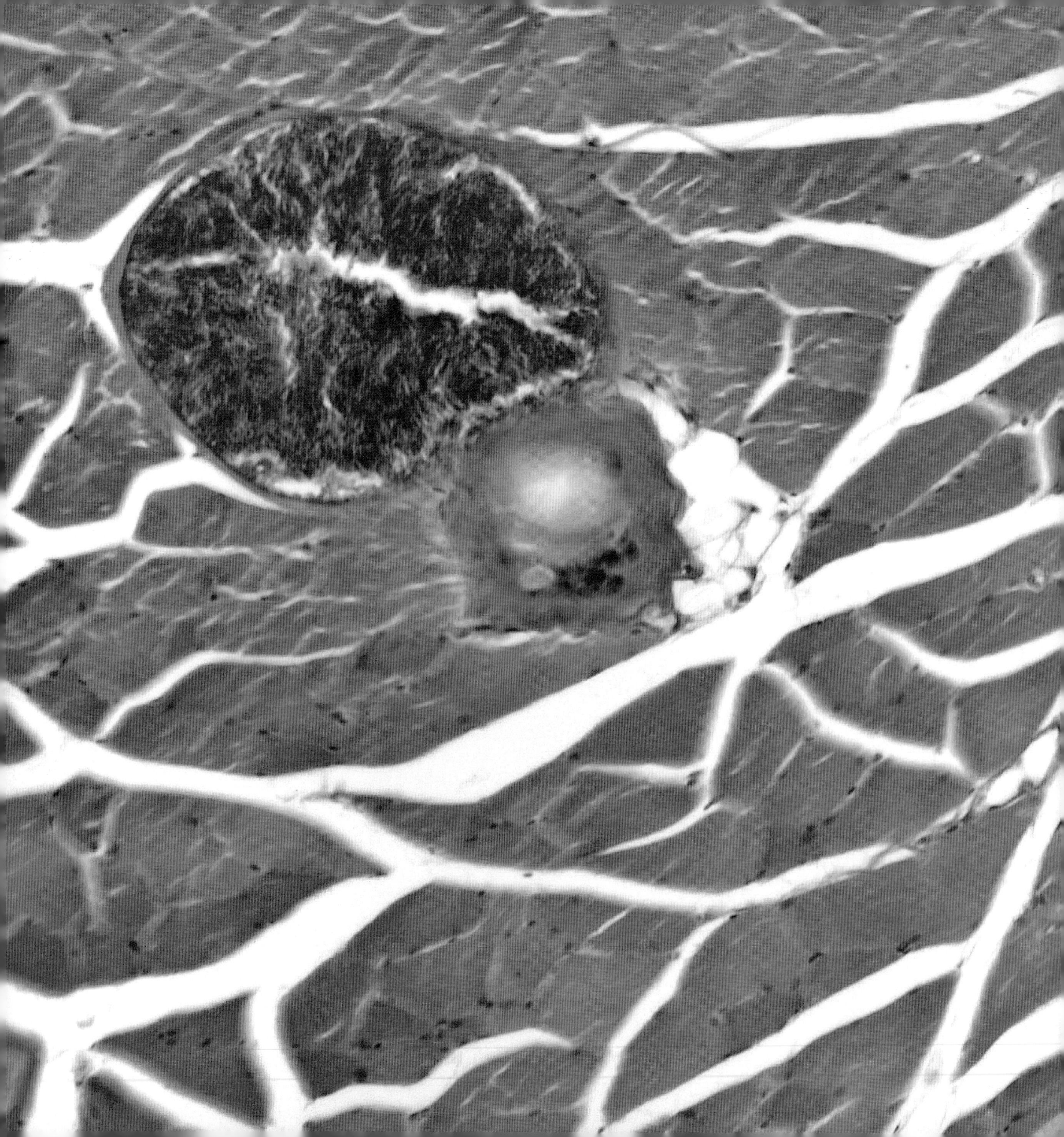

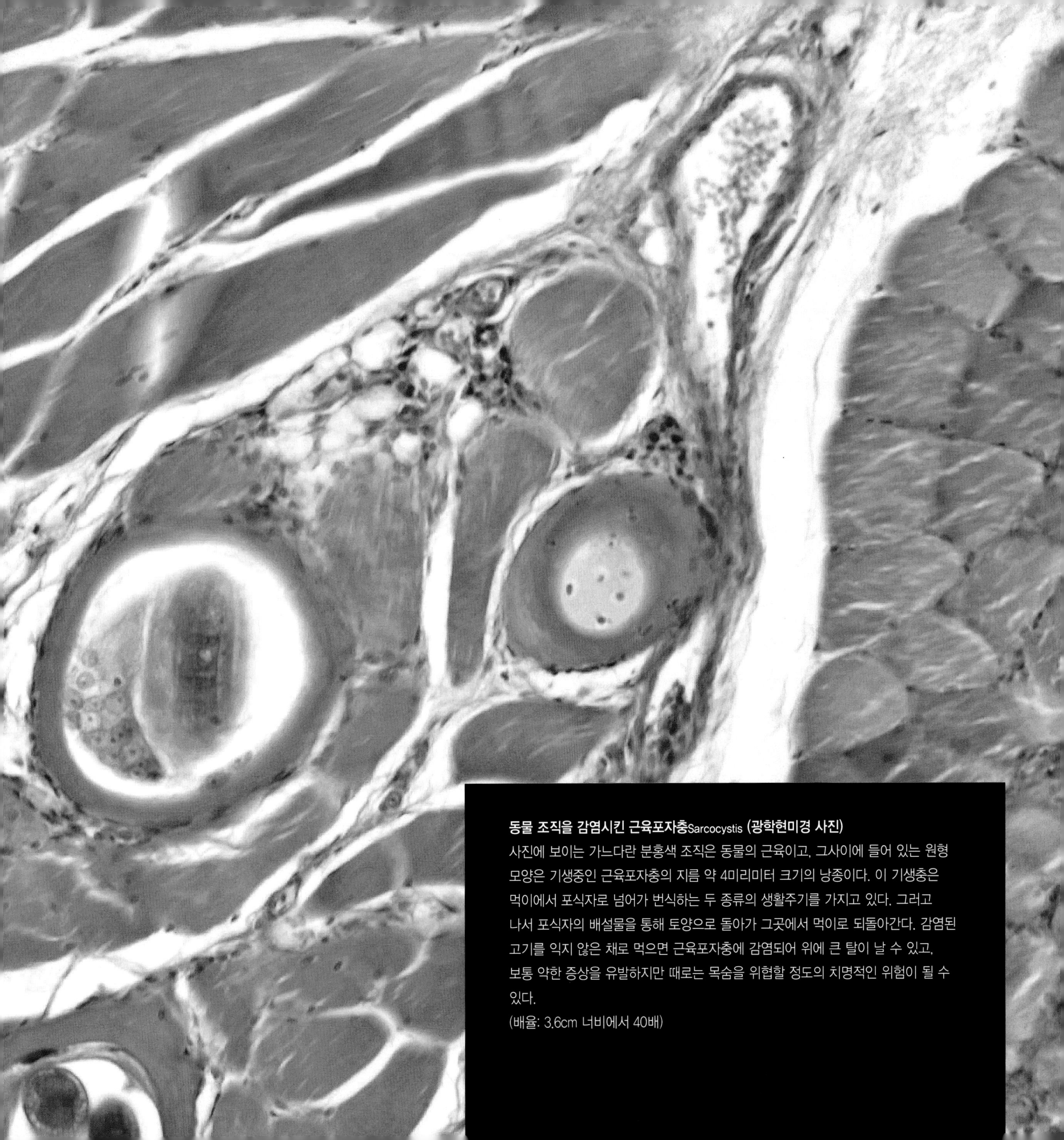

동물 조직을 감염시킨 근육포자충Sarcocystis (광학현미경 사진)
사진에 보이는 가느다란 분홍색 조직은 동물의 근육이고, 그사이에 들어 있는 원형 모양은 기생중인 근육포자충의 지름 약 4미리미터 크기의 낭종이다. 이 기생충은 먹이에서 포식자로 넘어가 번식하는 두 종류의 생활주기를 가지고 있다. 그러고 나서 포식자의 배설물을 통해 토양으로 돌아가 그곳에서 먹이로 되돌아간다. 감염된 고기를 익지 않은 채로 먹으면 근육포자충에 감염되어 위에 큰 탈이 날 수 있고, 보통 약한 증상을 유발하지만 때로는 목숨을 위협할 정도의 치명적인 위험이 될 수 있다.
(배율: 3.6cm 너비에서 40배)

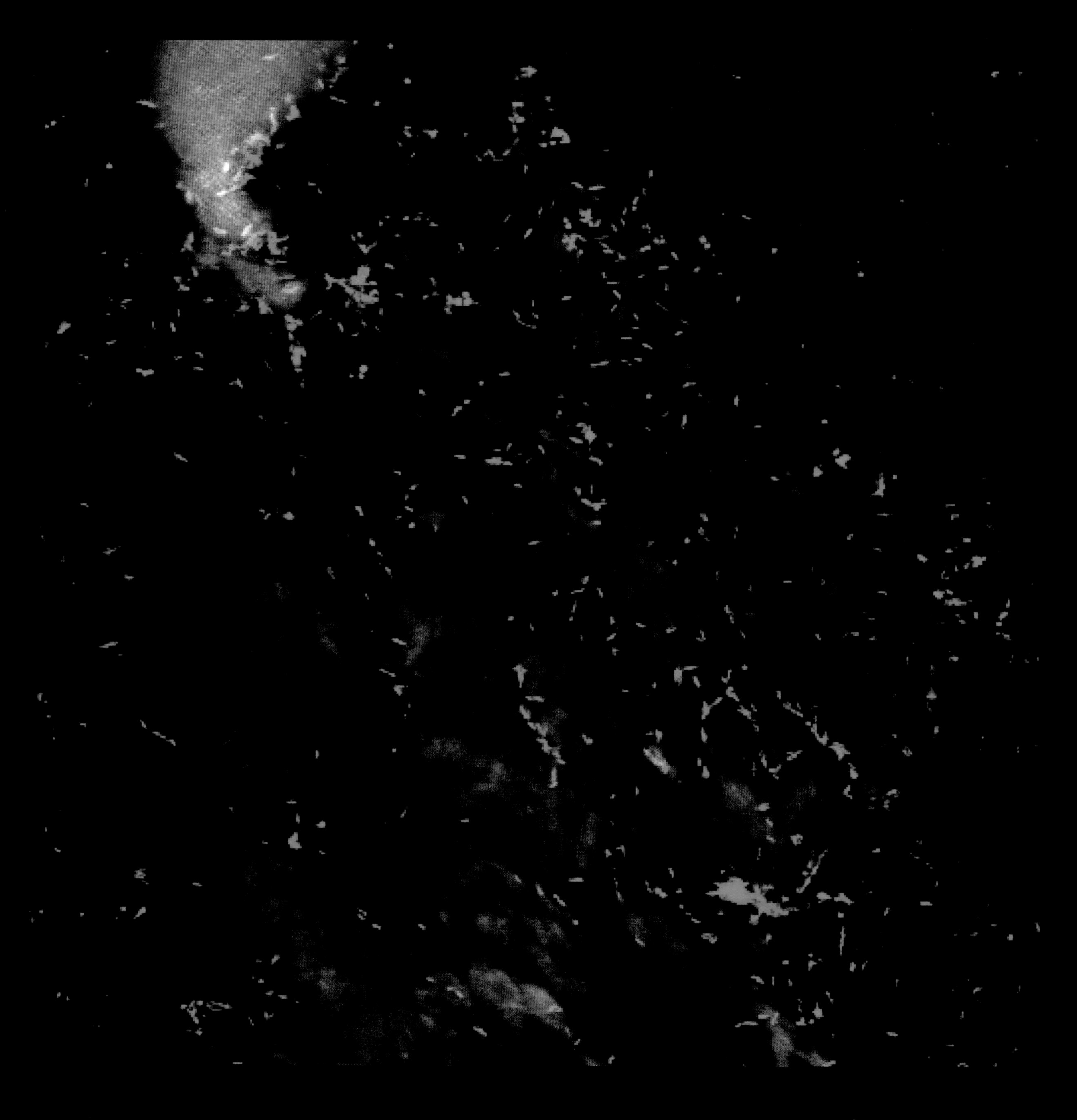

왼쪽: 닭의 피부에 있는 캄필로박터 박테리아 Campylobacter bacteria **(공초점 광학현미경 사진)**
사진에서 보이는 얼룩덜룩한 초록색 모양은 대개 가금류poultry에서 살아가는 캄필로박터 박테리아이다. 이 박테리아는 생닭 혹은 오염된 닭contaminated chicken을 먹는 사람이 감염될 수 있다. 이로 인한 질병인 캄필로박터증campylobacteriosis은 고통스러운 위 경련과 피가 섞인 설사가 약 일주일까지 계속되는 증상을 초래한다. 캄필로박터는 인간의 면역기관이 작동할 수 없도록, 독소를 이용해 감염된 세포가 분열되는 과정을 막아 자신의 수명을 연장한다. 하지만 많은 양의 수분을 섭취하면 박테리아가 몸에서 빠져나간다.
(배율: 알 수 없음)

오른쪽: 야토병균 박테리아 Francisella tularensis bacteria **(투과전자현미경 사진)**
이 박테리아들은 다람쥐나 쥐와 같은 설치류rodent 속에서 살아가지만, 인간은 흔히 진드기에게 물려 야토병tularaemia에 감염되고, 호흡이나 상처 난 피부를 통해 감염되기도 한다. 보통 사냥꾼과 농부들이 이 질병에 걸릴 위험이 가장 크다. 겨우 10개의 프란시셀라 박테리아Francisella bacteria가 감염을 일으킬 수 있는데, 그중 야토병은 잠재적으로 생화학전biological warfare(*탄저병이나 보툴리누스중독증 병원체처럼 사람, 가축, 농작물에 질병이나 죽음을 일으키는 미생물을 군사적으로 이용하는 행위)의 위협을 가진 에볼라ebola, 탄저병anthrax, 선페스트bubonic plague와 같이 분류된다. 이 박테리아는 치명적이지는 않지만 열fever과 폐렴pneumonia을 유발하는 원인이 되고, 공식적으로 이용 가능한 백신은 없다.
(배율: 6cm 너비에서 58,000배)

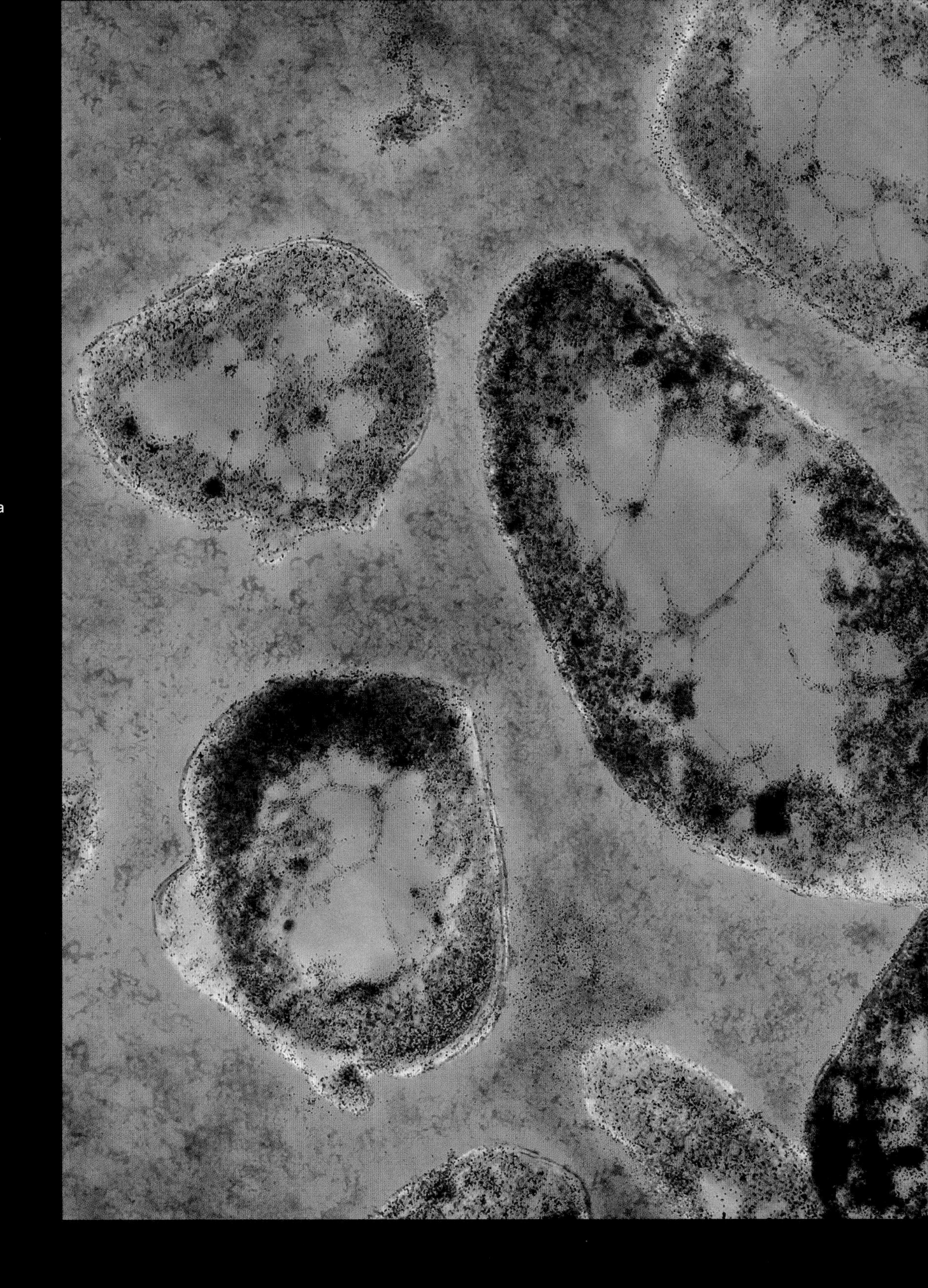

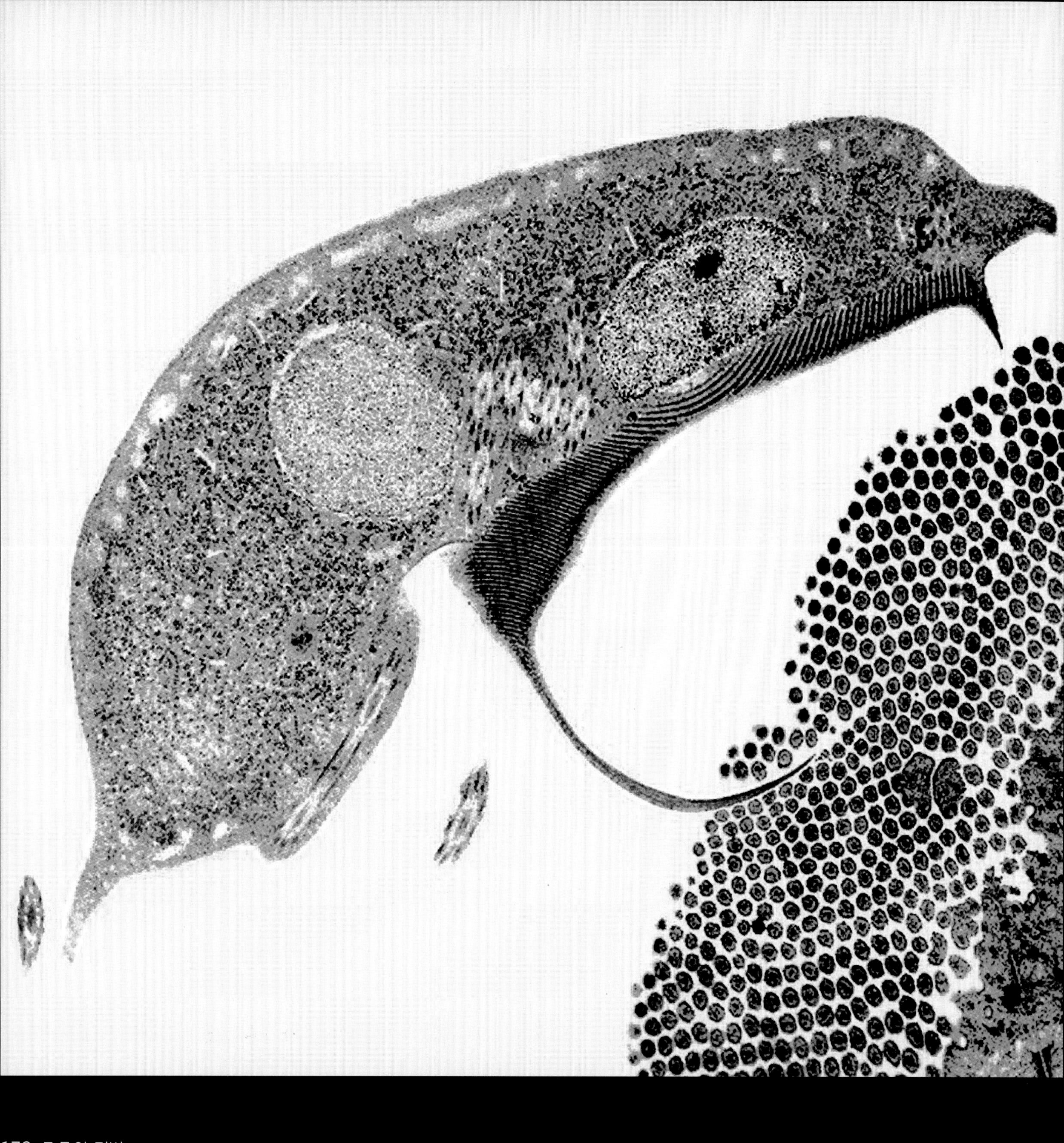

왼쪽: 지아르디아(편모가 있는 원생생물) 원생 기생충 Giardia protozoan parasite **(투과전자현미경 사진)**
횡단면의 사진에 보이는 작은 초록색 원은 머리카락처럼 창자를 둘러싸 영양분을 흡수하는 여드름 모양의 미세융모microvilli이다. 파란색 생물은 지아르디아 기생충giardia parasite이다. 고리 모양의 팔다리는 추진력을 위해 사용하는 편모flagellae이다. 팔다리는 일종의 커다란 흡입관으로 창자에 붙어 있는데, 이 일부가 몸의 오른쪽 아래에서 동심원concentric circle으로 보이는 것이다. 인간은 상한 음식과 오염된 물을 통해 감염될 수 있으며, 매우 심한 소화불량을 일으키는 원인이 된다.
(배율: 10cm 너비에서 7,300배)

오른쪽: 수면병 기생충 Sleeping sickness parasites **(주사전자현미경 사진)**
백혈구white blood cell 내 파란색으로 염색된 형체는 소위 트리파노소마증trypanosomiasis이라는 수면병을 유발하는 트리파노소마 브루세이Trypanosoma brucei 기생충이다. 혈류bloodstream는 체체파리tsetse fly에게 물려 기생충에 감염될 수 있으며, 체체파리는 사하라 사막 이남의 아프리카에서 흔히 볼 수 있다. 관절 통증joint pain과 열fever과 같은 증상은 3주 후에 발발한다. 몇 주가 지나면 기생충이 중추신경계central nervous system로 퍼져 수면 장애 및 육체적 · 정신적 혼란을 일으킨다. 이 질병은 치료하지 않으면 매우 치명적인 결과를 가져오게 된다.
(배율: 10cm 너비에서 3,500배)

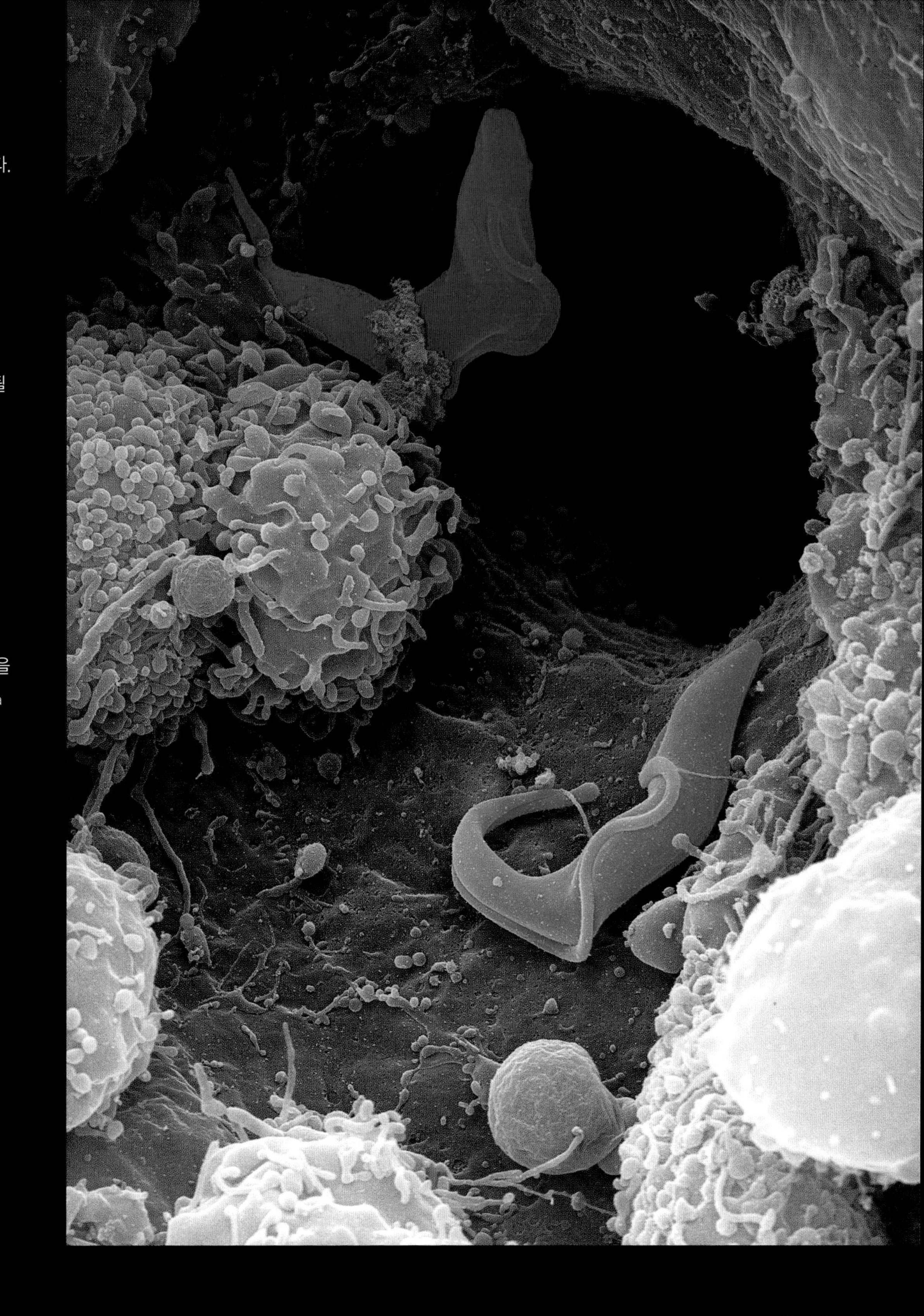

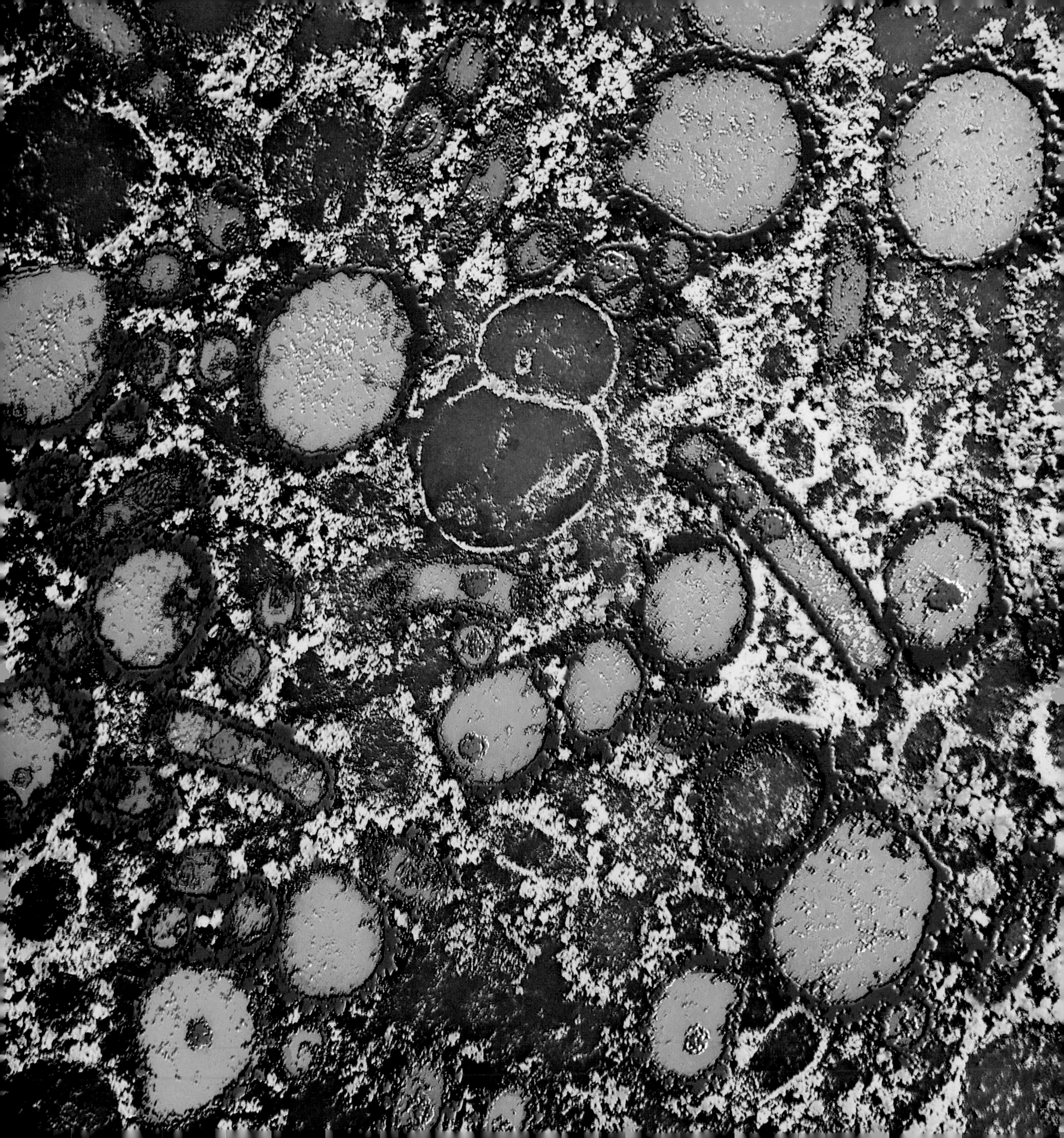

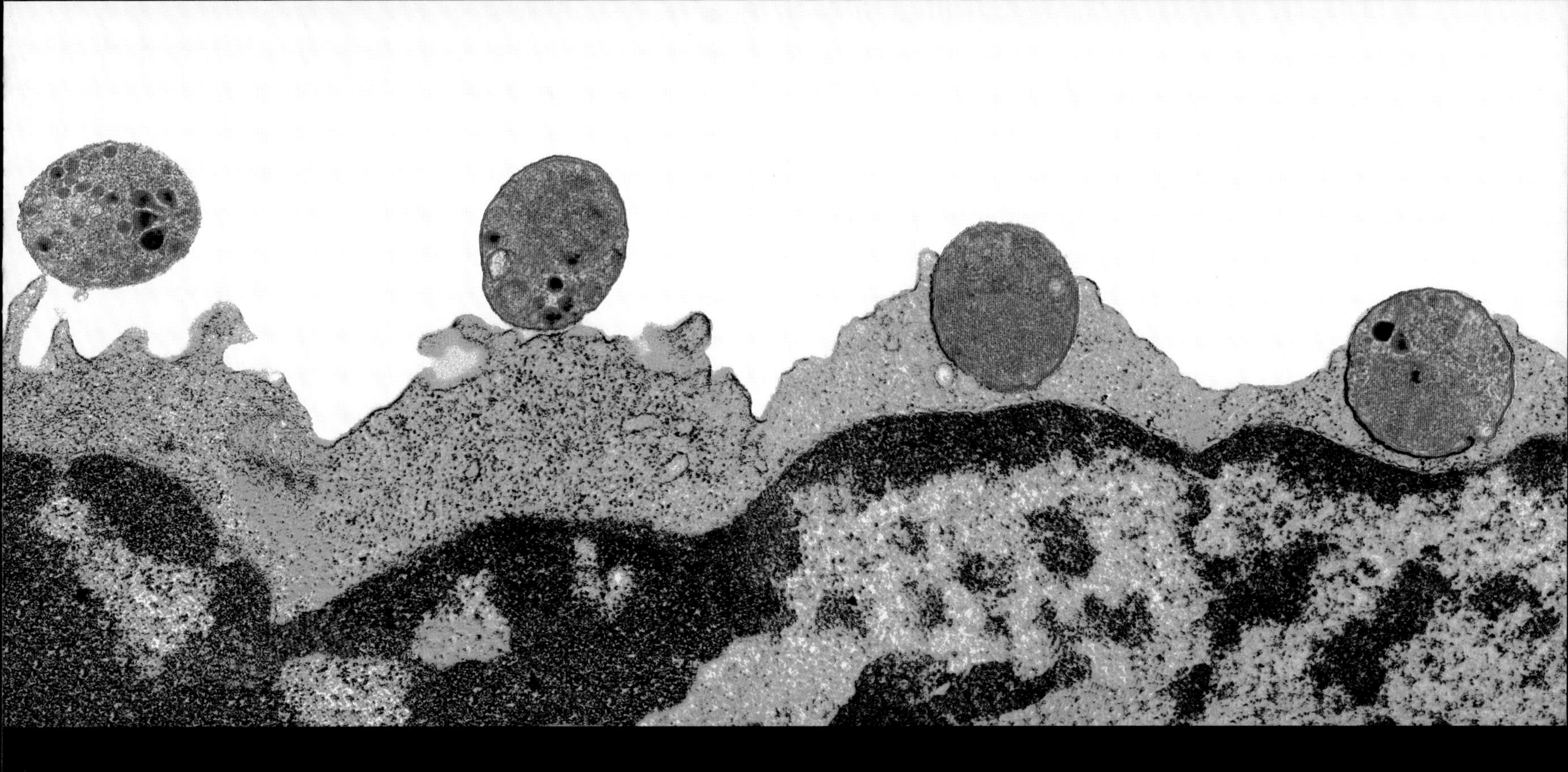

왼쪽: 세포 안의 소바이러스성설사증바이러스Bovine viral diarrhoea virus
(투과전자현미경 사진)

사진은 소바이러스성설사증바이러스bovine viral diarrhoea virus(BVDV)에 감염된 황소의 고환 세포bull's testicle이다. BVDV는 전 세계적으로 퍼져 있는 소와 관련된 질병이며, 이로 인해 우유 생산량이 적어지고, 출산과 질병에 대한 저항성이 떨어지게 된다. 대부분은 몇 주간의 치료를 통해 회복될 수 있다. 그러나 면역체계가 불완전한 동물에게 이 바이러스가 침투할 경우, 이 병은 영원히 계속된다. 지속해서 감염된 소들은 한 번 감염되었던 소보다 수천 배 이상의 바이러스 균을 전염시킨다.
(배율: 6cm 너비에서 20,000배)

위쪽: 소의 림프구를 감염시킨 타일레리아(연안열원충) 파바Theileria parva
(투과전자현미경 사진)

타일레리아Theileria 과family의 기생충 중 두 종류가 소에게 심각한 질병을 일으키는 주요 원인이다. 위의 합성된 이미지는 타일레리아 파바에 의해 감염되는 과정을 단계별로 보여 준다. 먼저 이 기생충은 대상에 가까이 가서 접촉한 다음, 소의 백혈구white blood cell를 공격한다. 타일레리아 파바는 아프리카 대륙에서 가장 치명적인 소 감염 중 하나인 이스트 코스트 열병East Coast fever을 일으킨다. 타일레리아 기생충은 진드기에 물려 옮는다. 또 다른 요인인 타일레리아 미크로티Theileria microti는 말라리아와 같은 증상을 일으키는 인간 타일레리아증theileriosis을 유발한다.
(배율: 알 수 없음)

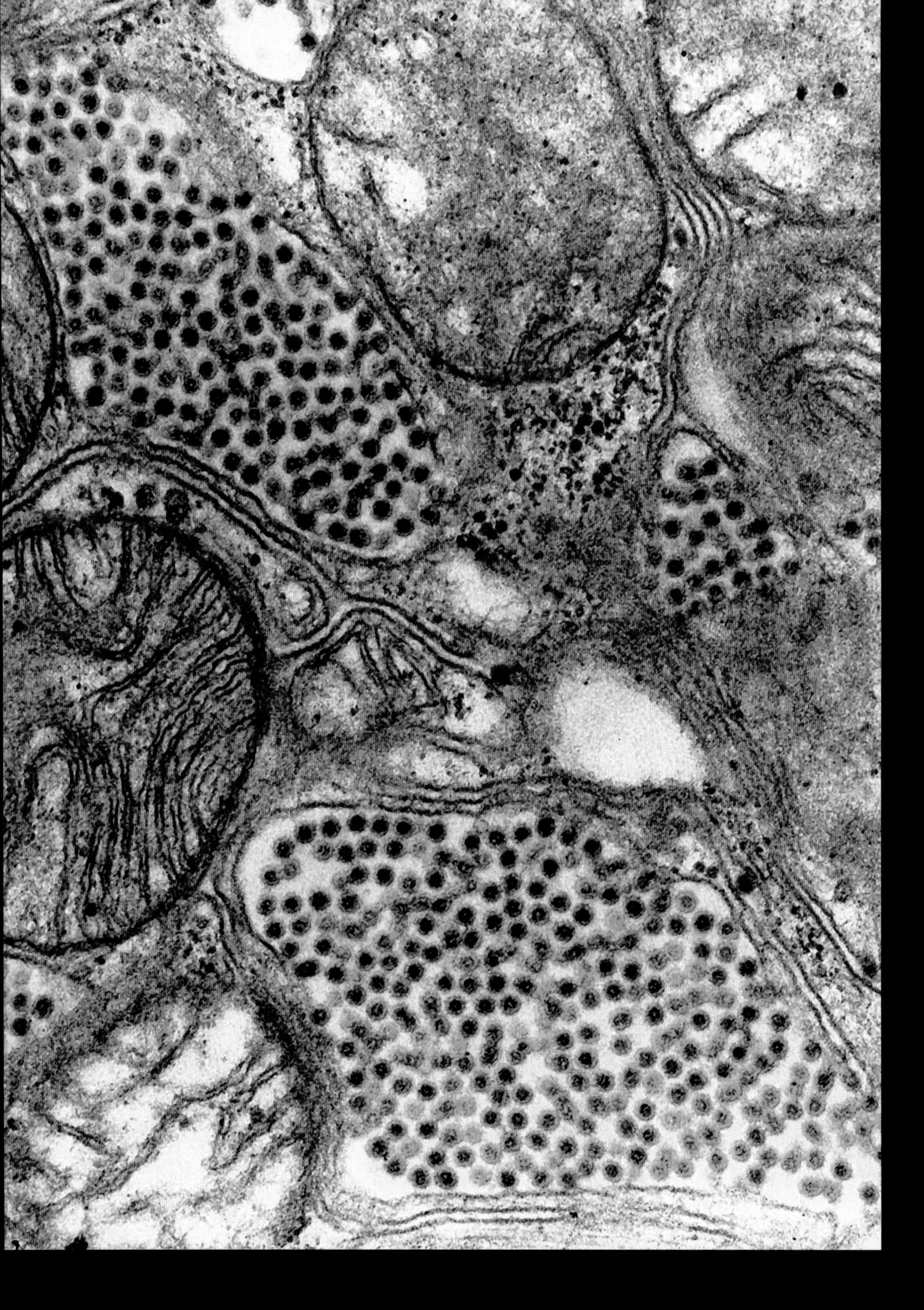

왼쪽: 동부 말뇌염 바이러스 Eastern equine encephalitis virus **(투과전자현미경 사진)**

사진에서 보이는 푸른색 점은 모기mosquito의 타액saliva gland에 있는 동부 말뇌염Eastern equine encephalitis(EEE) 바이러스의 입자이다. 이 바이러스는 모기를 통해 북아메리카, 중앙아메리카, 그리고 남아메리카의 동부에서 말horse뿐 아니라 조류bird, 심지어 인간human에게까지 퍼진다. 증상은 발작seizure과 소리나 빛에 대한 과민반응 등이 나타난다. 말이 이 바이러스에 감염되지 않도록 예방하는 백신은 있지만, 치료법은 알려진 것이 없다. 또한, 바이러스에 감염되면 인간은 30%의 확률, 말은 80%의 확률로 치명적인 결과에 이를 수 있다. (배율: 알 수 없음)

오른쪽: 엔테로사이토준 기생충 Enterocytozoon bieneusi parasite **(투과전자현미경 사진)**

엔테로사이토준은 창자의 내막을 공격하며, 면역기관이 제 기능을 발휘하지 못한다면 피해를 보기 쉽다. 이 기생충은 1985년에 에이즈 환자AIDS patient에게서 최초로 발견되었다. 엔테로사이토준은 창자 벽에 있는 세포를 공격해서, 감염된 세포가 창자에서 빠져나오기 전에 무성 생식한다. 사진은 기생충이 번식해낸 성숙한 포자가 숙주 세포에서 분출하고 있는 모습이다. 감염은 설사를 일으키며 이 과정에서 기생충은 배설물 환경으로 돌아가게 된다. (배율: 6cm 너비에서 2,222배)

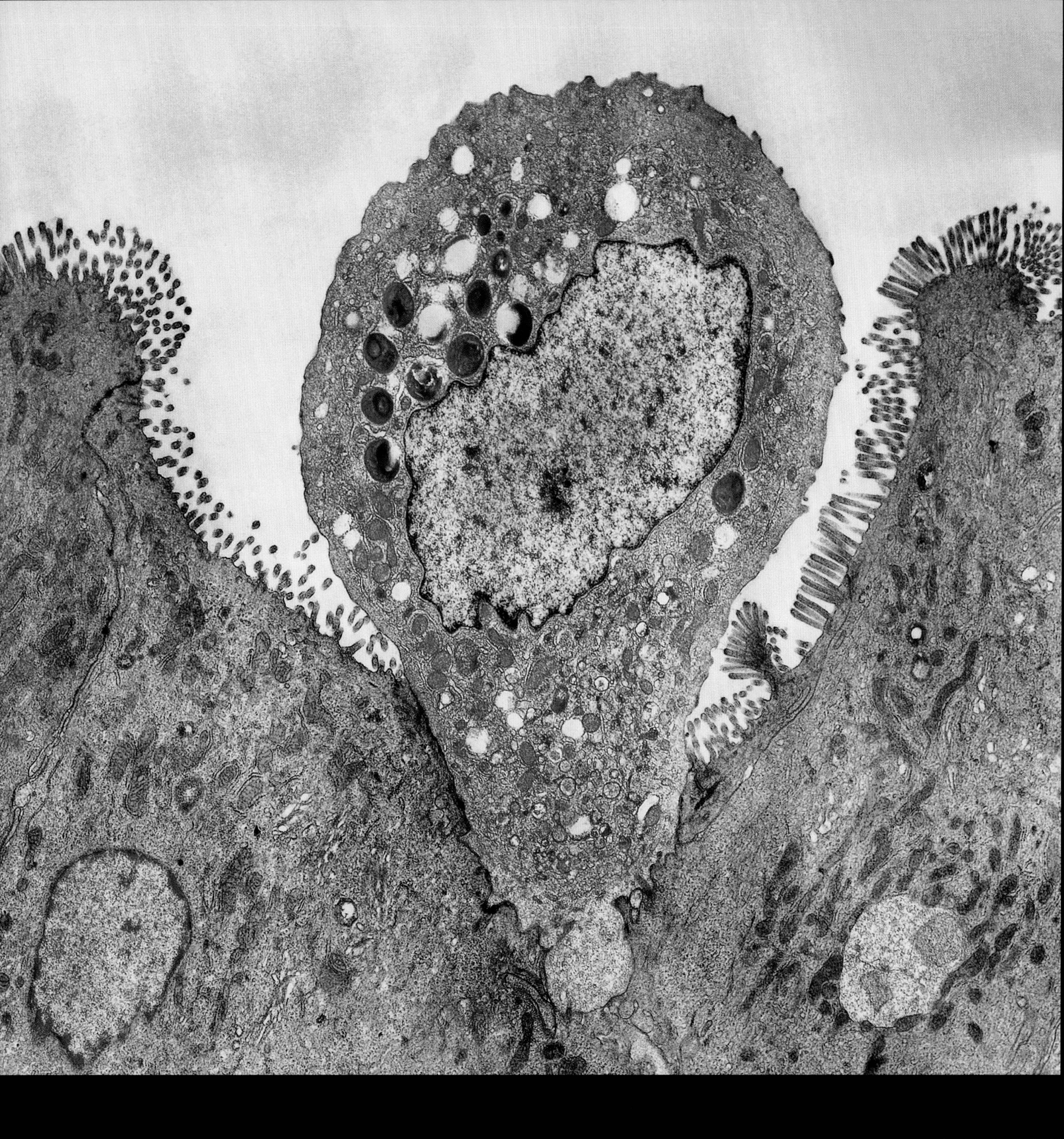

왼쪽: 수포성 구내염 바이러스 Vesicular stomatitis virus
(투과전자현미경 사진)

수포성 구내염은 인간에게도 전염될 수 있는 농장 동물의 질병으로, 증상 범위는 열fever부터 입술 물집mouth blisters까지 다양하다. 특별한 치료법은 없고 보통 몇 주가 지나면 치유된다. 바이러스의 총알 모양은 랍도바이러스rhabdovirus 과family에 속하는 바이러스의 전형적인 특징으로, 광견병rabies도 여기에 속한다. 이 바이러스의 변이는 암세포와 에이즈HIV나 에볼라ebola 바이러스에 감염된 세포들을 파괴하는 것으로 나타났다.
(배율: 알 수 없음)

오른쪽: 라고스 박쥐 바이러스 Lagos Bat virus
(투과전자현미경 사진)

라고스 박쥐 바이러스Lagos bat virus(LBV)는 광견병rabies을 일으키는 과family에 속한 또 다른 바이러스이다. 사진에 보이는 비리온virion(분홍색)은 이 바이러스가 가진 전형적인 모습으로, 총알 형태임을 알 수 있다. 이들은 감염된 조직(파란색) 안에서 바이러스에 의해 생성되는 단백질 덩어리인 세포질내 내포체intracytoplasmic inclusion body(노란색)에 붙는다. 라고스 박쥐 바이러스의 모든 사례는 아프리카에서만 발생하는데, 이 지역에서 수입된 프랑스 과일박쥐만은 예외적이다. 이 바이러스는 인간에게서는 발견된 바 없다.
(배율: 알 수 없음)

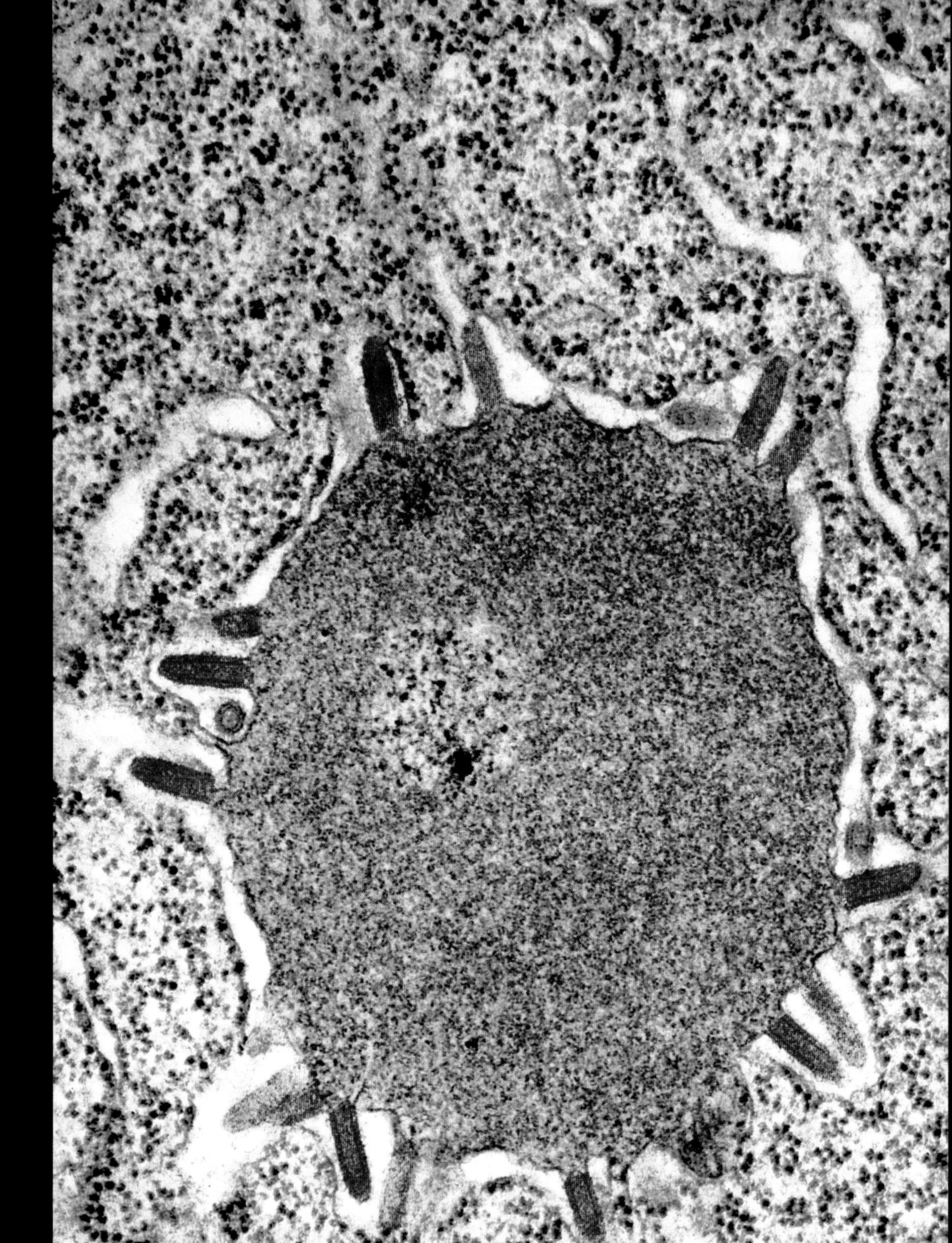

아프리카돼지열병African swine fever을 일으키는 비리온Virion (투과전자현미경 사진)

사진에서 보이는 분홍색과 빨간색의 기하학적 형태는 아프리카돼지열병을 일으키는 바이러스 입자이다. 이 질병은 수많은 야생돼지 종에게 아무런 증상을 유발하지 않지만, 가축 돼지에게는 치명적인 결과를 발생시킨다. 숙주세포host cell의 핵이 아니라 바이러스 공장virus factories이라 일컫는 부분인 세포질에서 번식하는 것은 바이러스 중에서 흔치 않은 경우이다. 이 바이러스는 20세기 후반에 이베리아반도를 통해 아프리카에서 유럽으로 퍼졌다.
(배율: 3.5cm에서 5,800배)

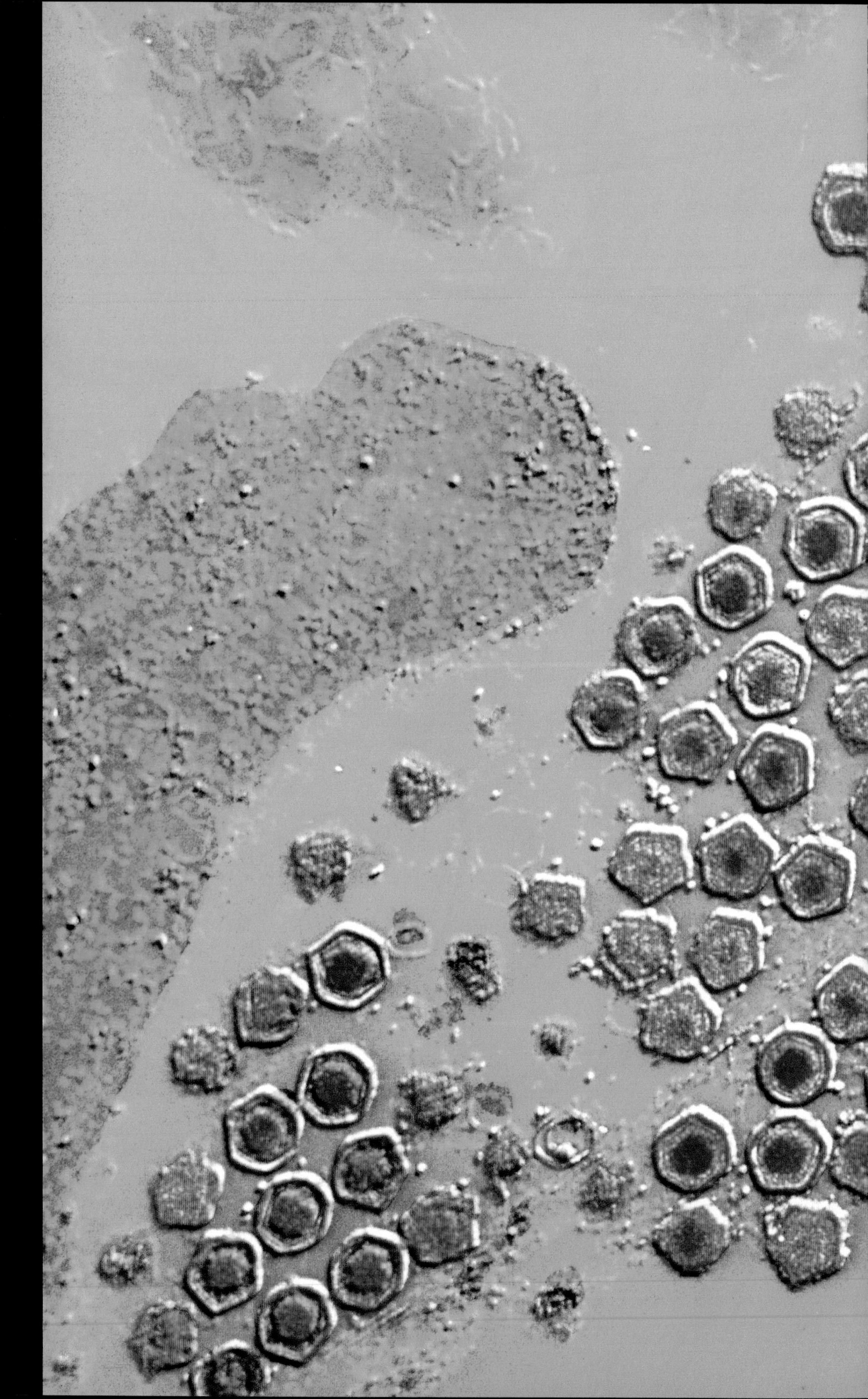

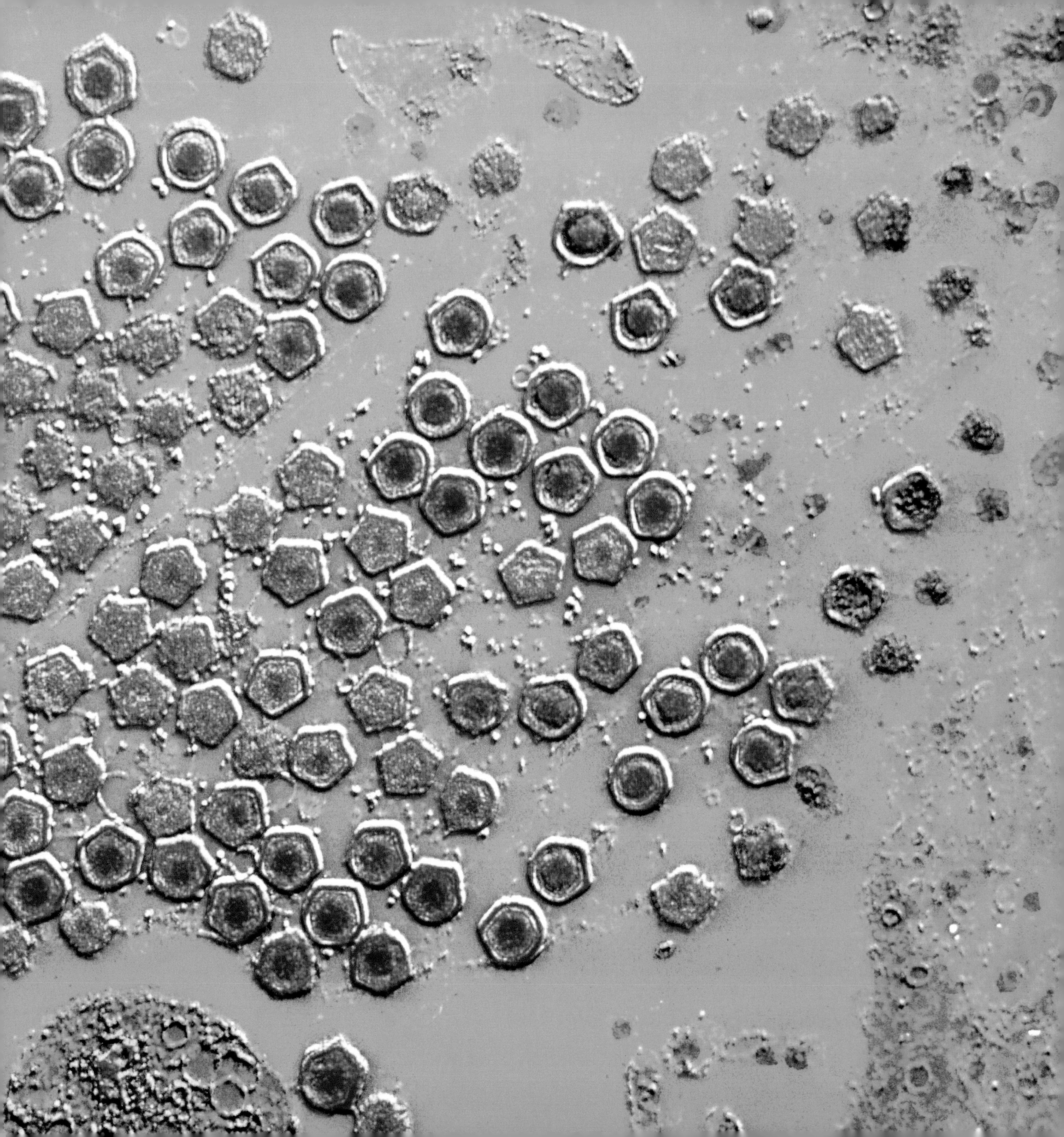

아래쪽: 수포성 구내염 바이러스 Vesicular stomatitis virus **(투과전자현미경 사진)**

수포성 구내염Vesicular stomatitis은 입, 유방, 발에 병변이 일어나는 구제역foot-and-mouth disease과 비슷한 증상을 보이는 가축 동물의 질병이다. 이 질병이 발발하면 농부들은 이웃 농장으로의 확산을 막기 위해 생물학적 안전조치에 힘쓴다. 이를 통해 동물 대부분은 회복되지만, 때로는 대량 살상이 전염을 막아 주는 최고의 방편으로 여겨지기도 한다. 사진에서는 총알 모양의 바이러스 입자(초록색)가 감염된 세포(파란색) 안에서 번식한 후에 세포를 떠날 준비 중인 모습이다.
(배율: 알 수 없음)

오른쪽: 방광결석 Bladder stone **(주사전자현미경 사진)**

이것은 개의 방광에서 나온 '돌' 결정체이다. 이러한 돌은 소변 속 무기염류mineral인 옥살산칼슘calcium oxalate 과다로 결정화됨으로써 형성되는 것이다. 지름 수 센티미터의 크기까지 커질 수 있으며, 특히 요로urinary tract를 통과할 때 상당히 불편함을 유발한다. 큰 돌은 초음파ultrasound로 분해하거나 외과 수술로 제거한다. 사진 속 결석의 크기는 약 8㎜다.
(배율: 10cm 크기에서 10배)

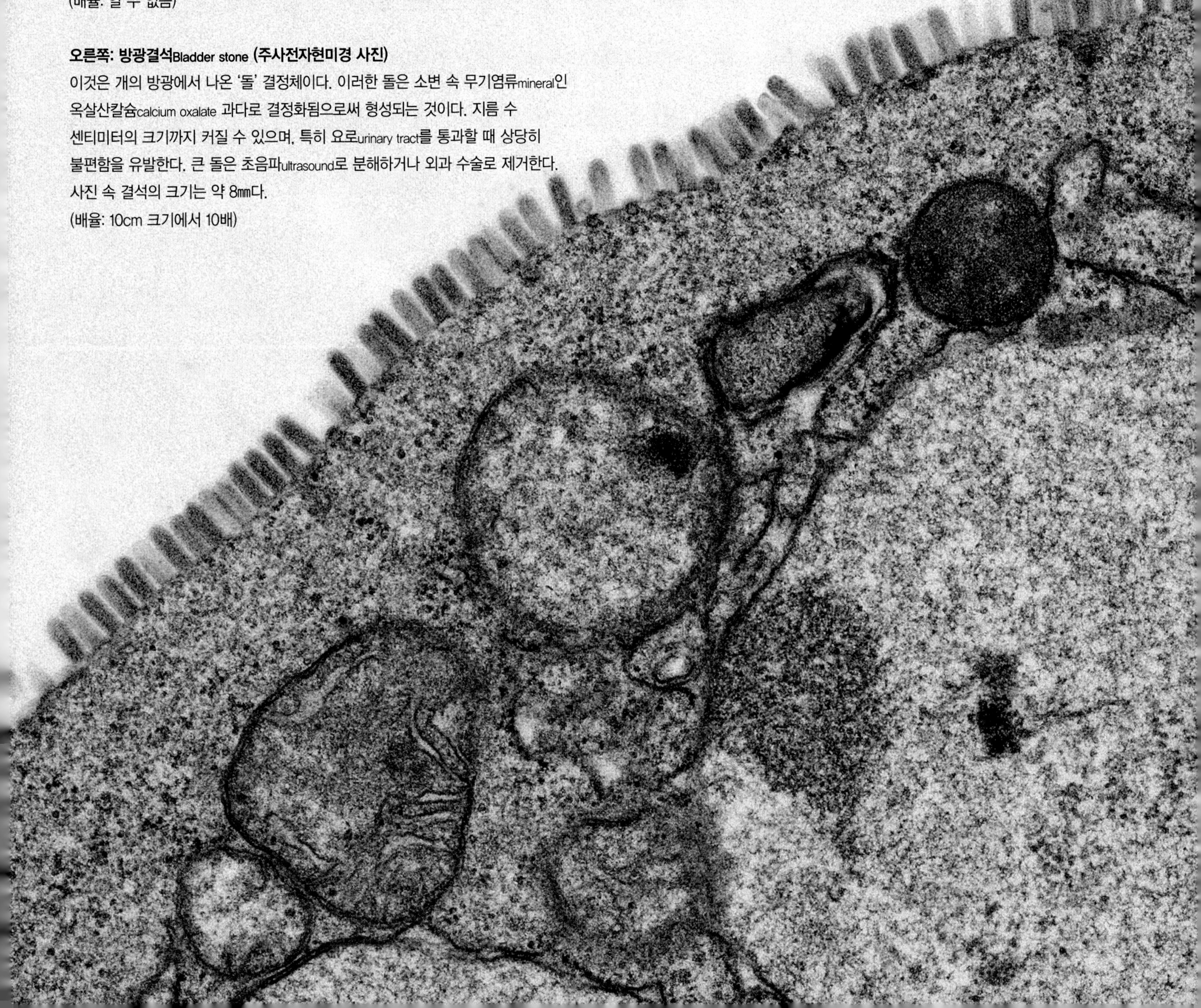

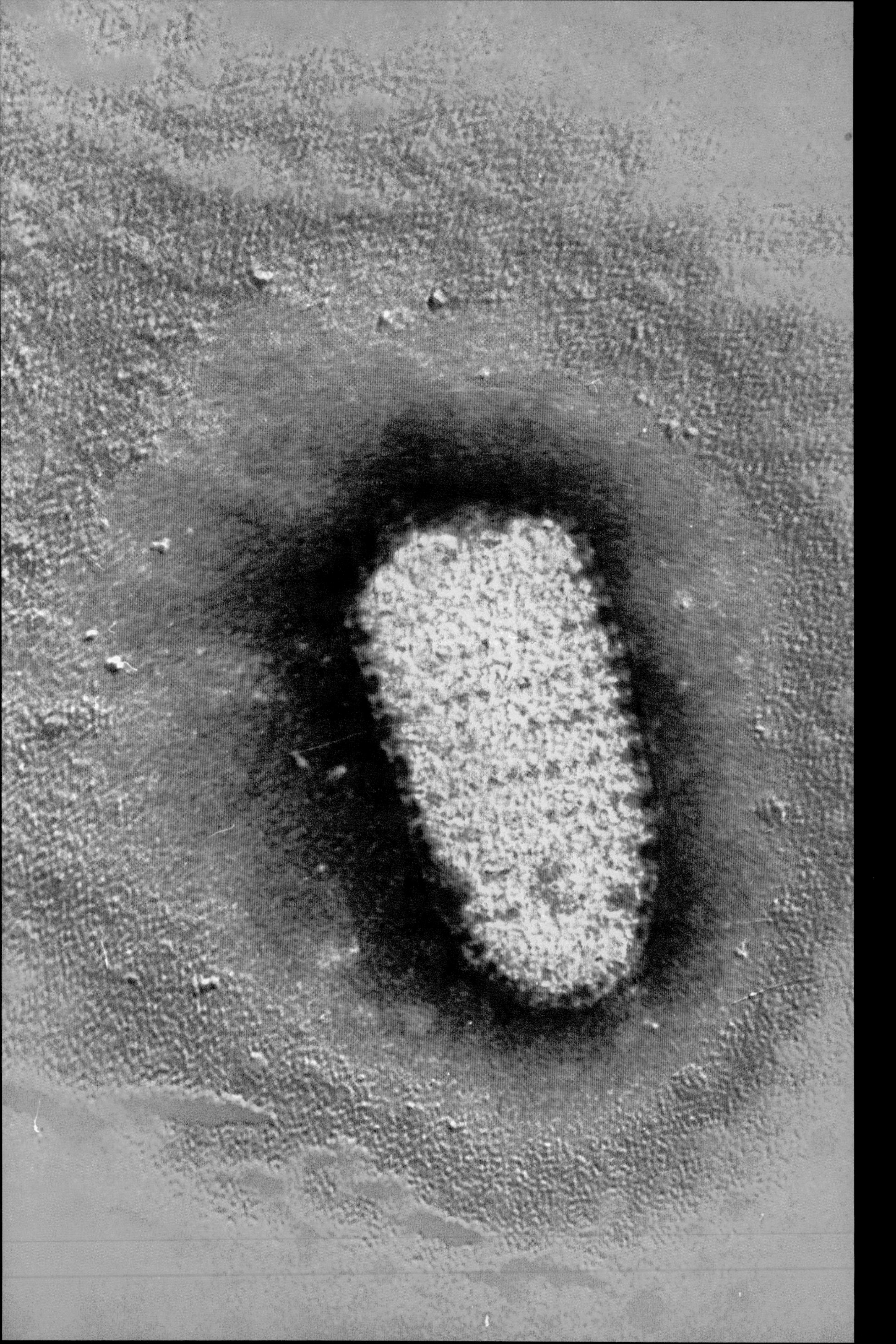

광견병 바이러스 Rabies virus **(투과전자현미경 사진)**
광견병 바이러스는 리사바이러스lyssaviruses 중 하나로, 이들은 모두 총알 모양이라는 특징이 있다. 바이러스의 유전적 물질인 리보핵산ribonucleic acid(RNA)은 캡시드capsid(사진 속 노란색)와 같은 단백질 껍질로 둘러싸여 있다. 이 껍질(빨간색)은 바이러스가 숙주세포host cell를 감염시키기 전, 먼저 세포에 달라붙을 수 있도록 도와주는 단백질 덩어리의 바이러스 막이다. 리사Lyssa라는 속genus의 이름은 광기 어린 그리스 여신의 이름에서 따온 것이다.
(배율: 10cm 너비에서 100,000배)

스크래피 섬유Scrapie fibres (투과전자현미경 사진)
스크래피Scrapie(*양의 중추신경 질환)는 양과 염소에 영향을 미치는 치료 불가능한 뇌 질환이다. 스크래피라는 이름은 감염된 동물이 질병으로 인해 얻은 염증이나 가려움을 완화하기 위해 몸을 충동적으로 긁는 동작에서 착안해 붙여졌다. 이 병은 박테리아bacteria나 바이러스virus에 의해서가 아니라, 핵이 없는 자가복제 단백질selfreplicating protein인 프리온prion에 의해서 전염된다. 이 빨간 스크래피 섬유scrapie fibrils(섬유 모양의 결합체)는 단백질 복합체가 되는 것이다. 유사 프리온 확산 질환similar prion-spread disease에는 소면상뇌증bovine spongiform encephalopathy(BSE)과 크로이츠펠트-야콥병Creutzfeldt-Jakob disease이 포함된다.
(배율: 6cm 너비에서 58,000배)

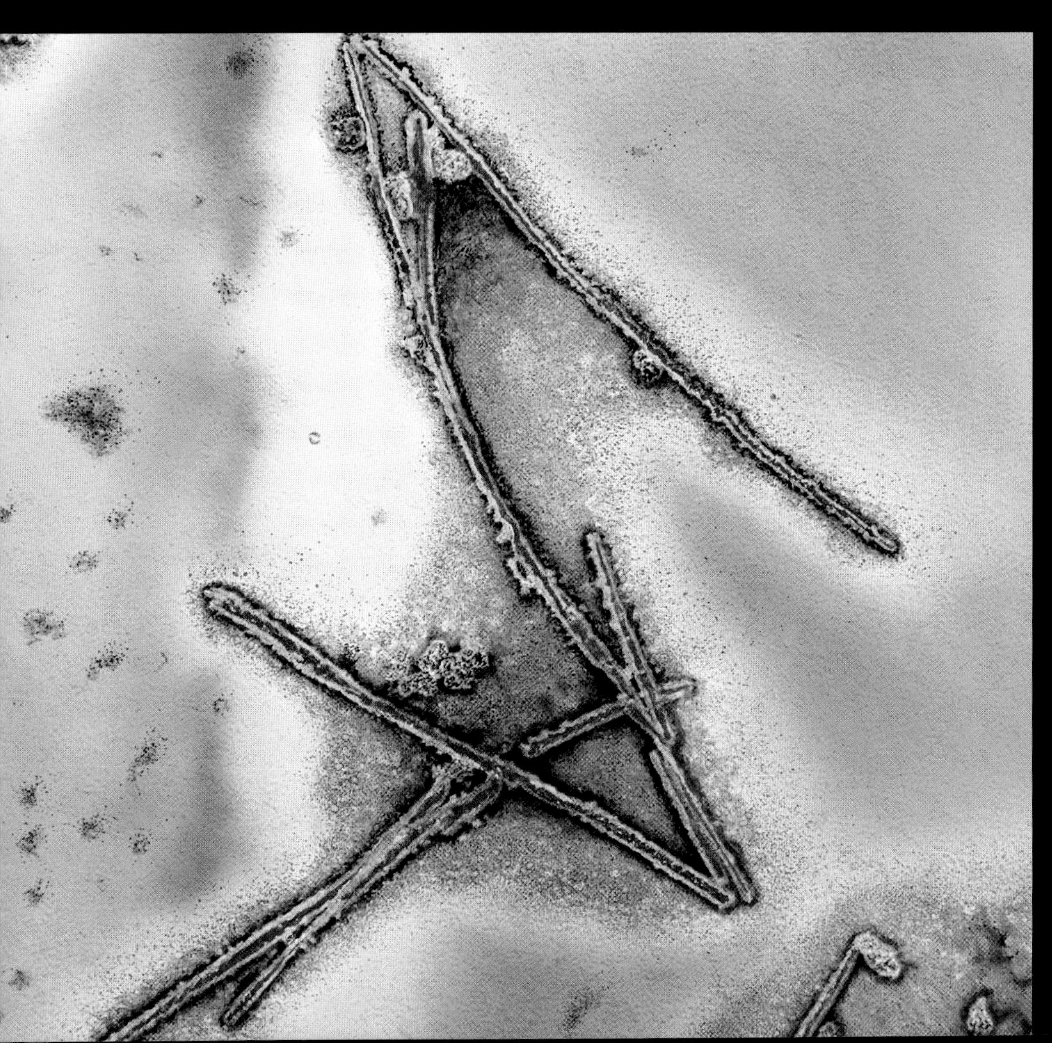

헬리코박터 빌리스 박테리아acter bilis bacteria **(주사전자현미경 사진)**
이 파스타처럼 생긴 나선은 헬리코박터 빌리스 박테리아의 집단이다. 박테리아에서 나와 있는 가느다란 채찍 모양의 흰색 꼬리는 편모flagellae라 부르며, 주로 박테리아를 목적지(정자의 꼬리처럼)까지 이동시켜 주는 역할을 한다. 편모는 또한 박테리아가 공격할 적합한 세포를 감지해 내는 센서의 기능도 가지고 있다. 헬리코박터 빌리스는 고양이cat, 개dog, 설치류rodent의 창자와 간을 감염시켜서 간염hepatitis을 일으킨다. 인간에게서도 발견된 적이 있다.
(배율: 10cm 너비에서 16,500배)

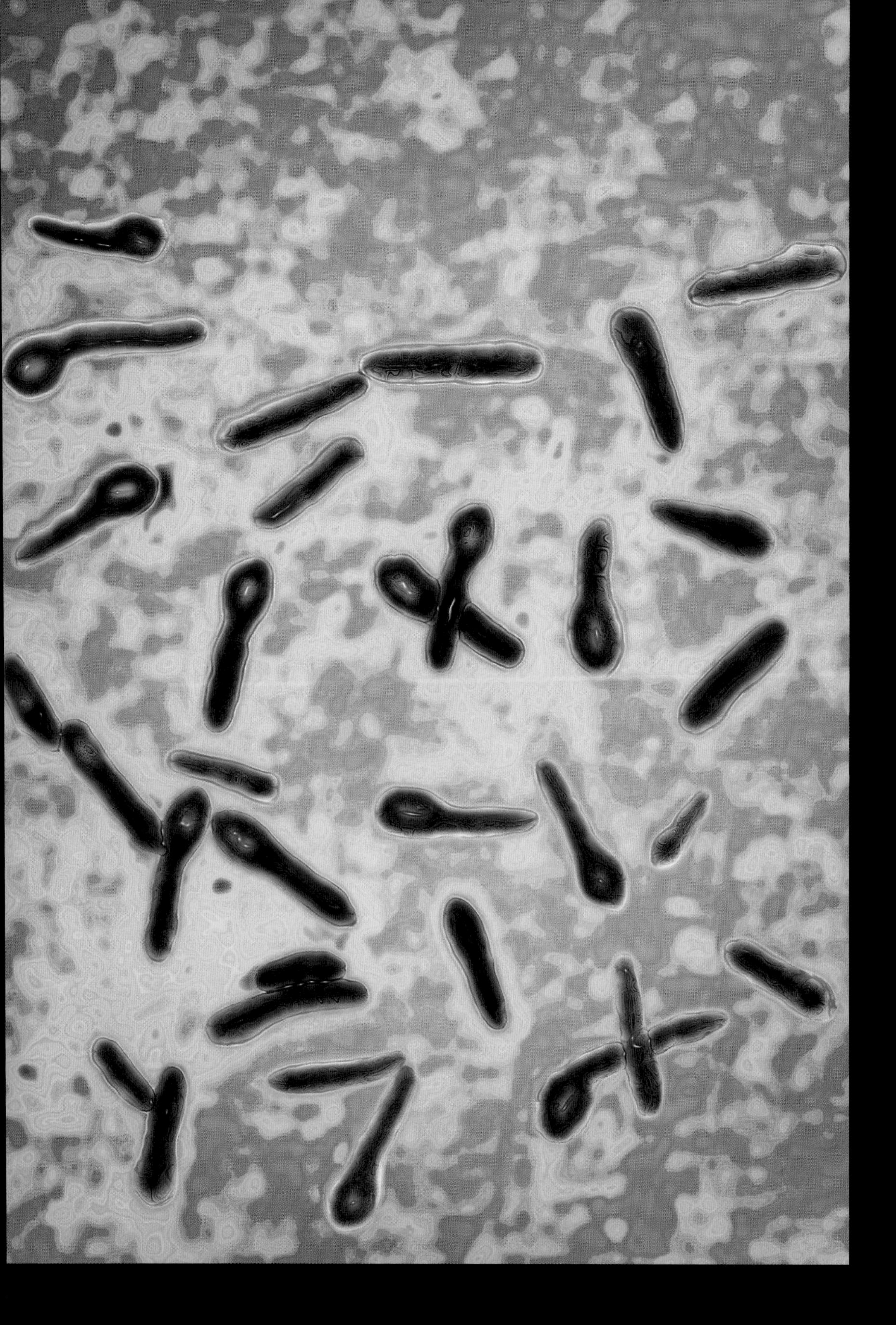

왼쪽: 파상풍균 박테리아 Clostridium tetani bacteria
(광학현미경 사진)
상처 난 부위가 파상풍균 박테리아(사진에서 작고 파란색 테니스 라켓 모양)에 감염되면 파상풍tetanus에 걸린다. 이 질환은 입벌림장애lockjaw로 알려져 있고, 턱 근육에서 시작된 경련이 결국 몸 전체로 진행되는 특징이 있다. 이 경련spasm은 환자 자신의 뼈를 부숴 버릴 정도로 강력하기도 하다. 이는 중추신경계central nervous system에 들어가는 박테리아에 의해 생성된 독소 때문에 일어난다.
(배율: 알 수 없음)

오른쪽: 파스퇴렐라 박테리아 Pasteurella bacteria
(주사전자현미경 사진)
파스퇴렐라감염증Pasteurellosis은 애완동물에게 물려서 생긴 상처에 파스퇴렐라 박테리아가 들어가 발생하며 인간에게 감염되는 질환이다. 파스퇴렐라Pasteurella는 20종speices이 넘게 있으며, 가장 흔한 것은 상처 주변에 염증을 일으키고 관절 통증을 유발하는 파스퇴렐라 물토시다P. multocida이다. 또한, 이 병은 호흡기respiratory tract로 진행될 수 있고, 혈액-뇌장벽blood-brain barrier을 가로질러서 수막염meningitis을 일으킬 수도 있다. 초기 감염단계에서는 페니실린 항생제Penicillin antibiotics로 치료가 가능하다.
(배율: 10cm에서 17,000배)

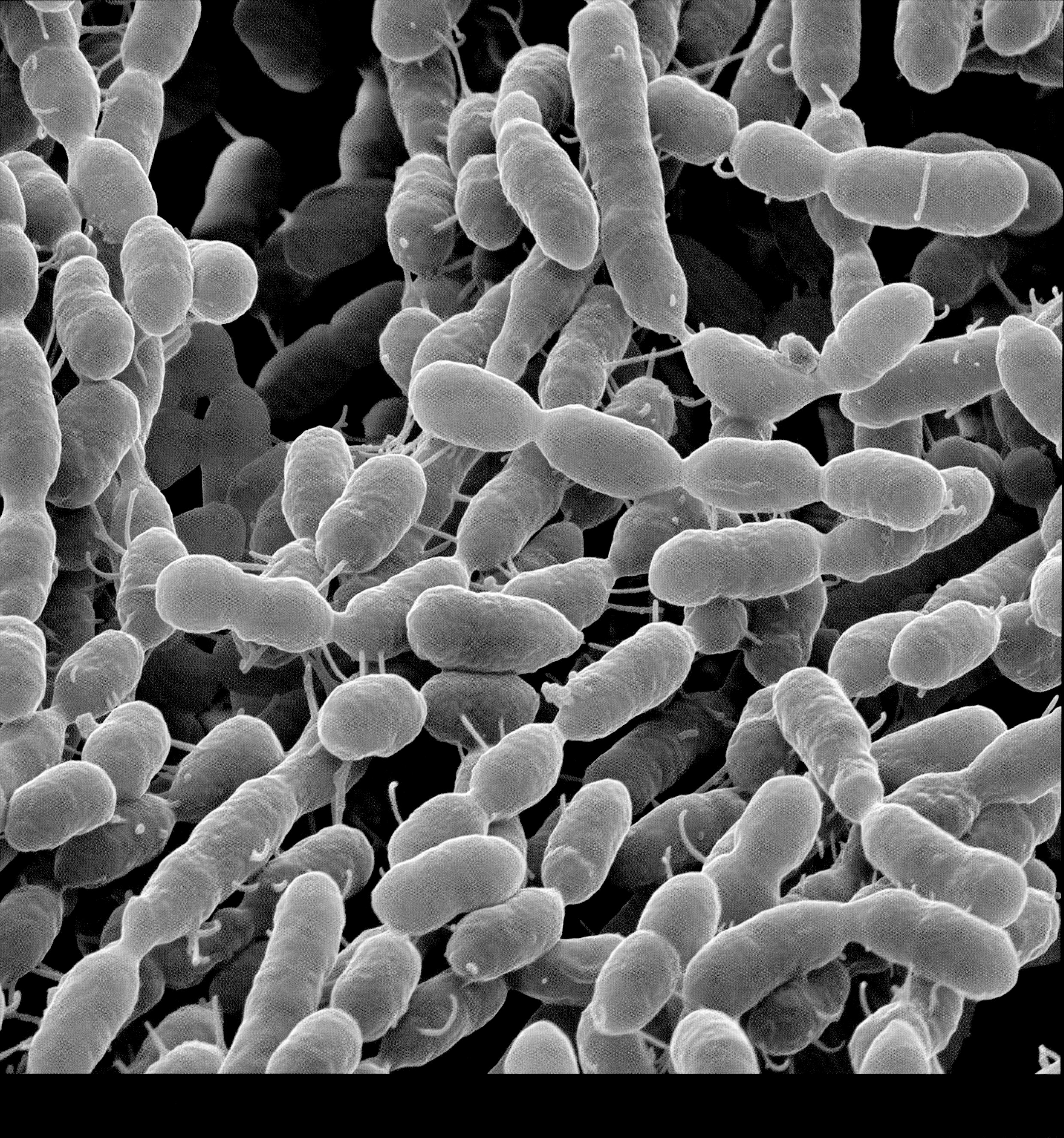

찾아보기 ㄱㄴㄷ 순